KB090559

Professional
Baking Engineer-Bread

제3판

제빵기술사 실무

윤성준·김창남·김한식·박정연·유제식
조남지·최윤희·한명륜·홍종흔 공저

백산출판사

머리말

경제가 빠르게 성장하면서 국민의 소득수준과 문화수준이 향상되고 소비자들의 라이프 스타일은 서구적으로 변화되어 더욱더 편리함을 추구하고 있다. 따라서 간편하고 다양한 서양식의 빵과 과자를 밥보다 선호하고 있으며 제과제빵산업의 시장규모는 계속 증가하고 있다. 제빵산업체들은 설비와 시설에 지속적으로 투자하여 자동화·대형화하고 있으며 제과·제빵 기술을 날로 발전시키고 있다.

그러나 교육현실은 기술발전의 속도와 시장규모를 따라잡지 못하고, 일부 교육기관에서는 상업적인 이유로 기능사시험 또는 기능장과 같은 자격증시험 위주의 교육에 치중하고 있어 안타까운 실정이다.

따라서 본 교재는 자격증시험의 학습을 한 단계 업그레이드하여 이론편과 실습편으로 나누어 구성하였으며, 현장에 맞도록 제빵공정을 자세히 설명하였다.

본 교재의 이론편은 비앤씨월드의 제과제빵과학과 제과제빵재료학을 참고하여 제빵이론을 이해하기 쉽게 설명하였으며, 실습편에서는 새로운 제품을 응용·개발할 수 있도록 현장중심의 제품들과 세계 각국의 대표적인 제품 및 응용배합 등을 다양하게 수록하였다. 특히 우리나라에서는 다소 생소하지만 세계적으로 유명한 프랑스빵의 종류와 제법을 이해하기 쉽게 설명하였으므로 본 교재를 학습한 후 프랑스빵 원서를 공부하면 이해하는 데 많은 도움이 될 것이다.

본 교재는 제과·제빵을 전공하는 대학생, 제과·제빵을 시작하는 초보자뿐만 아니라 현장에서 근무하는 전문가들까지 모두 활용할 수 있으며, 각 실습제품마다 실습보고서 형태로 만들어 실습 시 중요사항 또는 성공요인, 실패요인들을 독자가 직접 꾸밀 수 있도록 할애하였으니 많이 활용하기 바란다.

본 교재를 발간하기 위해 많은 노력과 정성을 쏟았음에도 불구하고 아직 부족하거나 정확하지 않은 부분이 있다면 독자들께서 아낌없는 충고와 지적을 해주시기 바란다. 향후 재집필 시 문제점을 시정·보완하여 좋은 책을 만드는 데 밑거름이 되도록 노력하겠다.

아울러 본 교재의 집필에 도움을 주신 백산출판사의 진욱상 대표님, 성인숙 선생님에게 감사드리고, 항상 저자의 모든 일에 물심양면으로 후원해 주신 대아상교 김형준 부사장님께 감사드린다. 배합표 정리를 도와준 김예인·허정우 학생과 사진촬영을 도와준 이현행·이성학 조교, 장상훈·이호준 학생에게 감사드린다. 또한, 물심양면으로 뒷바라지해 준 나의 아내 원정원님과 세 딸 선호, 선영, 선아에게 사랑한다는 말을 전한다.

마지막으로 본 교재를 혜전대학교에 기증하여 어려운 환경에서도 열심히 공부하는 학생들에게 조금이나마 보탬이 되었으면 하는 바람 간절하다.

저자 씀

차례

제1장 제빵이론 · 13

제2장   **제빵실무 · 107**

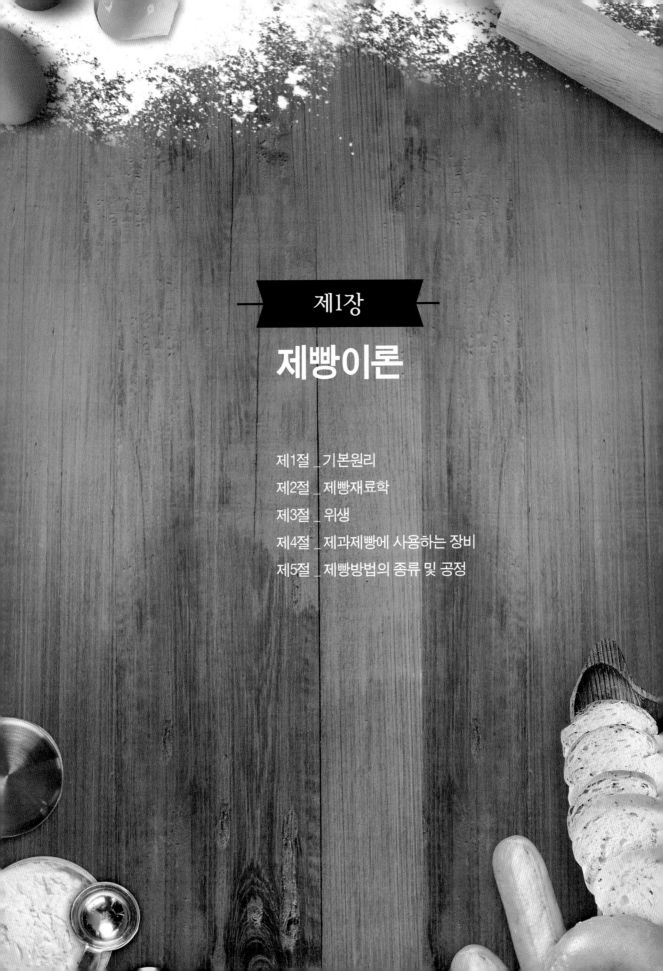

제1장

제빵이론

제빵이론

빵은 BC 5000년경부터 만든 것으로 추정하고 있다. 최초의 빵은 전병과 같은 빵으로 밀가루를 죽의 형태로 만들어 달궈진 돌에 구워서 만든 것으로 추정하고 있다.

고대 이집트는 제빵기술이 발달되었던 것으로 알려져 있으며 발효된 빵을 제조할 수 있었던 것으로 알려져 있다. 이 기술은 그리스를 통해 로마까지 전해졌으며 로마시대의 빵집에서는 약 200여 종의 빵이 판매되었다. 또한, 빵에 관한 최초의 법률이 제정되어 소비자를 위해 빵집을 규제하였으며, 제빵협회가 설립될 정도로 발전되어 빵의 르네상스시대였다고 해도 과언이 아닐 것이다. 더불어 2000년 전 로마시대의 제빵공정이 현재까지 큰 변화 없이 사용되고 있어 로마시대의 빵기술이 상당히 발전했었다는 것을 알 수 있다.

제빵공정은 생산계획(Planning), 배합비 선정(Choose formula), 계량(Scaling), 혼합(Mixing), 1차 발효(Fermentation), 정형[Make-up : 분할(Dividing), 둥글리기(Rounding), 중간발효(Intermediate proofing), 성형(Moulding), 팬넣기(Panning)], 2차 발효(Final proofing), 굽기(Baking), 냉각(Cooling) 및 포장(Packing) 등으로 이루어져 있다.

제빵은 식빵류, 과자빵류, 특수빵류, 페이스트리류, 조리빵류, 튀김빵류, 찐빵류가 있으며 제조방법으로는 직접반죽법, 스펀지법, 비상법, 액체발효법, 연속식 제빵법, 노타임법 등이 있다.

제1절 기본원리

1-1. 측정단위

빵을 생산하기 위해서는 사용할 재료를 계량(measurement : 측정)하여야 하는데 이때 사용하는 단위가 무게(weight)단위이다. 무게단위는 부피(volume)단위보다 정확하기 때문에 제과제빵에서 일정한 품질의 제품을 생산하고 정확한 양을 측정하기 위하여 무게단위를 사용한다. 따라서 만드는 방법에 기반을 둔 조리법(recipe)에서 사용하는 부피단위의 1컵, 1스푼 등의 계량단위는 사용하지 않는다.

1. 계량

제빵에서 계량이란 사용할 원료의 무게를 측정하는 것이며, 예외적으로 물(water), 달걀(egg), 우유(milk)의 경우 1kg이 1리터(liter)와 같다는 가정하에 사용이 가능하다. 더욱 정확한 측정을 위해서는 위의 원료들도 무게로 계량하는 것이 바람직하다. 측정단위로는 영국이나 미국에서 사용하는 측정단위인 파운드, 온스(pound, ounce, quarter, inch 등) 등의 미국식 방법(U.S. system)과 일반적인 미터법(the metric system)이 있다.

2. 기본단위

미국식 측정방법의 기본단위는 〈표 1-1〉과 같고, 일반적인 측정방법은 미터법이다. 그램(gram)은 무게의 기본단위로, 리터(liter)는 부피의 기본단위로, 미터(meter)는 거리의 기본단위로, 그리고 섭씨(celsius)는 온도의 기본단위로 구성되어 있다.

또한, 기본단위에 10, 100, 1000을 곱하거나 나누어 표기하는데 킬로(kilo)는 1000, 데시(deci-)는 0.1, 센티(ceti-)는 0.01, 밀리(milli-)는 0.001과 같으며 〈표 1-2〉와 같다.

〈표 1-1〉 미국식 측정단위

분류	단위	기호	설명
무게	파운드(pound)	lb	16온스(oz)에 해당하며 약 453.59g 정도이다.
	온스(ounce)	oz(ounce)	1/16lb(파운드)에 해당하며 약 28.35g 정도이다.
부피	갤런(gallon)	gallon(gal)	4quart에 해당하며 약 3.78L 정도이다.
	쿼트(quart)	quart(qt)	1/4갤런에 해당하며, 약 946.3mL 정도이다.
	파인트(pint)	pt	1/8gal(갤런)에 해당하며 약 472.5mL, 2cups 정도이다.
	컵(cup)	cup	8oz에 해당하며 미국은 약 240mL, 영국은 약 226.8mL 정도이다.

부피	테이블스푼(table spoon)	tbsp	약 15mL 정도이며 가루는 약 10g 정도이다.
	티스푼(tea spoon)	tsp	약 5mL 정도이며 가루는 약 3g 정도이다.
길이	야드(yard)	yd.	3ft, 36in이며 91.44cm이다.
	피트(feet)	ft	12in이며, 약 38.48cm이다.
	인치(inch)	in.	1/12ft이며 2.5399cm이다.
온도	화씨(Fahrenheit)	°F	℃ = (°F − 32) × 5/9 °F = (℃ × 9/5) + 32

〈표 1-2〉 미터법 측정단위

분류	단위	기호	설명
무게	킬로그램(kilogram)	kg	1,000g
	그램(gram)	g	(1/1,000)kg
	데시그램(decigram)	dg	(1/10)g
	센티그램(centigram)	cg	(1/100)g
	밀리그램(milligram)	mg	(1/1,000)g
	마이크로그램(microgram)	μg	(1/1,000,000)g
부피	리터(liter)	L	1,000mL
	데시리터(deciliter)	dL	(1/10)L
	센티리터(centiliter)	cL	(1/100)L
	밀리리터(milliliter)	mL	(1/1,000)L
	마이크로리터(microliter)	μL	(1/1,000,000)L
길이	킬로미터(kilometer)	km	1,000m
	미터(meter)	m	(1/1,000)km
	데시미터(decimeter)	dm	(1/10)m
	센티미터(centimeter)	cm	(1/100)m
	밀리미터(millimeter)	mm	(1/1,000)m
	마이크로미터(micrometer)	μm	(1/1,000,000)m
온도	섭씨(celsius)	℃	°F = (℃ × 9/5) + 32 ℃ = (°F − 32) × 5/9

3. 온도(Temperature)

온도는 상대적 개념으로 단순한 열의 양을 측정하는 것이 아니라 열의 세기(intensity : 크기)를 측정한 것이다. 온도의 기본단위에는 섭씨(celsius, ℃), 화씨(Fahrenheit, °F)와 절

대온도(Kelvin, K)가 있다.

열은 높은 온도에서 낮은 온도로 또는 뜨거운 물질에서 차가운 물질로 이동하면서 열에너지의 이동이 발생된다. 이러한 열에너지의 이동을 다음과 같이 세 가지 방법으로 구분할 수 있다.

   a. 전도(conduction) : 물질 간의 접촉을 통하여 전달

   b. 대류(convection) : 액체나 공기의 흐름을 통하여 전달

   c. 복사(radiation) : 가열된 표면에서 공간으로 전달

4. 상대습도(Relative humidity)

상대습도는 특정한 온도의 대기 중에 포함되어 있는 수분량을 동일한 온도의 대기에서 최대 수분량에 대한 비율로 나타낸 것으로 상대습도는 %로 표시하고 상대습도 100%는 특정한 온도에서 대기에 포함되어 있는 수분이 최대임을 나타내어 포화(saturated)되었다고 한다. 따라서 상대습도는 섭씨(℃) 또는 화씨(℉)로 표시할 수 없으며, 경우에 따라서 발효기의 상대습도 조절기가 습열(℃)로 표기되어 있을 경우에는 건열의 온도에 대한 상대습도(%)를 맞추기 위해 습열 조절기를 신중하게 조절하고 여러 차례 확인하여 상대습도를 확인하여야 한다.

1-2. 베이커스 퍼센트(Baker's percent)

제과제빵에서는 각 재료의 무게를 전체의 무게로 나누어 표기하는 참 퍼센트와 달리 베이커스 퍼센트라는 특수하고 편리한 개념의 퍼센트를 사용한다. 베이커스 퍼센트는 항상 밀가루 무게가 100%이며, 각 재료의 무게를 밀가루 무게로 나누고 100을 곱한 표기방식으로 전체 재료의 합계비율(%)은 항상 100%를 초과하게 된다.

참 퍼센트는 어떠한 한 가지 재료의 함량이 바뀌면 모든 재료의 함량이 바뀌게 되어 계산이 복잡해진다. 하지만 베이커스 퍼센트를 사용하면 어떠한 재료의 함량을 변경하더라도 다른 원료의 함량을 다시 계산할 필요가 없어 제과제빵에서는 베이커스 퍼센트를 사용한다.

〈표 1-3〉 베이커스 퍼센트 vs. 참 퍼센트

번호	재료명	중량(g)	베이커스 퍼센트 (Baker's percent)	참퍼센트 (True percent)
1	강력분	600	100	58.48
2	물	324	54	31.58
3	이스트	18	3	1.75
4	소금	12	2	1.17
5	설탕	36	6	3.51
6	쇼트닝	24	4	2.34
7	탈지분유	12	2	1.17
	합계	1026	171	100.00

1-3. 베이커스 수학(Baker's mathematics)

제과제빵에서 제품을 생산하기 위해 사용된 중량을 베이커스 퍼센트로 환산하여 배합비(formula)를 작성하여야 한다. 따라서 밀가루 100%를 기준으로 하고 다른 재료의 비율(%)을 계산하여 배합비를 작성해야 한다.

1. 재료의 비율(%) 구하는 공식

재료의 무게 × 밀가루 비율 ÷ 밀가루 무게 = 재료의 비율(%)

예) 밀가루 무게 1500g, 설탕 120g일 때 설탕의 비율을 계산하시오.

설탕 × 밀가루 비율(100) ÷ 밀가루 무게 = 설탕 비율(%)

120 × 100/1500 = 8(%)

2. 밀가루와 물의 양을 구하는 공식

총 반죽 무게 × 밀가루 비율 ÷ 총 반죽 비율 = 밀가루 무게

총 반죽 무게 × 물 비율 ÷ 총 반죽 비율 = 물 무게

예) 분할 중량 550g짜리 빵 20개를 만들고자 한다. 밀가루와 물의 무게를 구하시오.
(단, 밀가루 100%, 물 60%, 비율의 합계가 160%)

3. 밀가루와 물의 비율(%) 구하는 공식

밀가루 무게 × 총 반죽 비율(%) ÷ 총 반죽 무게 = 밀가루 비율(%)

물 무게 × 총 반죽 비율(%) ÷ 총 반죽 무게 = 물 비율(%)

예) 분할중량 900g짜리 식빵 30개를 만들고자 한다. 밀가루 중량(g)과 물의 비율(%)을
구하시오.(단, 밀가루 100%, 물 10436g, 반죽비율의 합계가 163%)

4. 밀가루 수분함량에 따른 밀가루 사용량 구하는 공식

수분함량 14%의 밀가루를 120g 사용할 때, 수분함량 12.2%인 밀가루의 사용량을 구하
시오.

(1 - 사용한 밀가루의 수분비율) × 100 ÷ (1 - 사용할 밀가루의 수분비율) = 사용할 밀
가루 사용량

0.86 × 100 ÷ 0.878 ≒ 117.54

5. 비례계산

1) 정비례계산

$1500 × x = 120 × 100$

$x = 120*100 ÷ 1500 = 8(\%)$

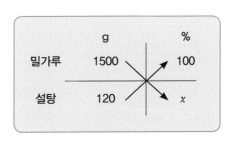

2) 반비례계산

$0.86 × 120 = 0.878 × x$

$0.86 × 100 ÷ 0.878 ≒ 117.54$

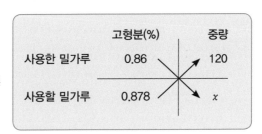

6. 반죽온도 계산

　반죽온도를 조절하기 위해 중요한 원료는 사용되는 물의 온도이다. 제빵기술자들은 빵 반죽이 적절히 혼합되고 정확한 온도에 도달되었는지를 결정하는 데 경험과 감각에 의존한다. 그러나 제품을 일정하게 생산하기 위해서는 반죽의 온도를 측정하고 확인하는 절차를 거쳐야 한다. 반죽의 온도조절이 중요한 이유는 아래와 같다.

　① 반죽의 온도는 제품의 점도를 조절한다.

　② 반죽의 온도는 빵 제품에서 발효속도를 조절한다.

　③ 반죽의 온도는 쇼트닝의 되기를 조절한다.

　대부분의 빵·과자 제품은 최고의 품질상태를 유지하며 가공적성이 가장 좋은 최적의 온도범위를 가지고 있다. 정확한 반죽온도에서 시작하면 정형, 2차 발효 및 굽기과정 등의 이후 공정에서 필요이상의 조정을 할 필요가 없다. 예를 들면, 빵제품은 26~28℃ 범위의 온도로 혼합되어야 한다.

　빵반죽의 최종온도에 중대한 영향을 주는 요소로는 다음의 네 가지가 있다.

　① 실내온도(room temperature)

　② 물의 온도(water temperature)

　③ 밀가루 온도(flour temperature)

　④ 마찰계수(friction factor)

1) 마찰계수

　물 온도를 계산하기 위해서는 혼합기의 마찰계수를 알아야 한다. 마찰계수는 기계를 이용하여 혼합하는 동안 물리적 마찰로 인한 열을 보상하기 위해 온도조절에서 사용하는 값(value)이다. 물리적 마찰로 인하여 빵반죽은 약간의 온도가 증가되며 마찰의 양은 믹서의 크기와 형태, 배치의 크기, 반죽의 되기, 교반기의 형태 및 혼합시간에 따라 달라진다. 마찰은 손으로 혼합할 때와 수평형 믹서에서 40~50rpm(1분당 회전속도) 정도로 혼합할 때 차이를 보인다. 배치 크기가 클수록 마찰은 더 커지며 그 반대의 경우에는 마찰이 감소한다. 혼합시간이 증가함에 따라 마찰은 증가하며 반죽의 되기가 되면 될수록 마찰이 더욱 많이 발생한다. 따라서 같은 믹서에서도 빵반죽의 마찰계수는 달라지게 된다. 빵반죽에서 마찰계수를 결정하는 데는 다음과 같은 공식(formula)이 사용된다.

마찰계수 = (3 × 실제 반죽온도) - (실내온도 + 밀가루 온도 + 물의 온도)

2) 반죽온도

모든 빵반죽은 혼합 후 각 제품에 맞는 최적온도를 갖도록 하는 것이 중요하다. 원하는 빵반죽의 온도를 맞추는 것은 아주 단순하다. 배합에 사용될 물의 온도를 올리거나 낮춤으로써 매번 원하는 온도를 얻을 수 있다. 계산방법은 마찰계수를 결정하는 계산방법과 매우 비슷하다.

물의 온도 = (3 × 원하는 반죽온도) - (실내온도 + 밀가루 온도 + 마찰계수)

3) 얼음 계산하는 방법

여름철과 같이 실내온도가 높은 경우에는 사용하는 수돗물의 온도가 원하는 물의 온도보다 높은 경우가 있다. 이러한 경우에는 잘게 자른 얼음을 사용하여 물의 온도를 보완해야 한다. 필요한 얼음 사용량을 결정하기 위한 공식은 다음과 같다.

$$\text{얼음의 무게} = \frac{\text{물의 무게(kg)} \times (\text{수돗물 온도} - \text{원하는 물의 온도})}{\text{수돗물 온도} + 80}$$

제2절 제빵재료학

2-1. 밀가루(Flour)

1. 밀가루의 성분 및 분류

밀가루의 성분은 일반적으로 전분 65%, 수분 13%, 단백질 11.5%, 손상전분 5%, 지질·당 및 회분이 3.5%, 펜토산이 2% 정도로 구성되어 있다.

밀가루는 〈표 2-1〉과 같이 단백질 함량에 따라 강력분, 중력분, 박력분으로 구분하며 강력분은 11~13.5%,

중력분은 9~10%, 박력분은 7~9%의 단백질을 함유하고 있다.

〈표 2-1〉 밀가루의 종류와 품질특성

종 류	단백질	품질특성
강력분	11~13.5%	반죽 혼합 시 흡수율이 높고 반죽의 강도가 강하다. 빵의 부피가 잘 형성되며 제빵에 적합하다. 밀가루 입자가 가장 크다.
중력분	9~10%	부드럽고 반죽 형성시간이 빠르다. 면 또는 데니시 페이스트리용으로 다목적으로 사용되며 삶거나 튀김 시 퍼짐성이 적고 쫄깃한 식감을 나타낸다. 강력분보다 입자가 작다.
박력분	7~9%	가장 부드럽고 부피변화가 적다. 튀김 시에는 부품성이 좋다. 스펀지 케이크 제조 시 내면이 부드러워 식감이 좋으며, 쿠키 등에 사용된다. 밀가루 입자는 가장 작다.

2. 밀가루 단백질

밀가루 단백질은 〈표 2-2〉와 같이 알부민(albumin), 글로불린(globulin), 글리아딘(glia-din) 및 글루테닌(glutenin)으로 이루어져 있으며, 글루텐 단백질로는 물에 불용성인 글리아딘(gliadin)과 글루테닌(glutenin)이 있다. 글리아딘은 반죽을 잘 늘어나게 하는 점성을 나타내며 빵의 부피와 관계가 있다. 글루테닌은 반죽을 힘있게 늘려주는 탄성을 보이면서 혼합시간 및 반죽형성 시간과 관계가 있다.

밀가루에 물을 첨가하여 물리적인 힘(혼합)을 가하면 밀가루 반죽은 점탄성을 가진 3차원 망상구조의 글루텐(gluten)으로 합성된다. 글루텐 단백질의 아미노산 조성 중 약 1.4%가 시스틴(cystine) 또는 시스테인(cysteine)으로 구성되어 있으며, 글루텐은 반죽에 있어서 골격을 형성하는 중요한 역할을 하고 발효 중 생성되는 이산화탄소가스(CO_2)를 보유하는 기능을 갖게 된다. 이러한 기능은 반죽의 점탄성에 관여하는 결합으로서 아미드결합, SH결합(thiol 또는 sulfhydryl), 이황화결합(-SS-, disulfide) 및 수소결합으로 나눌 수 있다. 이 중 반죽의 구조에 중요한 역할을 하는 결합은 공유결합을 하고 있는 이황화결합으로 시스테인의 -SH기가 산화되어 -SS-결합을 형성하게 되고 반죽의 경도에 영향을 주게 되어 반죽의 흐름성이 감소하게 된다. 또한, 이황화결합은 -SH기와 반응하여 산화와 환원의 상호 교환작용으로 반죽의 이동성질이 생기게 되고, 밀가루의 제빵성은 단백질 함량 및 이황화결합과 -SH기의 비율에 의해 결정된다. 일정한 단백질 함량에서 -SS-와 -SH의 비가 15일 때 제빵적성이 가장 좋은 것으로 알려져 있다.

〈표 2-2〉 밀가루 단백질의 분류

	구분	비율	분류	단백질	특징
밀가루 단백질	비글루텐 단백질	15%	수용성 단백질	알부민(60%)	edestin
			염에 녹는 단백질	글로불린(40%)	leucosin
	글루텐 단백질	85%	알코올에 녹는 단백질	프롤라민(prolamin) (글리아딘, gliadin)	분자량이 25,000~100,000개로 저분자량의 단백질로 반죽에서 신장성이 높으며, 탄성은 낮다.
			알칼리에 녹는 단백질	글루텔린(glutelin) (글루테닌 : glutenin)	분자량이 100,000개 이상의 고분자량의 단백질로 신장성이 낮으며, 상대적으로 탄성은 높다. 지방질과 복합체를 형성

* 글루텐 단백질의 특징은 글루탐산(glutamic acid)과 프롤린(proline)의 함량(12~13%)이 높은 것이다.

3. 밀가루 전분

밀가루는 단백질 이외에 대부분이 전분으로 이루어져 있는데 전분분자는 포도당이 여러 개 축합되어 이루어진 중합체로서 아밀로오스(amylose)와 아밀로펙틴(amylopectin)으로 구성되어 있다. 대개의 곡물은 아밀로오스가 17~28%이며 나머지가 아밀로펙틴이다. 이 전분분자들은 수소결합을 통해 여러 개의 교질입자인 미셀(micelle : 세포질의 기본적인 구조단위)을 형성하고, 이 미셀들이 층을 만들면서 전분입자(starch granules)를 형성한다.

전분은 굽기 중 호화(gelatinization)과정으로 인해 빵의 구조에 중요한 역할을 하게 된다. 단백질(gluten)은 열에 의해 변성이 시작되고 수분을 방출하게 된다. 거의 동일한 시점에 전분은 방출되는 수분을 흡수하여(60~80℃) 호화되기 시작하고 전분의 형태가 붕괴되면서 표면적이 커져 반투명한 점조성이 있는 풀이 된다. 이러한 현상을 전분의 호화(α화)라 한다. 이러한 현상으로 인해 표면적이 커진 전분은 발효 시 생성된 빈 공간을 메우는 역할을 하며, 계속 발생되는 열에 의해 수분을 다시 방출하게 되면서 건조되어 빵의 구조를 단단하게 만드는 역할을 하게 된다. 또한 제빵에 있어서 전분의 역할은 글루텐을 바람직한 굳기로 희석하고, 아밀라아제제의 작용에 의해 발효에 필요한 당을 공급하게 된다. 따라서 제빵 중 호화에 의한 가스 세포막의 확장을 도와주고, 부피, 겉껍질 색상, 내부 색상, 기공, 조직, 맛 등 빵의 특성을 부분적으로 결정하는 역할을 한다.

4. 손상전분(Damaged starch)과 펜토산(Pentosan)

밀가루의 흡수율 및 점도에 영향을 주는 손상전분은 연질밀보다 초자질이 많은 경질밀과 단백질 함량이 높은 밀일수록 많이 생성된다. 정상적인 전분은 30℃ 정도의 발효온도에서 약 30% 정도 팽윤되고 α-amylase에 의해 천천히 가수분해되지만 손상전분은 일부 또는 전부가 호화되어 α, β-amylase 두 가지 효소에 의해 동시에 가수분해되고 발효성 당으로 전환이 빨라진다. 또한 과량의 손상전분이 존재할 경우에는 아밀라아제에 의한 가수분해가 빨라져 물이 방출되어 반죽이 질어지고 빵 최종제품의 조직이 나빠지게 되는 원인이 되기도 한다.

펜토산은 5탄당(pentose)의 중합체(다당류)이며 밀가루에 약 2% 정도 함유되어 있다. 이 중 0.8~1.5%가 물에 녹는 수용성 펜토산이며, 나머지는 불용성 펜토산이라고 한다. 제빵에서 펜토산은 자기 무게의 약 15배 정도의 흡수율을 가지고 있으며 제빵에서 손상전분과 함께 반죽의 물성에 중요한 역할을 하고 수용성 펜토산은 빵의 부피를 증가시키고 노화를 억제하는 효과가 있다.

〈표 2-3〉 밀가루 반죽의 물성에 영향을 주는 재료

	성 분	단백질에 미치는 영향	반죽의 상태	사용 예
경화 (硬化)	소금	글루텐의 탄성을 강하게 한다.	반죽의 탄성을 강하게 한다.	빵반죽, 면류
	비타민 C	글루텐의 형성을 촉진한다.		빵반죽
	칼슘염 마그네슘염	글루텐의 탄성을 강하게 한다.		빵반죽
연화 (軟化)	레몬즙 식초	글루테닌과 글리아딘을 녹이기 쉽다.	글루텐이 부드러워지고 반죽이 늘어나기 쉬워진다. (신진성이 좋아진다.)	밀어펴고 접는 파이반죽
	알코올류	글리아딘을 녹이기 쉽다.		
	샐러드유 (액상유)	글루텐의 신전성을 좋게 한다.		
약화 (弱化)	버터 마가린 쇼트닝 (가소성 유지)	글루텐의 망상구조가 되는 것을 막는다.	반죽의 탄성이 약하게 되고 부서지기 쉬워진다.	

2-2. 밀의 제분(Flour milling)

밀은 크게 겨, 배아, 배유의 3가지 부분으로 나뉘며, 밀가루는 밀의 배유부분(약 85%)을 제분하여 만든다. 밀의 제분은 밀의 정선, 밀의 조질, 원료배합, 조쇄공정, 체질공정, 순화공정, 분쇄공정, 밀가루의 숙성과 표백, 밀가루의 구분조합과정을 통해 이루어진다.

1. 밀의 정선

밀을 수확할 때 밀과 함께 모래, 흙, 철, 먼지 등 불순물과 같은 이물질이 존재하므로 제분 전 정선과정을 통하여 이러한 불순물 등을 제거하기 위해 제분선별기, 흡인기, 원판형 선별기, 스카우러, 자력분리기, 석발기, 충격기 등의 과정을 거치면서 순수한 밀을 선별하여 제분공정으로 보내는 과정이다.

1) 제분선별기(Milling separator)
여러 개의 크기가 다른 체로 구성되어 있으며, 옥수수, 콩, 탈곡되지 않은 밀과 같은 큰 불순물을 제거하거나 모래, 기타 곡류와 같은 이물질은 고운체에서 분리·제거된다.

2) 흡인기(Aspirator)
제분선별기와 연결되어 겨, 짚 등 먼지 같은 가벼운 불순물을 바람을 이용하여 제거한다.

3) 원판형 선별기(Disc separator)
밀알크기의 홈이 파인 원판면을 회전시켜 홈에 들어간 밀알만 선별하는 선별기로 길이가 긴 보리나 짧고 통통한 메밀 같은 큰 곡물 등을 분리한다.

4) 스카우러(Scourer)
밀의 표면에 붙어 있는 미세한 먼지나 이물질을 마찰시켜 닦으면서 분리한다.

5) 자력 분리기(Magnetic separator)
금속성 이물질을 분리하는 장치로 영구자석과 전자자석을 이용하여 분리·제거한다.

6) 석발기(Stoner)

밀을 물로 세척하면서 밀의 크기와 모양은 비슷하지만 비중이 다른 물질인 돌멩이, 유리 조각, 진흙 덩어리 등을 제거한다.

7) 충격기(Entoleter)

밀을 회전기에 넣어 고속으로 회전시키면 충격에 의해 해충에 의한 피해립이나 해충을 분리·제거한다.

2. 밀의 조질(Tempering & Conditioning)

제분공정에서 밀에 수분을 골고루 분포시켜 섬유질이 많은 겨와 전분질이 많은 배유 부위를 가장 깨끗하게 분리하기위한 작업으로 밀의 껍질부분을 강하게 하여 제분공정에서 껍질이 가루가 되는 것을 억제하고 배유를 유연하게 만들어 쉽게 가루로 만들고 적절한 양의 손상전분을 생성할 수 있도록 하기 위한 공정이다.

1) 템퍼링(Tempering)

- 실온에서 원료밀에 가수 처리하는 공정
- 밀의 물리적 성질을 좋게 하여 제분공정 중 겨와 배유의 분리가 쉽게 이루어지도록 하는 것

2) 컨디셔닝(Conditioning)

- 밀에 가수와 함께 가열처리(46℃)하여 가온·가수하는 공정
- 수분흡수 속도를 가속시킴과 동시에 제분적성의 향상과 함께 2차 가공적성 즉, 제빵성 또는 제과성의 개량을 목적으로 함

3. 원료 배합(Blending)

밀가루의 2차 가공성은 원료밀의 배합에 의해 크게 좌우하므로 원료밀의 적절한 선택과 배합이 중요한다. 〈표 2-4〉는 국내 밀가루 생산 시 원료 배합이다.

〈표 2-4〉 밀가루의 종류별 원맥 배합비

밀의 종류 \ 밀가루의 종류	강력분	준강력분	중력분	박력분
Dark North Spring	100%			
Hard Red Winter		100%	40%	
Soft White			60%	100%

4. 조쇄공정(Breaking)

이 단계에서 밀가루를 생산하는 공정으로 밀을 회전속도가 다른 여러 조의 break roll에 통과시켜 밀의 겨와 배유 입자를 분리하고 거칠게 부수는 공정이다. 이렇게 break roll을 통과한 거친 가루를 break flour라 하고, 이 공정을 반복하여 거친 세몰리나(Semolina)와 미들링가루(middlings)를 얻게 된다.

5. 체질공정(Sifting)

여러 단계의 공정에서 생산된 가루는 체질공정을 통해 체로 치게 되며 이를 통과하여 나온 것을 밀가루라고 한다. 체로 칠 수 없는 큰 입자는 크기에 의해 분류되어 조쇄공정과 분쇄공정을 반복하여 가공하게 된다.

6. 순화공정(Purifer)

순화공정의 목적은 체질공정과 함께 진행되는 공정으로 체 위에 가루가 흘러가면서 체 밑에서 체 위쪽으로 올려 부는 바람에 의해 겨 조각들이 분리되고 체를 통과한 배유 덩어리들은 미들링롤(middling roll)로 보내져 분쇄되고 미들링에 들어 있는 배유부분에서 밀기울 조각을 제거하고 순수한 배유부를 얻어 밀가루를 얻는 데 있다.

7. 분쇄공정(Reducing rolls)

분쇄공정에 사용하는 롤은 표면이 매끄러워 smooth roll이라고도 하고 middling을 주 대상으로 분쇄하는 관계로 middling roll이라고도 한다. 조쇄공정과 순화공정을 통과한 거친 입자의 세몰리나가루를 미세한 가루로 만들어 체로 치면 순수한 밀가루가 만들어진다.

8. 밀가루의 숙성과 표백(Bleaching)

분쇄공정이 끝난 직후 밀가루는 색택과 성질이 균질하지 못하고 생화학적으로 매우 불안정한 상태가 된다. 이러한 밀가루를 hot flour 또는 green flour라고 하며 pH는 빵 발효에 적절하지 않은 6.1~6.2 정도이다. 글루텐은 반죽을 형성하는 데 중요한 역할을 하는데 hot flour는 글루텐의 교질화가 이루어지지 않아 반죽 형성이 좋지 않다. 반면 숙성된 밀가루는 카로티노이드계의 황색 색소가 산화되어 탈색되기 때문에 색상이 희게 되고 효소류의 작용으로 환원성 물질이 산화되어 반죽의 글루텐 파괴를 막아준다. 지방질을 산화시켜 지방산과 인산을 생성하여 밀가루의 pH를 5.8~5.9 정도로 낮추기 때문에 이스트의 발효작용을 촉진하고 글루텐의 질을 개선하며 흡수성을 좋게 한다.

자연표백은 보통 2~3개월 정도 걸리기 때문에 밀가루의 표백과 품질을 개량할 목적으로 화학적 첨가제인 과산화벤조일(benzoyl peroxide), 과산화질소(nitrogen peroxide), 3염화질소(nitrogen trichloride), 2산화염소(chlorine dioxide) 등을 사용하고 있으나 표백효과와 밀가루 품질의 안정도에 이로운 점이 많은 과산화벤졸이 가장 널리 사용되고 있다. 그러나 현재 우리나라는 제분 시 표백제를 사용하지 않고 있다.

9. 밀가루 구분조합(Enriched)

밀가루를 사용 목적에 따라 2가지 방법으로 조합하게 되는데 하나는 가루의 전 채취구에서 얻은 것을 모두 섞어 제품으로 만든 것으로 스트레이트 밀가루(straight run flour)라고 한다. 다른 하나는 여러 계열에서 생산된 가루를 적절히 혼합하여 성질이 다른 밀가루로 만드는데 이러한 방법을 구분혼합제분(split run milling)이라 한다.

2-3. 기타 가루(Miscellaneous flour)

1. 호밀가루(Rye flour)

호밀가루(rye flour)는 제빵산업의 용도로 보면 밀가루 다음으로 많이 사용되고 있으며, 호밀가루의 종류는 〈표 2-5〉와 같이 검은색, 중간색, 흰색의 세 가지 등급으로 나뉘어 있다.

〈표 2-5〉 호밀가루의 등급별 특징

구분	회분	특징
흰색	0.55~0.65%	흰색 호밀가루는 다른 등급의 호밀가루보다 껍질(겨)을 적게 함유하기 때문에 1등급 밀가루와 비교할 정도로 품질이 좋다.
중간색	0.6~1.0%	제빵업자들에 의해 가장 널리 사용되는 호밀가루는 중간색 호밀가루로 이 형태의 호밀가루는 0.6~1.0%의 회분을 함유하고 있으며 색상이 다양한 특징이 있다.
검은색	1.0~2.0%	검은색 호밀가루는 일반적으로 다른 등급의 호밀가루를 제분하고 남은 가루를 포함한 호밀가루로서 가격이 가장 저렴하고, 색상이 가장 어두운 반면 뛰어난 호밀의 풍미를 가지고 있다.

1) 호밀가루의 특징

호밀가루는 영양적인 측면에서 밀가루와 비슷한 구성성분과 생물가를 가지고 있으나 각각의 성분은 약간의 독특한 차이를 나타낸다. 호밀가루에는 글루텐 형성 단백질인 프롤라민과 글루텔린이 밀가루 대비 약 30% 정도밖에 존재하지 않으며 글루텐 구조를 형성할 수 있는 능력이 부족하기 때문에 빵이 잘 부풀지 않는다. 호밀가루만 사용하면 아주 치밀한 조직과 단단한 식감의 빵을 만들게 되며, 밀가루에 일부를 첨가하여 빵을 만들 경우 빵은 부피에 대한 억제 효과가 나타나게 된다.

2) 호밀가루의 구성성분

호밀가루의 탄수화물은 당, 전분, 덱스트린, 펜토산, 섬유소와 헤미셀룰로오스로 구성되어 있으며, 펜토산으로 이루어진 검(gum)이 밀보다 호밀에 더 많이 들어 있어 반죽을 끈적거리게 하는 특성이 있다.

호밀가루의 지방함량은 0.6~1.3%로 다양하며 호밀가루의 제분율에 따라 달라지게 된다. 호밀의 지방은 보통 배아에 농축되어 있으며 상당량의 배아가 호밀가루 속에 함유되어 있으며, 이러한 영향으로 호밀가루의 지방함량은 증가되고 저장 안정성에 나쁜 영향을 미치게 된다.

2. 대두분(Soybean flour)

1) 대두분의 특징

대두분은 기능과 영양적 측면에서 뛰어나고 독특한 성질을 가지고 있어 빵·과자 제품에서 그 사용범위가 넓어지고 있다. 대두분은 단백질 함량이 52~60% 정도로 밀가루 단백질보다 4배 정도 높은 함량을 가지고 있다. 대두 단백질은 밀 글루텐과 달리 탄력성이 결핍되어 있으나 반죽에서 강한 단백질 결합작용을 발휘한다. 대두분은 라이신이 풍부하기 때문에 단백질 보강제로 가치가 있으며, 대두분에 함유된 리폭시다아제(lipoxidase)는 밀가루를 표백시키는 기능이 있다. 대두분은 빵에서 수분증발 속도를 감소시켜 전분의 겔과 글루텐 사이에 있는 수분의 상호변화를 늦추어 제품의 품질을 개선시킨다.

여러 가지 빵·과자 제품에 응용하기 위한 대두제품의 적합성은 주로 가공방법에 따라 달라지는데, 콩을 세척하고 쪼개어 껍질을 제거한 다음 첨가하여 박편한다. 기름을 추출하고 일정한 압력하에서 스팀으로 익힌다. 이와 같은 열처리는 단백질을 변형시키고 효소를 불활성화시키며 박편의 색상과 풍미를 변화시킨다.

2) 대두분의 종류

대두분은 탈지대두분, 전지대두분의 2가지 형태로 제과제빵에 적용된다.

미세하게 분쇄된 대두분은 흡수량과 반죽시간을 증가시키고 산화제의 첨가가 필요하며, 다소 거친 입자의 대두분으로 만든 빵은 부피, 기공의 상태와 색상이 더 양호한 것으로 알려져 있다. 밀가루 반죽에 대두분을 첨가하면 글루텐과의 결합력을 강하게 하여 신장성에 저항을 준다. 대두분의 종류와 특징은 〈표 2-6〉과 같다.

〈표 2-6〉 대두분의 종류와 특징

종류	분류	특징
전지 대두분		대두에 함유되어 있는 액상유를 함유하고 있으나 효소와 비대사성 요인들을 제거하기 위해 가공처리된 제품
탈지 대두분	효소 활성 대두분	리폭시다아제 효소 활성을 유지시키기 위하여 가볍게 열처리한다. 탈지대두분은 1.0% 이하의 지방을 포함하며 열처리에 의하여 효소를 불활성화시킨 것
	지방처리제품	탈지대두분에 대두유와 레시틴을 여러 농도로 첨가시켜 원래 상태로 회복시킨 것으로, 각 제품들의 열처리 정도와 입자의 크기에 따라 결정되는 성질에 의하여 몇 개의 하위등급(subclass) 제품으로 분류
	대두단백	탈지대두분에서 일부분의 당, 수용성 탄수화물, 무기질 및 기타 다른 적은 양의 구성성분을 추출하여 얻어지는 농축 대두단백과 적어도 90%의 단백질을 함유하고 있으며 알칼리로 단백질을 용해시킨 후 산으로 침전시켜 얻는 분리 대두단백

최근 대두제품 중 대두기울(soy bran)이 있는데, 대두의 껍질 부위로부터 얻은 고섬유소 제품이다.

3. 감자가루(Potatoes flour)

감자는 수세기에 걸쳐 다양한 빵·과자 제품에 사용되어 왔으며, 밀가루에 2~10% 정도 넣으면 최종제품의 품질에 좋은 영향을 미친다. 감자제품은 제과, 제빵업자들에 의해 가루, 박편 혹은 과립형태로 사용되고 있다. 건조된 상태에서 감자는 80%의 전분과 약 8%의 단백질을 함유하고 있으며 고형분은 전체적인 성분에서 밀가루와 비교될 수 있으나 기능적인 면에서 보면 크게 떨어진다. 반면 제과제빵에서 감자가루를 사용하여 얻어지는 주요한 이점은 최종제품에 부여하는 독특한 맛의 생성, 밀가루의 풍미 증가, 수분보유능력을 통한 식감개선 및 저장성 개선 등이 있다. 감자가루는 단백질, 지방, 무기질 성분을 함유하고 있어 감자전분과 다르며 감자전분은 밀가루와 함께 섞어 체에 치거나 반죽혼합물의 일부분에 분산시켜 혼합 또는 스펀지단계에서 빵반죽에 첨가할 수 있다.

4. 목화씨 가루(Cottenseed flour)

최근에는 목화씨 가루를 기능성 목적으로 제과·제빵에 사용하고 있다. 목화씨 가루는 목화씨로부터 기름을 추출한 후, 분쇄 가공하여 만든 노란색의 고운 가루이다. 목화씨 가루의 단백질은 필수아미노산으로 구성되어 있으며 우수한 생물학적 품질을 보유하고 있다. 목화씨 가루의 단백질은 글로불린과 글루테닌으로 구성되어 있으며 단백질의 최종적인 함량은 성장조건에 따라 달라진다.

목화씨 가루는 제과제빵의 최종제품에서 품질적 특성을 향상시키고 사용량에 따라 그 색상을 달리할 수 있는 장점이 있다. 목화씨 가루는 배합비율의 큰 조정 없이 반죽의 기계성과 쿠키의 퍼짐성을 조절할 수 있도록 해주고 반죽의 끈적거림을 감소시켜 주는 역할을 한다. 목화씨 가루의 실제 사용량은 배합, 제품형태 및 배합원료의 성질에 따라 달라지며, 천연 항산화제를 함유하고 있어 건조혼합분말에서 매우 안정적이고 산패나 변질 없이 장기간 보관할 수 있다.

5. 완두콩 가루(Pea flour)

완두콩 가루는 약 24%의 단백질과 대략 5%의 섬유소로 구성되어 있어 여러 종류의 혼합 곡물빵류의 재료로 사용되고 있다. 탈지분유에 대하여 완두콩 가루를 약 2.0% 정도 대체시키면 이스트를 이용한 발효반죽의 혼합시간을 약 30% 정도 단축시킬 수 있으며, 제빵에서 최종제품의 체적과 색상에 영향을 미친다는 것이 밝혀졌다. 완두콩 가루의 사용량이 증가할수록 식빵의 색상은 밝아졌으나 최종제품의 체적은 감소하는 경향을 나타냈고, 10% 이상 첨가하면 식빵의 내관이 눈에 띌 정도의 노란색을 띠게 된다.

6. 활성 밀 글루텐(Vital wheat gluten)

활성 밀 글루텐은 밀가루와 물을 혼합하여 반죽으로 만든 후 전분과 수용성 물질을 씻어내고 남은 젖은 글루텐 덩어리를 건조시켜 만든다. 글루텐은 다른 단백질과 마찬가지로 수분 존재 시 쉽게 열에 의하여 변성되기 때문에 활성을 보존하기 위해서는 저온에서 진공으로 분무건조하여 분말로 만들거나, 지나치게 열을 가하지 않고 빠르게 수분을 제거하는 순간건조(flash drying)법을 사용하고 있다. 활성 밀 글루텐은 밀가루 단백질 함량을 보충하는 데 사용되고 있으며 사용의 예는 다음과 같다.

- 식빵의 복원성과 탄성의 식감 강화 : 0~2%
- 곡물 빵의 체적 개선 : 2~5%
- 고식이섬유빵 또는 저칼로리빵 : 5~12%

이외에 다용도 목적으로 사용 가능하다.

일반적으로 밀가루를 기준으로 활성 밀 글루텐을 1% 첨가하면 0.6%의 단백질 증가효과가 있으며 흡수율은 1.5% 정도 증가된다. 즉 10%의 단백질 함량을 가진 밀가루 1kg에 25g의 활성 밀 글루텐을 첨가하면 단백질 함량은 밀가루에서 11.5%로 증가한다.

2-4. 감미제(Sweetener)

감미제는 제과제빵에서 중요한 역할을 하는 재료로서 감미, 안정, 발효조정 및 이스트의 영양원으로 풍미와 색깔을 내는 기능을 가지고 있다. 제빵에서 사용하는 감미제로는 설탕, 포도당, 이성화당, 전화당, 물엿 등이 있다.

설탕은 이스트의 먹이로 발효 시 이용되며, 발효 시 사용되고 남아 있는 잔류당(residual sugars)은 굽기 중 캐러멜화반응으로 겉껍질 색깔에 영향을 미치고, 특유의 향기를 생성한다. 당류는 단맛, 식감, 발효조절, 이스트 활성에 대한 영양원, 풍미와 색상에 영향을 준다.

1. 설탕

빵·과자에 대표적인 원료로 사용하는 설탕은 상백당으로 자당의 함유율이 99.9% 이상 이며 결정이 미세하고 흡습성이 강하여 수분보유력이 뛰어나다. 설탕은 제과제빵 제품의 저장성을 개선시켜 주며 제품에 따라 밀가루 대비 0~150%로 다양하게 사용한다.

2. 포도당

포도당의 상대적 감미도는 설탕 100에 대하여 63~88 정도를 나타내며 55℃ 이하에서는 용해가 어렵고 55℃ 이상에서는 설탕보다 용해도가 큰 특징을 가지고 있다. 포도당은 설탕 보다 삼투압이 높고 어는점도 낮으며 물에 용해 시 13.8㎉/g의 용해열이 필요하므로 청량 감이 있다.

- 설탕과 포도당을 대체하고자 할 때 : 설탕을 가수분해하면 포도당과 과당이 된다. 설 탕 100g은 물 5.26g에 가수분해되어 포도당 105.26g이 된다. 포도당에는 9% 정도 의 수분이 함유되어 있으므로 결정포도당에는 발효성 탄수화물(고형분)이 91% 정 도만 존재한다. 따라서 설탕 100g을 대체시키기 위해서는 포도당 115.67g이 필요하 다.(100/0.91=115.67g)

3. 물엿(Corn syrup)

물엿은 독특한 감미와 점조성이 있는 감미료이지만 전분을 가수분해하여 포도당을 만 드는 과정에서 당화를 중지시켜 덱스트린과 당분의 비율이 일정하게 유지되도록 인공적으 로 만든 제품이다.

덱스트린은 맥아당이나 포도당보다 낮은 감미를 가지고 있으며 독특한 점조성과 강한 보수성으로 자당의 재결정화를 방지하는 효과를 가지고 있다. 물엿의 독특한 특성은 덱스 트린이라는 물질에서 기인되는데, 물엿에 들어 있는 덱스트린은 단일물질이 아니고 포도 당 분자가 3~5개 연결된 것부터 50~100개나 연결된 것이 섞여 있기 때문에 점성과 보습성, 재결정 방지 역할 등의 특성이 다른 재료에 비해 뛰어나다. 물엿은 이러한 덱스트린의 특 성과 맥아당이나 포도당의 감미가 합쳐져서 끈적끈적한 점조성과 달콤한 물엿 특유의 성질을 갖게 된다. 그러므로 물엿은 단순히 감미를 내는 목적 이외에 빵·과자를 촉촉하게 만들고 싶을 때 이용한다.

물엿은 산을 이용하여 당화시킨 산 당화물엿과 효소를 이용하여 당화시킨 맥아물엿이 있다. 물엿의 원료는 옥수수전분, 감자전분, 고구마전분 등이 주로 사용되고 있으며 타피오카전분, 밀전분 등도 사용되지만 일반적으로 옥수수전분을 많이 사용하여 콘 시럽이라 불린다. 옥수수전분에는 단백질, 지방과 난용성 전분이 많이 함유되어 있고 고온에서 효소로 액화하면 단백질을 분해하여 쉽게 제거할 수 있으므로 색상이 좋은 물엿이나 포도당의 원료로 많이 사용된다.

- 맥아당(maltose) : 포도당이 2개 결합한 것으로 독특한 감미를 갖는다.
- 덱스트린(dextrin) : 전분을 가수분해하여 맥아당과 포도당을 만드는 과정에서 생기는 중간 생성물로 포도당 수십~수백 개가 결합한 것을 말한다. 덱스트린이 분해되는 순서에 따라 아밀로덱스트린(amylo dextrin), 에리트로덱스트린(erythro dextrin), 아크로덱스트린(achro dextrin), 말토덱스트린(malto dextrin) 등으로 분류된다.

4. 전화당과 이성화당

전화당은 설탕을 용해시킨 액체에 산을 가해서 높은 온도로 가열하거나 분해효소인 인베르타아제를 작용시키면 설탕은 가수분해되어 포도당과 과당의 동량 혼합물이 된다. 이 혼합물을 전화당이라 하며 설탕보다 약 30% 정도 더 단맛을 가지고 있다. 전화당은 수분 보유력이 뛰어나서 제품을 신선하고 촉촉하게 하여 저장성을 높여준다. 전화당은 시판하는 꿀에 다량 함유되어 있으며 흡습성 외에 착색과 제품의 풍미를 개선하는 기능을 가지고 있다.

이성화당은 전분을 액화(α-아밀라아제), 당화(글루코아밀라아제)시킨 포도당액을 이성화질효소(glucose isomerase)로 처리하여 이성화된 포도당과 과당이 주성분이 되도록 한 액상당으로 과당의 함량이 55% 이상 함유된 것을 고과당(55%-HFCS)이라 하고 과당이 42% 함유된 이성화당을 일반과당(저과당)이라 한다.

이성화당의 특징은 상쾌하고 조화된 깨끗한 감미를 가지며 설탕에 비하여 감미의 느낌 및 소실이 빠르며 이성화당은 설탕보다 삼투압이 높아 미생물의 생육억제효과가 크고 보습성이 강해 설탕과 혼합 사용할 때 빵·과자 제품의 품질을 향상시켜 준다.

2-5. 유지제품

제빵에서 일반적으로 사용하는 유지는 쇼트닝이다. 쇼트닝은 반죽의 팽창을 도와주는 윤활작용(lubrication)을 하며 수분보유효과가 있어 최종제품의 저장성을 향상시키며, 쇼트닝의 기본적인 기능은 쇼트닝성과 윤활성이다. 빵에서 쇼트닝은 얇은 필름막을 형성하고 글루텐층의 표면에 넓게 퍼져 글루텐층이 부착되는 것  을 막아주며, 발효 및 굽기 시 반죽의 신전성을 향상시켜 빵의 체적이 커지도록 한다.

1. 제빵에서 유지의 기능

반죽 혼합 시 유지를 처음부터 첨가하여 혼합하면 곧바로 글루텐의 표면을 유지가 둘러싸고 글루텐의 수화를 방해하여 반죽형성 시간을 지연시킨다. 따라서 반죽이 물을 흡수하여 글루텐 결합이 진행된 단계에서 유지를 첨가하는 것이 바람직 하다. 유지는 혼합하는 동안 반죽 중에서 얇은 필름상으로 글루텐 층의 표면에 넓게 퍼지면서 글루텐의 층과 층이 부착되는 것을 방지하며 동시에 반죽이 발효되어 팽창될 때 글루텐층이 원활하게 미끄러지도록 하는 작용을 도와준다. 즉 반죽의 신전성이 향상되어 이동이나 성형이 용이하고 기계내성을 향상시킨다. 동시에 발효실이나 오븐 내에서 반죽의 팽창이 쉽게 일어나도록 하여 빵의 체적이 커진다. 따라서 유지는 반죽의 글루텐층에 균일하게 혼합되어야 한다. 결과적으로 반죽에서 유지의 가장 큰 역할은 윤활작용이다. 각 유지의 특징은 〈표 2-7〉과 같다.

〈표 2-7〉 유지의 특징

종류	특징
라드 (lard)	스테아린산, 팔미틴산, 로린산, 미리스틴산, 올레인산 및 리놀레인산으로 구성된 글리세라이드로 분자변형라드(molecular modified lard)는 글리세린 분자 내에서 지방산들의 자리 옮김 공정의 결과로 생성되며 결정의 크기가 작아 크리밍성이 개선되고 안정성이 크다.
표준쇼트닝 (standard shortening)	경화지방과 수소가 첨가되지 않은 액상유의 혼합물로 동물성이나 식물성 스테아린과 같은 경화지방 또는 완전경화식물성 지방과 기름의 혼합물이다.

경화쇼트닝 (hydrogenated shortening)	표준쇼트닝에 비해 전체적으로 균일하며 우수한 가소성의 특성, 경화쇼트닝은 식물 성 유지만을 섞거나 식물성유와 동물성 지방을 혼합한 후 수소를 첨가하여 원하는 점까지 포화시켜 만든다.
데니시용 롤인마가린	2차 발효하는 동안 반죽 안에서 녹지 않아야 하기 때문에 융점이 높고 가소성 범위 가 가장 넓다.
유동쇼트닝 (fluid shortening)	여러 형태의 경화지방조각들, 고융점(high-melting point) 지방 및 기능적 역할의 유 화제들과 여러 종류의 반죽 조절제와 연화제 등이 첨가되어 있다. 쇼트닝과 비교해 필적할 만한 기능성을 발휘한다.
유화쇼트닝 (emulsified shortening)	고비율(high-ratio), 고흡수(high absorption) 또는 슈퍼글리세린 처리된(superglycerin- ated) 쇼트닝이다.
버터 (butter)	대략 80~81%의 버터 지방과 14%의 물을 포함한 기름 속에 물이 함유된 에멀젼이 다. 가염버터는 1~3%의 소금을 포함하고 일반적으로 풍미 면에서 모든 쇼트닝 중 가장 좋은 것으로 간주한다. 버터는 크리밍성이 좋지 않은 단점이 있다.
변성유(modified oil)	단단한 지방 조각, 유화제 및 반죽 조절제를 첨가하여 변형시킨 액상유이다.
가소성 쇼트닝 (plastic shortening)	고체지방과 액체유의 현탁액으로 약 66%의 액체유와 33%의 고체지방의 비율로 구 성된다. 스펀지법이나 직접 반죽법에 의한 제빵에 사용한다.

2. 고체유지의 가소성

가소성 유지에는 쇼트닝, 마가린, 라드 등의 유지제품들이 포함된다. 유지의 가소성은 그 구성성분이 되는 트리글리세라이드의 종류와 양에 의해 좌우된다. 또한 트리글리세라이드의 성질은 구성지방산의 종류에 의해 결정되며 가공온도에 따라 성질이 변화되는 동질 다형현상에 의해서도 결정된다. 쇼트닝이나 마가린 같은 제빵용 유지에는 수많은 동식물유와 경화유지가 배합되어 제조되기 때문에 복잡한 트리글리세라이드의 혼합물로서 유지에 따라 융점과 가소성의 범위가 달라진다. 가소성 유지는 온도에 따라 고체상의 트리글리세라이드와 액체상의 트리글리세라이드의 혼합비율이 변하게 되며 일반적으로 고체유지는 액체유지에 일부 용해되어 있다. 고체유지는 결정화되면서 3차원의 망을 구성하여 액체유를 둘러싸게 되어 전체적으로 볼 때는 고체상을 유지하며 가소성을 나타내게 된다.

1) 쇼트닝

쇼트닝은 라드의 대용품으로 개발된 가공유지로 고체유지의 중요한 특성인 쇼트닝성을 나타내어 붙여진 이름이다. 그러나 현재는 고체상태의 쇼트닝에 국한되지 않고 액체 또는 분말상태의 쇼트닝도 생산되고 있다. 쇼트닝의 원료로는 동식물성 유지(야자유, 팜유, 라드, 어유, 대두유, 면실유 또는 이들의 혼합물)로 가장 큰 특징은 마가린과 달리 수분을 전혀 함유하고 있지 않은 것이다. 한편 빵용 쇼트닝이나 케이크용 쇼트닝에 모노글리세라이드 등과 같은 유화제를 첨가한 유화쇼트닝(emulsified shortening)도 있다.

2) 마가린

마가린은 버터의 대용품으로 지방과 물이 혼합되어 있는 유중 수적형(weter in oil)의 에멀전이다. 약 80%의 지방에 14% 정도의 수분, 유고형분, 소금, 유화제 등으로 구성되어 있다.

마가린 제조에 사용되는 유지로는 경화대두유가 대부분을 차지하며 이외에도 목화씨유(cottenseed oil), 올레오 오일(oleo oil), 라드(lard), 코코넛 기름(coconut oil) 등이 있다.

3) 롤인용 유지

롤인용 유지는 가소성 범위가 넓고, 기계적인 힘을 가하거나 접기 조작 시 형태를 유지할 수 있어야 하며, 마지막으로 온도변화에 따른 경도 변화가 크지 않아야 한다. 특히 퍼프 페이스트리용 마가린은 단단한 왁스질의 제품이며 퍼프 페이스트리는 반죽층 사이에 존재하는 지방에 잡혀 있던 수분이 갑작스럽게 팽창하여 오븐에서 부피가 늘어나기 때문에 경화지방이 필요하다. 따라서 쇼트닝이나 마가린의 미세구조는 수많은 ㎛의 결정이 응집되어 3차원의 네트워크를 구성하고 있으며 이 구조는 배합유지의 결정성과 함께 냉각, 가소성 조건 등에 큰 영향을 미친다.

2-6. 물

물은 건조재료를 수화(Hydration)시켜 모든 재료를 적절히 분산시키는 역할을 한다.

제빵에서 물을 사용할 때 가장 중요한 것은 식용으로서의 적합성으로 수질기준에 적합해야 하고 수질기준 항목 중에 제빵성에 영향을 미치는 것에는 경도와 pH가 있다.

1. 물의 경도

일반적으로 제빵에 적합한 물의 경도는 아경수(120~180ppm)로 이스트의 영양원이 될 수 있는 광물질이 함유되어 있고, 또한 글루텐을 적당하게 경화시키는 효과가 있어 반죽의 물성을 개선하여 좋은 빵을 생산할 수 있다.

반면 경수(180ppm 이상)는 글루텐을 강하게 경화시켜 반죽의 물성이 단단하여 가스보유력을 증가시키는 효과가 있으나 발효가 늦어지기 때문에 이스트와 흡수율을 증가시키고 발효온도를 높이고 발효시간을 늘려 반죽을 연화시킬 필요가 있다. 또한, 최종제품이 단단하고 빨리 건조되어 노화가 빠른 단점이 있다.

연수(1~60ppm)는 글루텐을 경화시키는 광물질이 부족하기 때문에 반죽이 약하고 끈적끈적하기 때문에 흡수율을 2% 이상 줄여야 하고 반죽의 가스보유력이 감소하여 반죽은 외관상 어린 반죽상태를 나타내지만 실제로 연수는 완충능력이 적기 때문에 발효를 가속화시켜 발효시간이 감소하는 경향이 있다. 연수로 사용한 제품의 부피는 좋은 편이나 기공조직 및 색상이 다소 떨어지는 경향이 있으므로 제빵개량제와 소금 사용량을 증가시켜 결점을 보완시킬 수 있다.

물은 밀가루의 중요한 두 단백질인 글루테닌(glutenin)과 글리아딘(gliadin)을 결합하여 글루텐(gluten)을 형성하며, 식염, 설탕, 분유 등을 용해시키는 용매(solvent)로도 작용한다. 또한, 반죽의 온도를 조절해 주는 역할을 하며, 굽기 중 전분의 호화(gelatinization)에 중요한 역할을 하게 된다. 밀가루에 사용하는 물의 비율은 반죽의 물성(rheological properties)을 조절하고 제품의 품질에도 영향을 미친다. 대부분의 반죽에 사용되는 물의 흡수율 범위는 밀가루 무게를 기준으로 55~65% 정도이다.

2-7. 이스트

이스트는 발효과정 중 당을 분해하여 이산화탄소(CO_2), 알코올(Alcohol), 산(acid), 열(energy) 등의 부산물을 생성하여 반죽을 산화, 팽창시키며 빵의 풍미에 영향을 미친다. 반죽의 발효속도는 기본적으로 이스트의 사용량에 따라 조절되지만 온도, 제빵개량제, 물 및 산도(pH)에 의해 조절되기도 한다. 빵에서 이스트의
사용량은 2~5% 정도이며 제빵용 이스트의 유형과 종류는 〈표 2-8〉과 같다. 이스트는 살아 있는 미생물로서 보관 시 부주의할 경우 발효능력을 잃어버려 가스 발생력에 큰 영향을 받게 된다. 따라서 압착이스트와 벌크이스트는 0.5~7℃ 사이의 온도에서 보관하는 것이 필수적이며 3℃ 이하의 온도에서는 활성을 멈추게 된다. 그러나 이스트가 너무 빠르게 동결되면 얼음 결정이 이스트세포를 물리적으로 찢기 때문에 손상을 입게 된다.

〈표 2-8〉 이스트의 종류

생이스트(fresh yeast)	
압착이스트 (compressed yeast)	약 70%의 수분을 함유하고 있어 0.5~7℃ 사이의 온도 변화가 적은 온도에서 저장
벌크이스트 (bulk yeast)	압착하는 대신 미립자상태로 부수어 만든다. 벌크이스트는 압착이스트와 수분함량이 동일하여 같은 조건에서 저장하며 압착이스트와 동일한 중량비율로 상호 교환하여 사용가능
건조이스트(dry yeast)	
활성 건조 이스트 (active dry yeast)	반죽 혼합 전 이스트를 4배의 물(35~43℃)에 5~15분 동안 수화하고, 생이스트의 45~50% 수준으로 사용
인스턴트 이스트 (instant dry yeast)	다른 건조재료와 첨가하거나 혼합하는 동안에 첨가한다. 물과 직접 접촉하면 이스트의 성능이 떨어지며, 생이스트의 33~40% 수준으로 사용

2-8. 유가공품(Milk products)

유가공품은 원유, 가공유, 농축유, 분유, 크림, 버터, 치즈, 아이스크림, 발효유 등이 있으며 제과제빵에서 폭넓게 사용하는 원료이다.

1. 우유

우유는 수분이 약 88.1%, 단백질 3.4%, 지방질 3.4%, 당질 4.4%, 무기질과 비타민이 약 0.7% 정도로 구성되어 있다. 우유의 단백질은 카제인(casein)과 훼이(유청)단백질(whey protein)로 구분되며, 카제인은 우유단백질의 약 80%를 차지하고 있으며 황(S)과 인(P)을 많이 포함하고 미셀(micelle)형태로 존재한다. 카제인은 등전점인 pH 4.6 부근에서 분자 간의 음이온에 의한 반발력이 없어져 서로 결합하여 침전하게 되며, 레닌에 의해 카제인의 펩타이드결합이 분해된다.

2. 농축유

우유는 부피가 크기 때문에 보관이 쉽지 않다. 따라서 수분을 증발시켜 원유 또는 저지방우유를 그대로 농축하거나 식품 또는 식품첨가물을 넣어 농축한 것이 농축유이다. 대표적인 제품으로는 연유가 있다.

1) 가당연유

우유에 설탕을 약 16% 정도 첨가하여 유고형분 30% 이상, 유지방이 8% 이상 되도록 40%의 질량으로 농축한 것으로 최종제품에서 40~50% 정도의 설탕을 함유하여 보존력이 향상된다.

2) 무당연유

우유에 설탕을 첨가하지 않고 우유만을 40~50%로 농축한 것으로 유고형분은 22% 이상, 유지방 6% 이상의 밀크 크림상태이며, 설탕이 첨가되지 않기 때문에 보존력이 낮으므로 반드시 통조림상태로 살균해야 한다.

3. 분유

분유는 순수하게 우유의 수분을 제거한 전지분유(whole milk powder), 우유에서 지방과 수분을 제거한 탈지분유(nonfat dry milk), 여러 가지 영양소를 첨가하여 기능성 분유를 만들기 위한 조제분유(modified mlik powder) 등으로 나뉘며 제조공정은 종류와 관계없이 모두 비슷하다.

1) 전지분유

순수하게 우유를 건조한 것으로 12%의 수용액을 만들면 우유가 된다. 지방질이 탈지분유보다 높아 보존성이 짧아서 약 6개월 정도이다.

2) 탈지분유

빵에 분유를 첨가하면 풍미를 향상시키고 노화를 방지한다. 그러나 빵의 부피는 증가하거나 감소하게 된다. 탈지분유는 UHT살균과 감압농축에 의해 제조되며 비타민의 손실이나 단백질의 열변성이 최소화되도록 제조된다. 그러나 불충분하게 가열되어 단백질의 열변성률이 적으면 빵제품의 부피가 감소하게 된다. 탈지분유는 약 8%의 회분과 34%의 단백질을 함유하고 있기 때문에 pH 변화에 대한 완충역할을 한다. 탈지분유를 밀가루에 4~6% 첨가하면 〈표 2-9〉와 같은 기능을 수행한다.

〈표 2-9〉 제빵에서 탈지분유의 기능

구분	기능
흡수율	수분 보유력이 탁월하여 탈지분유 1% 첨가에 반죽흡수율 1% 증가
완충제로서의 유용성	발효 동안 반죽의 급격한 pH 변화를 방지하는 완충효과로 아밀라아제의 활성을 조절
색상	유당은 이스트에 의해 발효되지 않으므로 오븐의 열에 의해 단백질과 반응하여 균일한 겉껍질 색상을 형성. 이 같은 갈색화 반응은 빵을 토스팅할 때 더 강렬하게 일어남
연화작용	단백질을 구성하는 유당과 락토알부민은 빵 내부구조에 대한 연화작용
조직감 및 탄성	탈지분유의 75%를 구성하고 있는 카제인은 제품의 내부구조에 조직감과 탄성을 부여하는 반죽강화제로 작용
영양	카제인은 아미노산 균형의 견지에서 보면 거의 완전한 단백질이며, 빵·과자 제품의 전체적인 영양가 개선에 기여

3) 유청분말 및 유제품대체제

유청분말과 유제품대체제는 가격이 싼 유고형분으로 제빵에 많이 사용되고 있으며 〈표 2-10〉은 유청분말과 유제품대체제의 기능과 역할에 관한 설명이다.

〈표 2-10〉 유청분말 및 유제품대제체의 기능

구분		기능 및 역활
스위트 유청분말		치즈 케이크 제조 시 카제인과 버터지방을 제거하고 분리시킨 제품 유청 단백질의 대부분은 락토알부민으로 구성. 경화제보다 연화제로 작용하며, 유당의 함량이 커서 굽는 동안 겉껍질 색상을 빠르게 촉진
유제품대체제	유제품 혼합물	고단백질, 중간단백질, 저단백질 제품이 있으며, 각 제품별 단백질 함량은 고단백질 30~35%, 중간단백질 약 20%, 저단백질 약 15%이다. 중간단백질 제품은 탈지분유와 열처리한 유청에서 추출되며, 우유유청혼합물(milk whey blends)로 불린다. 저단백질 제품은 단백질, 유청 및 카제인산나트륨의 조합물로 유청혼합물(whey blends)이라 불린다. 단백질 함량은 수분흡수율을 증가시킬 수 있을 정도로 높고 유청의 흐름특성을 보인다.
	곡류 혼합물	주요 성분으로 대두가루를 함유하고 있으며, 대두가루는 탈지분유보다 흡수율이 훨씬 더 크다. 따라서 대두가루와 유청을 혼합한 곡류혼합물제품은 탈지분유와 동등하거나 더 나은 흡수율을 보인다.

2-9. 달걀

달걀은 제과제빵 재료 중 다른 재료에서 볼 수 없는 중요한 특성이 있는데 이러한 특성은 달걀이 가지고 있는 달걀흰자와 달걀노른자에서 기인된다. 달걀의 구성 비율은 껍질 10%, 달걀흰자 60%, 달걀노른자 30% 정도이다.

1. 단백질

달걀흰자는 주로 수분과 단백질로 구성되어 있으며, 오브알부민(ovalbumin)은 흰자의 가장 중요한 단백질로 전체 고형분의 54%를 차지한다. 오브알부민은 쉽게 변성되는 특성을 갖고 있어 조리할 때 음식의 구조를 형성해 주는 역할을 한다. 오보뮤코이드(ovomu-coid)는 흰자 고형물의 11%를 차지하며 열변성에 적합하고 단백질 분해효소인 트립신의 활성을 방해한다. 오보뮤신(ovomucin)은 다른 단백질보다 함량이 적지만(3.5%) 거품을 안정시키고 오래된 달걀의 변성과 흰자가 묽어지는 데 관여한다.

2. 지방질

달걀의 지방질은 글리세라이드(glyceride)와 인, 질소, 당 등이 결합한 복합지질 및 스테롤로 구성된다. 인지질은 레시틴(lecithin)과 세팔린(cephalin)으로 구성되며 레시틴(lecithin)은 천연 유화제로 중요한 역할을 한다. 달걀의 지방은 대부분 난황에 함유되어 있으며 난황 지방은 대부분 단백질과 결합하고 있다.

3. 탄수화물

달걀에 존재하는 탄수화물은 포도당(glucose), 갈락토오스(galactose) 등의 형태로 적은 양이 들어 있지만 중요한 성분이며 포도당과 갈락토오스는 단백질과 작용하여 마이야르반응을 일으켜 달걀흰자 분말이나 완숙된 달걀흰자를 갈변시킨다.

4. 제빵에서 달걀의 기능

제빵에 있어서 달걀은 빵이 가열 팽창될 때 조직을 단단히 고정시키는 역할을 할 뿐만 아니라 빵 표면에 광택제로써 달걀물을 사용하는 것도 열 응고성을 이용하는 것이다. 일반적으로 알부민, 글로불린 등의 열응고성 단백질은 60~70℃에서 응고가 일어나는데, 흰자는 60℃ 근처에서 응고를 시작하여, 70~80℃에서 완전 응고하며 그 이상의 온도에서도 경화가 진행되는 것에 반하여 노른자는 65℃ 근처에서 응고를 시작하여 70℃에서 완전 응고한다. 따라서 최종제품에서 반죽의 탄성을 줄여 식감을 향상시킨다.

2-10. 소금과 제빵개량제

1. 소금

제빵에서 소금은 맛과 풍미를 향상시키고 이스트의 활성을 조절한다. 소금을 반죽에 첨가하면 삼투압에 의해 흡수율이 감소하고 반죽의 저항성이 증가되는 특성이 있으므로 가장 중요한 원료 중 하나이다. 따라서 소금을 효과적으로 사용하면 반죽에서 발생하기 쉬운 이취(off-flavor)를 제거하고 스펀지법에서는 제조시간을 단축할 수 있다.

소금은 주위의 냄새를 흡수하는 경향이 있기 때문에 적합한 조건에서 저장해야 하고 상대습도의 변화에 매우 민감하며 임계점은 70~75%이다. 습도가 높으면 소금은 수분을 흡수하는 반면 습도가 낮으면 수분을 방출한다. 지나칠 정도의 습도 변화는 소금 덩어리를 형성시켜 나중에 분리하기 어렵게 만든다.

2. 제빵개량제

제빵개량제는 안정된 품질의 제품을 생산하기 위해 제빵 시에 사용하고 있다. 반죽 개량제는 빵의 품질과 기계성을 증가시키고 공정상 오류를 보완하여 최종제품의 품질을 표준화시킬 목적으로 첨가하며 반죽강화제, 산화제, 환원제, 노화지연제 및 효소 등을 사용하고 있다. 제빵개량제의 구성성분은 원료의 품질적 변화를 최소화하고 제빵공정 중 반죽의 물리화학적 특성을 표준화시킬 수 있는 화합물과 효소로 구성된다.

이 성분의 특성은 사용하는 물의 경도를 조절하기 위해 칼슘이나 마그네슘을 포함하여 물을 연수에서 경수로 개질하는 특성이 있다.

이스트는 단세포 미생물로서 탄소, 수소, 산소, 질소, 유황, 인, 칼륨, 칼슘, 마그네슘, 철 등의 미량원소 및 비타민 등의 성장촉진 물질이 필요하다. 따라서 발효를 촉진하기 위해서 는 외부에서 영양원을 공급해 주어야 한다. 특히 발효 말기에는 당의 부족으로 이산화탄 소 발생량이 현저히 감소하게 된다. 이때 질소원이 존재하면 이스트는 말타아제를 생성시 킬 수 있게 되어 맥아당을 계속 생산하고 발효하게 된다. 이와 같은 효과는 특히 당이 적 은 반죽에서 활발하게 일어난다.

이외에 제빵개량제는 〈표 2-11〉과 같은 pH 조절제, 산화제, 환원제, 반죽강화제, 노화지 연제, 효소 등을 사용한다. (pH 저하를 촉진하기 위해 제1인산 및 칼슘을 함유한 제빵개 량제가 사용된다.)

〈표 2-11〉 반죽개량제의 분류와 기능

분류	기능	종류
산화제 (oxidizing agents)	• 단백질의 이황화결합으로 반죽구조 강화 • 반죽 취급성 향상 • 제품 체적 증가 • 조밀한 기공	• Ascorbic acid(vitamin-C) • Calcium peroxide
환원제 (reducing agents)	• 이황화결합을 잘라 반죽구조를 약화 • 혼합시간 단축 • 기계성 향상	• L-cysteine • Sorvic acid • 아스코르브산(vitamin-C)
반죽강화제 (dough strengtheners)	• 단백질 사이에 결합을 새롭게 만들어 반죽구조 강화 • 반죽의 취급성 향상 • 제품의 체적 증가 • 조밀한 기공	• Sodium stearoyl lactylate • Calcium stearoyl lactylate • Diacetyl tartaric acid esters of mono- and diglycerides • Succinylated mono- and digylcerides (SMG)
노화지연제 (crumb softners)	• 전분과 결합 노화속도를 늦춰 크림의 부드러움 향상 • 수분보유력 향상 • 수중유적형(O/W), 유중수적형(W/O)으로 나누어진다.	• Calcium stearoyl lactylate • Sodium stearoyl lactylate • Polysorbate 60 • Mono- and diglycerides • Distilled monoglycerides
효소 (enzyme)	• 전분의 α-1,4결합을 무작위로 분해, 전분을 액화시켜 저장성 증가 • 맥아당 생성, 발효 촉진 • 글루텐의 연화 및 혼합시간 단축 • 산화제의 작용으로 반죽 물성 향상	• α-amylase • β-amylase • protease • lipoxygenase

2-11. 식이섬유소(Dietary fiber)

1. 식이섬유소의 정의

섬유소의 구성단위는 β-포도당 두 분자가 β-1,4결합에 의하여 형성된 이당류인 셀로비오스로 생각되고 있으며, 소장에서 소화되지 않는 식물 급원의 다당류이며 셀룰로오스분자 여러 개는 수소결합을 통하여 규칙성을 갖고 강하게 결합되어 미셀을 형성하고 이 미셀이 다시 모여 섬유를 형성하게 된다. 식이섬유소는 곡류, 식물류, 과실류 및 견과류의 일부분이다. 식이섬유소는 식물 세포벽 물질에서 유래되고 인간의 소화효소에 의해 소화되지 않지만 대장에 존재하는 미생물에 의해 소화될 수 있으며 모든 식물성 다당체와 리그닌(polysaccharides plus lignins)을 합한 것으로 정의된다. 미생물 소화에 의한 부산물은 칼로리 또는 에너지로 흡수될 수 있다.

몇 가지를 곡물을 제외(예, 귀리)하고 곡류를 기본으로 한 식품은 일반적으로 비수용성 섬유질이 많은 반면 대부분의 과일, 식물, 완두 및 콩은 수용성 섬유질이 많은 경향을 띠고 있다. 통곡류 빵과 시리얼, 과일, 야채, 완두 및 콩에 함유된 식이를 통하여 매일 적합한 양의 섬유소를 섭취해야 한다. 식이섬유소의 1일 권장량은 1,000kcal당 12g으로 1일 2,500kcal를 섭취할 경우 30g의 식이섬유소 섭취를 권장하고 있다.

2. 식이섬유소의 출처

식이섬유소는 식물성 원료 및 식품에서만 섬유소를 제공하고, 고섬유질 식품인 통곡류를 포함한 빵, 시리얼, 파스타, 현미, 과일과 채소, 건조된 완두 및 콩, 견과와 씨앗 등에 포함되어 있다. 과일과 채소는 수분함량이 높아 통곡류에 비해 섬유소가 상당히 적게 함유되어 있다. 식이섬유소는 나무 펄프에서 만들어지는 정제 셀룰로오스로부터 설탕을 정제하고 남은 사탕수수와 사탕무의 폐기물 등 심지어 땅콩 껍질과 같은 재료에서도 얻을 수 있다. 그러나 식이섬유소의 성능적 특성, 경제성 또는 기타 이유를 기준으로 모든 잠재적인 출처의 식이섬유소가 상업적 원료로써 시장에 판매될 수 있는 것은 아니다.

한편 식이섬유소 원료의 품질을 개선시키기 위하여 식이섬유소를 농축시키고 풍미와 색상을 제거하거나 기능성을 높이는 연구들이 진행되고 있다. 식이섬유소는 식품원료로 첨가하였을 때 최종 제품의 가공성이나 기호성에 나쁜 영향을 미치지 않고, 색 및 냄새가 없는 천연 섬유소를 알맞은 가격으로 이용할 수 있도록 할 목적으로 개발되고 있으나 아직

한계가 많다. 〈표 2-12〉는 시중에서 시판되는 식이섬유소의 원료 및 함량이다.

〈표 2-12〉 식이섬유소의 원료 및 함량

원료	섬유소 함량(%)	
	조섬유	총식이섬유
밀기울(wheat bran, red/white)	8〜12	40〜50
탈지밀배아(defatted wheat germ)	5	20
밀배아(wheat germ, full fat)	2	10
쌀 섬유소(rice fiber)	30	50
쌀기울(rice bran/stabilized)	6〜10	30〜40
쌀 섬유소(rice fiber, bran)	35	70〜80
탈지쌀기울(rice bran)		46〜50
쌀배아(rice germ/bran)	8	35〜40
발아곡류섬유소(malted grain fiber, barley, rice, cornstarch)		31
고단백질 보리(Barley's high protein flour)		35
보리섬유소(barley fiber)	27	70
보리기울(barley bran fiber)		70
옥수수기울(corn bran)	12〜16	55〜95
귀리기울(oat bran)		15〜22
귀리섬유소(oat fiber)		80〜90
대두섬유소/기울/플레이크(soy fiber/bran/flake)		45〜75
땅콩섬유소(peanut fiber)		50
완두콩 섬유소(pea fiber)		50〜95
단 루핀기울(sweet lupin bran flour)		85
사탕수수섬유소(sugar cane fiber)		72〜86
사탕무섬유소(sugar beet fiber)		73〜80
감귤펄프(citrus pulp)		62
토마토 섬유소(tomato fiber)	35	45
사과섬유소(apple fiber)	16	43〜45
블랙커런트과일섬유소(black currant fruit fiber)		43
레몬, 오렌지, 그레이프프루트		25〜70
건조 크랜베리(dried cranberries)	4〜6	6〜8
무화과가루(fig powder)	34	64
건조배(dried pears)	6〜7	13〜14
코코아섬유소(cocoa fiber/bran)	16〜25	55〜75
대추야자기울(date bran)		44
아라비아검(Arabia gum)		90
구아검(guar gum)		90
메뚜기콩검(locust bean gum)		90
카복시메틸셀룰로오스나트륨(sodium carboxymethylcellulose)		75

잔탄검(Xanthan gum)	75
카라기난검(Carrageenan gum)	75
분말셀룰로오스(powdered cellulose)	99

3. 식이섬유소 빵 배합(Fiber breads formulation)

최근 식이섬유소 섭취에 관한 관심이 높아지면서 제빵에서도 칼로리 감소나 식이섬유소의 강화를 목적으로 식이섬유소를 사용한다.

제빵에 식이섬유소를 사용하면 반죽이 약화되어 최종제품의 체적이 작아지고 반죽의 취급특성에 변화를 준다. 따라서 고단백질 밀가루를 사용하여 식이섬유소의 사용효과를 중화시켜야 한다. 일반적으로 활성 밀 글루텐은 밀가루를 기준으로 4~15%의 범위에서 실제 사용되고 대개 섬유소 2% 첨가에 1%의 활성 밀 글루텐을 사용한다. 〈표 2-13〉은 식이섬유 첨가에 따른 다른 재료들의 배합비 범위이다.

〈표 2-13〉 식이섬유소 첨가에 따른 재료들의 배합범위

재료명	특 징
물(Water)	글루텐과 첨가된 섬유소가 수분을 많이 필요로 하기 때문에 흰 빵에 비하여 물을 증가시킬 필요가 있다. 전체 흡수율은 밀가루를 기준으로 100~130% 범위이다.
이스트(Yeast)	이스트는 2차 발효가 45~65분 안에 달성될 수 있도록 증가시키는 것으로 알려져 있다. 이스트의 사용량은 3~5% 범위이다.
식염(Salt)	식염 수준은 반죽물질의 크기가 증가되어 희석효과를 나타내기 때문에 흰 빵에서보다 더 높아야 한다. 식염 사용은 섬유소 함량에 따라 달라지며 보통 2.25~3.5% 범위이다.
당류 (Sweeteners)	설탕 수준은 8~12% 범위이다. 설탕은 첫째로 풍미를 첨가하며, 껍질 색상과 이스트에 대한 먹이로 사용된다
쇼트닝 (Shortening)	칼로리를 감소시키고자 제빵업자들은 일반적으로 배합에서 쇼트닝을 제거한다. 그러나 쇼트닝의 제거는 반죽을 약화시키고 구워진 빵을 절단할 때 어려움을 유발시킨다. 그러한 결과로 인하여, 만일 제빵업자의 관심이 단지 섬유소 함량의 증가에 있다면 0.5~1%의 지방을 첨가함으로써 제품의 체적과 절단능력을 크게 향상시킬 수 있다.
유제품(Dairy products)	탈지분유 등과 같은 우유 제품은 약 0~4%의 낮은 수준으로 사용된다. 사용되었을 때 그것은 주로 영양가를 향상시키고 껍질 색상을 증가시킨다.
보존료 (Antimicrobial agents)	곰팡이 억제제는 대부분의 섬유소 강화 빵의 수분함량이 높기 때문에 흰 빵에서보다 더 높은 수준으로 사용된다. 프로피온산 칼슘이 가장 일반적으로 사용되는 곰팡이 억제제이며 사용수준은 0.25~0.5%이다.
반죽 강화제 (Dough strengtheners)	사용되는 기본적인 반죽 강화제는 SSL과 엑토시모노글리세라이드(EMG)이며, 각각의 최대 사용수준은 0.5%이다. 그러나 0.75~1.0% 수준의 데이템 에스테르(Datem esters)는 섬유소 형태의 제품 체적을 향상시키지는 않을지라도 좋은 효과를 미치는 근거들이 있다.

빵 연화제 (Crumb softeners)	빵 연화제는 사용된 제품의 알파모노 함량의 퍼센트에 따라 0.2~1.5%의 정상적인 흰 빵 수준으로 사용된다. 전분함량이 적고, 최종 수분함량은 더 많기 때문에 빵 연화를 증가시키 는 데 도움을 준다.
풍미제(Flavor agents)	건조 사워(dry sour)나 산 브랜드(acid blend) 등과 같은 풍미제가 때때로 비교적 맹맹한 맛을 향상시키기 위해서 또는 사용된 섬유소에 의해 생성되는 이취를 가리기 위하여 사용 된다.
검(gums)	0.5~1.5% 수준으로 식물성 검을 사용하면 제품의 체적이 향상되는 것으로 보인다.
산화제 (Oxidation)	사용되는 기본적인 산화제들은 브롬산 칼륨 30~75ppm, 아스크로브산 90~180ppm 및 ADA는 10~45ppm 수준으로 사용된다.

2-12. 효소(Enzyme)

효소는 단백질로 생명체 내부의 화학반응을 매개하는 생체 촉매(biocatalyst)이며, 기질 특이성(Specificity)이 있다. 촉매란 화학반응에 있어서 다른 물질의 반응을 촉진시키거나 지연시키는 물질이다. 기질은 효소가 맥아당에 작용하여 포도당으로 분해하는데 이때 맥아당을 말타아제(maltase)의 '기질'이라고 한다.

제빵에서 사용되는 효소에는 탄수화물분해효소와 단백질분해효소가 있으며 반죽의 발효 촉진과 빵의 품질 개선 및 빵의 부피를 증가시키는 데 사용하고 있다.

1. 효소의 반응속도에 영향을 미치는 요인

1) 효소의 양 : 효소의 농도가 커지면 기질에 대한 반응속도가 증가한다.

2) 기질의 농도 : 농도가 증가함에 따라 효소의 반응속도도 최고점까지 증가하나 그 이상으로는 속도의 증가가 없다.

3) 온도 : Q_{10} value에 의해 효소의 작용은 10℃ 상승 시 2배 정도 빨라지고, 40℃ 이상에서는 반응속도가 급격히 감소된다.

4) pH : pH가 변하면 단백질의 입체구조가 변하기 때문에 효소구조가 변하게 되어 반응속도가 떨어진다. 적정 pH는 펩신 pH2, 아밀라아제 pH 7, 트립신 pH 8이다.

2. 효소의 종류

1) 디아스타제 : 아밀라아제 효소로 전분이나 글리코겐을 포도당, 맥아당 및 덱스트린으로 분해하는 효소

2) 셀룰라아제 : 섬유소를 분해하는 효소

3) 이눌라아제 : 돼지감자의 저장성분인 이눌린을 분해하는 효소

4) 인베르타아제 : 설탕을 포도당과 과당으로 분해하는 효소(이스트에 존재)

5) 말타아제 : 맥아당을 2분자의 포도당으로 분해하는 효소

6) 락타아제 : 유당을 포도당과 갈락토오스로 분해하는 효소

7) 치마아제, : 산화효소로서 포도당, 과당 같은 단당류를 알코올과 이산화탄소로 분해
하는 효소(이스트에 존재)

8) 프로티아제 : 단백질을 분해하는 효소

9) 펩티다아제 : 단백질 아미노산을 분해하는 효소

10) 리파아제 : 지방을 분해하는 효소

제3절 위생

3-1. 식품위생과 안전(Food safety and sanitation)

식품위생과 안전은 식품산업에서 가장 보편적이고 중요한 기능 중에 하나이다. 식품위생은 위생사고에 의해 존재하는 것이 아니라 사고예방을 위해 존재하는 기능이다. 바람직한 위생관리 계획은 항상 점포의 외관을 잘 유지할 수 있도록 계획되고 조직화되어야 한다. 점포에는 건전한 제품을 생산할 수 있도록 벌레가 없어야 하고 이물질과 세균, 곰팡이 또는 어떠한 다른 형태의 오염이 존재하지 않아야 한다. 위생은 하나의 생활습관이다. 위생은 내가 제품의 생산자이기 때문에 지키는 것이 아니라 어느 곳에 있든지 모든 사람들에게 영향을 미치는 깨끗한 생활습관이며 하나의 작업형태로 간주해야 한다. 따라서 모든 식품의 원부재료들을 취급, 가공, 제조, 운송, 저장(보관), 그리고 소매하는 업자들은 위생요건 대상이 되며 위생에 대한 각 항목을 계획하고 조직화하여 관리하여야 한다.

우리나라의 식품위생은 KFDA(식품의약품안전처)에서 정한 식품위생법에 의해 관리되고 있으며, 사용되는 모든 원료의 저장, 가공, 제조, 물류 및 판매에 관해 안전하게 관리하도록 요구하고 있다.

모든 식품산업에서 가공 또는 판매업에 종사하는 모든 종사자들이 위생에 관해 숙지하고 실천해야 한다. 특히 개인위생, 음식과 취급되는 물질에 대해 유의해야 하고, 좋은 외관, 장비와 건물의 청결, 깨끗한 청소와 소독 그리고 해충예방관리들은 모두 바람직한 위생관리를 이루고 유지하기 위한 중요한 요인들이다.

식품문제를 예방하는 위생은 식품문제 발생 후 조정하는 위생보다 강력하다. 즉, 식품의 위해요소를 예상하고 문제점을 예방하기 위해 단계를 밟는 위생방법이 위해요소 발생 후에 처리하는 방법보다 강력하고 향후 식품위생에서 추구해야 할 예방관리 프로그램이다.

1. 해충관리

해충관리 회사 또는 베이커리 내에서 훈련된 사람들이 해충관리프로그램을 관리 감독하여야 하며, 해충관리프로그램은 위생관리 유지의 한 관점으로 볼 수 있다. 따라서 해충관리는 경영진에 의해 직접 관리되어야 하며 점포 내부 또는 건물 주변 모두를 철저히 주의해야 한다.

2. 위생검수관리

바람직한 위생의 또 다른 관점은 시설(기관)로 들여오기 전에 수입재료와 공급품의 화물을 모두 조사하는 것이다. 재료와 공급품의 적절한 저장과 취급은 필수 불가결한 일이다. 재료와 포장자재들은 모두 선반 또는 적재함에 저장되어야 한다. 저장지역은 깨끗하고 잘 정리되어 있으며 원료들은 FIFO(first-in-first-out)방법에 의해 순환되어야 한다. 곤충의 침입이나 급속한 악성재고의 원인이 되는 재고목록은 4주 이내에 사용될 수 있는 양으로 제한되어야 한다.

Tip

FIFO(First in First out) : 선입선출로 먼저 들어온 물건을 먼저 배출해야 한다는 원칙

3. 유지보수관리

깨끗한 베이커리와 장비의 유지는 바람직한 위생의 요인이다. 식품 불량품은 불량한 장비의 유지관리상태 또는 작업장의 환경이 위생적이지 못해 발생할 수 있다. 뿐만 아니라

벽이나 바닥의 들뜬 페인트, 깨진 석고 및 기물, 창문 유리, 타일 조각, 뜯어지거나 곰팡이 난 단열재, 누수되는 천장 그리고 커버가 없는 무방비의 전구와 같은 베이커리 위험요소로 부터도 일어날 수 있다. 그러므로 위생적으로 이물질을 관리하기 위해서는 원부재료의 조사, 공정, 장비, 생산업무의 신중한 관리, 종사자들의 위생습관이 필수적이다. 따라서 베이커리에서 발생된 모든 폐기물들은 적절하게 취급하여야 하고, 해충을 유인하지 않도록 관리하여야 한다. 또한 오염된 냄새와 폐수를 만들어내지 않도록 폐기물은 분리수거를 통하여 법규에 따라 처리되고 관리되어야 한다.

모든 사람들이 위생프로그램에 관심과 책임을 갖도록 하기 위해서는 업무분장을 해야 한다. 위생교육을 장려하기 위해 경영진은 연수, 회의, 시청각교재, 출판물 등 훈련 프로그램을 제공해야 한다. 모든 식품 종사자들이 적절하게 조직체를 이룬 위생 프로그램을 유지하고 공유하는 것이 중요하며, 오직 협력을 통해서만 능동적이고 정확하게 위생관리를 실시 하여야 한다.

4. 청소

위생적인 청소 프로그램을 운영하는 것은 특별한 지역이나 장비 및 부품을 위한 적절한 세세를 선택하는 것이다. 적절한 세제의 선택은 청소의 방법(세척 또는 건조방법)과 오염원 특징에 의해 부분적으로 결정될 수 있다. 청소 세제가 선택되면[기본적으로 알칼리, 합성 인산염, 계면활성제, 산(acid)] 특정한 지역 또는 장비로부터 오염원을 제거하는 세척방법과 세제를 고려하여 선택되어야 한다. 일반적으로 위생적인 세척방법은 불리기, 오염물 닦아내기, 세제이용 거품내고 솔질하기, 헹구기, 건조하기 그리고 살균을 포함한 방법이다.

5. 개인위생

개인위생을 실천하기 위해서는 다음과 같은 준수사항을 실행하여야 한다.
1) 청결한 신체와 깨끗한 복장을 갖추어야 한다.
2) 정기적인 신체검사를 실시하고 각종 질병에 대한 예방접종을 실시한다.
3) 손을 자주 세척하여 손에 의한 오염을 최소화하고 손톱은 짧고 깨끗하게 관리한다.
4) 손가락으로 음식을 맛보는 행위는 삼가고 수저와 같은 도구를 이용한다.
5) 작업 시 시계, 반지 및 장신구의 착용을 금지한다.
6) 오염된 도구 또는 장비가 식품에 닿지 않도록 관리한다.

7) 식품 및 식재료 등의 근처에서 기침이나 침 뱉기 및 흡연을 하지 않도록 한다.

8) 식품위생법을 이해하고 실천한다.

3-2. 생산시설(Prototype)

산업이 발전하면서 식품안전 및 위생은 식품산업에서 가장 중요한 요소로 자리매김하고 있다. 따라서 생산현장 설계 시 안전하고 위생적으로 해야 한다. 생산현장 설계 시 우선적으로 고려해야 할 사항으로는 면적과 기능, 동선, 구역 및 배치, 환경, 디자인 등이다.

따라서 생산현장의 면적은 베이커리의 기능에 맞는 장비와 저장고 등을 배치할 수 있는 면적과 동선을 고려하여 결정해야 한다. 일반적으로 소형 베이커리의 경우 생산현장의 경우 약 20㎡ 정도부터 100㎡ 정도가 일반적이며, 중대형 베이커리는 100㎡~6,000㎡ 정도의 규모가 적당하다. 다음에 나오는 그림과 표는 일반적인 prototype의 베이커리 도면과 집기, 장비 리스트이다.

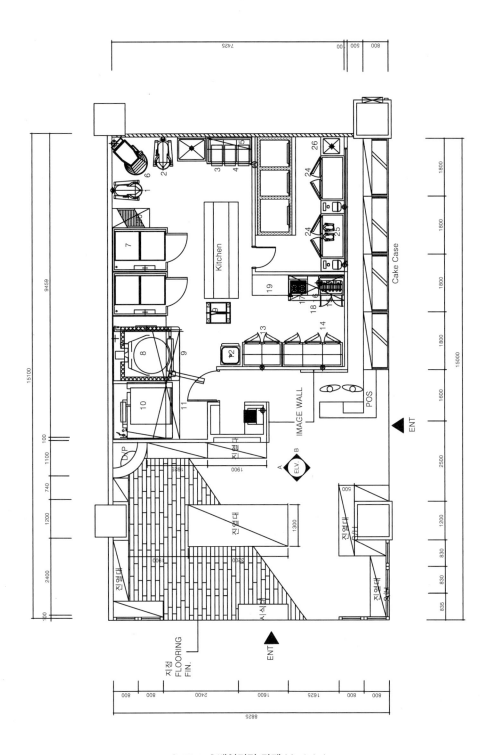

[그림 3-1] 베이커리 카페 Model-1

NO.	DESCRIPTION	MODEL	Q'TY	Serial.No	CAPACITY	REMARK
1	AUTOMATIC VERTICAL MIXER, w/satety guide	MT-60 / 30	1	GSKR048	60/30 LITERS	AICOH(일본)
2	VERTICAL MIXER (안전카바부착)	DMMIX-1416	1		60 Lit	DAE-MYUNG
3	WEIGHTING TABLE w/3 drawers / sus 35종 / 1.2t top side		1			DAIAH
4	S/s FLOUR BIN with Lid		3			DAIAH
5	WALL MOUNTED SHELF / 2shelves / sus34종 /0.8t (벽선반)		1		2 Levels	DAIAH
6	SPIRAL MIXER (Fixed head)	ECO-50	1	99289/614389	50kg Flour(80Kg Dough)	Kemper(독일)
7	RETARDER PROOFER w/Digital control	PC W 900069	2	7212038/7212039	800•600 Rack	BONGARD(프랑스)
8	RACK OVEN w/Digital control / steam hood with fan	WINNER	1	30026287/0010	1 Racks/36Trays	W&P(독일)
9	RACK FOR ROTARY OVEN	RACK 60/80	6		18 Levels	W&P(독일)
10	DECK OVEN w/steam / high crown deck / steam hood with fan / stea	ESPS-2222B	1	10569	DS control/22H•4D/4S/DS/DC	FUJISAWA(일본)
11	HOOD FOR DECK OVEN sus 34종 / 0.8t		2			DAIAH
12	SEMI AUTO. DIVIDER & ROUNDER	PICCOLO	1	5-6692	30g to 100/36pcs	Ederhardt(독일)
13	FREEZER (4 Doors)	CA-D11XZ	1		1130 Lit.	LG
14	REFRIGERATOR (6 Doors)	DA-D17D/C	1		1750 Lit.	LG
15	DONUT FRYER / 2 control systeam		1		400Ea/H	DAIAH
16	WORK TABLE /sus 34종 / 1.2t		1			DAIAH
17	GAS RANGE w/base	RFT-31C	1		W/BASE	RINNAI
18	HOOD FOR GAS RANGE w/filter / sus 34종 /0.8t		1			DAIAH
19	WORK TABLE /sus 34종 / 1.2t		1			DAIAH
20	WORK TABLE w/shelves(40•60tray), w/cuttingboard		2		w/knife holder	DAIAH
21	1 COMP'T SINK w/faucet		1			DAIAH
22	STORAGE SHELF (wire type)		1		4 Levels	DAIAH
23	DEEP-FREEZER (SC-4)	SC-4	1		(-40°C)40+(-20°C) 120Trays/400•600mm	TECNOMAC(이탈리아)
24	COLD TALBE w/Marble top /under tray shelf(40•60Cm)		2		18 shelfs (40•60Cm), 2Doors	DAIAH
25	CAKE MIXER	K5SS	2		5Lit.	KITCHENAID(미국)
26	1 COMP'T SINK w/faucet		1			DAIAH
27	BREAD SLICER w/Table, w/safety guide (안전망)		1			DAE-MYUNG
28	WALL MOUNTED SHELF / 2 shelves / sus34종 /0.8t		3		2 Levels	DAIAH
29	MOBILE TABLE w/imported caster & wheel (캐스터는수입제품으로)		1			DAIAH
30	SHOW CASE FOR CAKE	AD SHOWCASE	4		인테리어 마감 요함	ANDY SHOWCASE
31	CEILING MOUNTED SHELF / 2 shelves		2		2 Levels	DAIAH
	TOTAL AMOUNT		49			

보조 베이커리(페이스트리 룸) 설비건

NO.	DESCRIPTION	MODEL	Q'TY	Serial.No	CAPACITY	REMARK
1	SPIRAL MIXER (Fixed head)	ECO-50	1		50kg Flour(80Kg Dough)	Kemper(독일)
2	VERTICAL MIXER (안전카바포함)	DMMIX-1416	1		60/30Lit	DAE-MYUNG
3	REVERSE SHEETER (flour Duster 없는걸로)	SSO677	1		Belt size : 635	RONDO(스위스)
4	COLD TALBE w/Marble top /under tray shelf(40•60Cm)		1		18 shelfs (40•60Cm), 2Doors	DAIAH
5	DEEP-FREEZER (SC-2)	SC-2	1		40+40Tryas/400•600mm	TECNOMAC(이탈리아)
6	FREEZER & REFRIGERATOR	GC-114ACM	1		1130 Lit.	LG
7	TRAY SHELVES		2		18 Levels	DAIAH
8	FREEZER & REFRIGERATOR	GC-114ACM	1		1130 Lit.	LG
9	1 COMP'T SINK w/faucet		1			DAIAH
10	WORK TABLE w/2 drawers, w/shelves(40•60 tray), w/cuttingboard)		1		w/knife holder	DAIAH
11	STORAGE SHELF (wire type)		5		4 Levels	DAIAH
12	MOBILE TABLE w/imported caster & wheel (캐스터는수입제품으로)		2			DAIAH
13	S/s FLOUR BIN with Lid		3			DAIAH
	TOTAL AMOUNT		21			

BAKERY LAY-OUT TEXT FOR HYUNDAI HOTEL BAKERY

베이커리 델리 설비건

NO.	DESCRIPTION	MODEL	Q'TY	Serial.No	CAPACITY	REMARK
1	BOWL CUTTER FOR MEAT	VCM-44	1	718429.35	Bowl dimention/14.5	SIRMAN(이탈리아)
2	MIXER FOR MEAT	IP 25M	1		25Kg	SIRMAN(이탈리아)
3	1 COMP'T SINK w/faucet		1			DAIAH
4	MINCER/GRINDER	TC-32LA	1	02L01599	000kg/h 47L Unger sy	MADO(독일)
5	COLD TALBE		1		2Doors	DAIAH
6	CONVECTION OVEN w / steam hood with fan	KRYSTAL-46.4	2		4+4 trays (400x600)	BONGARD(프랑스)
7	TRAY SHELVES		2		9 Levels	W&P(독일)
8	ELEC. FRYER		1			DAIAH
9	HOOD FOR FRYER	인테리어 마감	1			DAIAH
10	HOT DISPLAY SHOWCASE(Stainless steel botton)	DHT51	1	31-0802-089/090		UBERT(독일)
11	WARMING CABINET	WS31	1			UBERT(독일)
12	HOT DISPLAY GUIDE BAR		1		1600 X 755	DAIAH

[그림 3-2] 베이커리 카페 Model-1 장비리스트

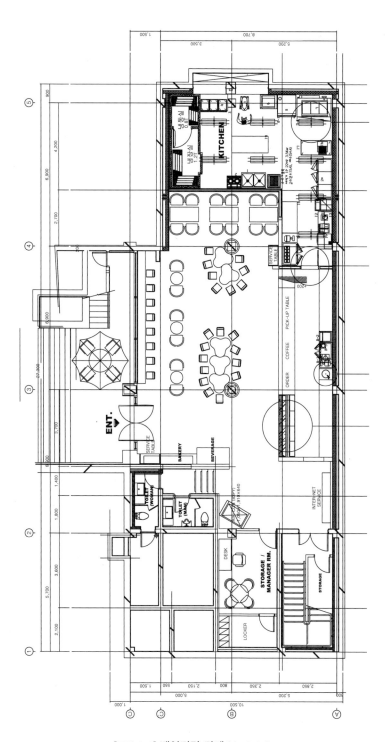

[그림 3-3] 베이커리 카페 Model-2

장비 내역서

NO.	DESCRIPTION	장비 내역서	MODEL	Q'TY	CAPACITY	W	L(D)	H	PHASE	VOLT.	KW	C.W	H.W	DRAIN	PIPE	K.cal/h	REMARK
Bakery Kitchen																	
1	2 COMPT SINK w/faucet	2조세정대		1		1,200	700	850				1.5A	1.5A	50A			DAIAH
2	GAS RANGE w/base, 2 burner	가스렌지		1	w/2 burners	700	700	800									DAIAH
3	WEIGHTING TABLE, w/drawer	원재료 계량테이블		1		1,350	800	850									DAIAH
3-1	WALL MOUNTED SHELF	벽 선반		1		1,350	350	350									DAIAH
4	FLOUR BIN with Lid	재료운반통/밀가루보관함		3		400	500	600									DAIAH
5	VERTICAL MIXER, w/safety guide	버티컬믹서기	MT-60/30	1	30 LITER 악세서리만 포함	580	780	1,200	3P-N	220	2.50						AICOH(일본)
6	PROOFER w/Digital control	발효실		1	Reach-in type(400x600)/20매	830	800	2,000	3P	380	5.00	1.5A		50A			DAIAH
7	DECK OVEN w/1steam,	데크오븐		1	3매(400x600) 3단	1,680	1,000	1,800	3P+E	380	18.00	1.5A		50A			DAIAH
7-1	DECK OVEN-HOOD	후드(데크오븐용)		1		1,680	600	400									DAIAH
8	CONVECTION OVEN	컨벡션 오븐	BACK BOY 400	1	4매(400x600)	980	540	830	3P+N+E	380	10.00	1.5A		50A			W&P
8-1	S/S SHELF FOR CONVECTION OVEN	오븐 벽선반		1	400x600 tray 용	980	540	1,200									DAIAH
9	FOR SANDWICH TOPPING, w/cutting board	냉장테이블(선팬 데이블용)		1		1,500	750	850									DAIAH
10	FOOD FINISHER	전기 샤라만다&와이드웨이브	TF 4619	1		510	700	430	3P	380	7.00						HATCO(미국)
11	CONTACK GRILL	컨택 그릴	PDR	1		515	435	500	1P	220	3.00						SIRMAN(이탈리아)
12	WORK TABLE	작업대		1		1,800	600	850									DAIAH
13	WALL MOUNTED CABINET	벽 찬장		1		1,800	400	200									DAIAH
14	ICE MAKING METHOD	제빙기	Q320	1	141Kg/일	558	863	1,374	1P	220	1.00						MANITOWOCC(미국)
15	BREAD SLICER	식빵 슬라이서		1	13 mm	600	600	600	1P	220	0.75						DAIAH
16	VEGETABLE CUTTER	야채 컷팅기	TM	1		400	400	550	1P	220	0.75						SIRMAN(이탈리아)
17	WORK TABLE FOR OVEN	오븐 작업대		1		1,500	700	850									DAIAH
18	FOR CAKE DECORATION WORK TABLE	케익 작업대(서랍, 캐비넷 타입)	w/drawer	1		1,500	750	850									DAIAH
19	MAIN WORK TABLE	중앙 작업대(서랍 포함)	w/drawer-8ea	1		2,100	1,000	850									DAIAH
20	REFRIGERATOR & FREEZER	냉장냉동고	170RF	1	1685 lit. 6 Doors	1,900	800	1,830	1P	220	0.90						DAIAH
	SUB. AMOUNT			25													
Bar Kitchen																	
B-1	COLD TABLE	냉장테이블		1		1,500	600	800									DAIAH
B-2	ICE CUBE STORAGE BIN	얼음 보관통		1		700	550	800									DAIAH
B-3	BLENDER MIXER	블렌더 믹서		1		240	260	550	1P	220	1.00						VITAMAT(미국)
B-4	ICE SLICER	빙삭기		1		400	500	600	1P	220	0.75						VITAMAT(미국)
	SUB. AMOUNT			5													
Showcase																	
S-1	SANDWICH SHOWCASE	샌드위치 쇼케이스		1		1,500	800	1,100	1P	220	0.70						DAIAH
S-2	CAKE SHOWCASE	케익 쇼케이스		1		1,500	800	1,100	1P	220	0.75						DAIAH
S-3	PICK UP TABLE	픽업 테이블	인테리어 마감	1		600	600	800									INTERIOR
S-4	ORDER-COUNTER	주문, 계산대	인테리어 마감	1													INTERIOR
S-5	BEVERAGE SHOWCASE	음료, 샐러드 쇼케이스		1		1,200	750	1,600	1P	220	0.70						DAIAH
	SUB. AMOUNT			5													
냉장, 냉동실																	
C-1		냉장, 냉동실(2평용)		1		4,500	1,500	2,400	3P	380	7.00						DAIAH
C-2	STORAGE SHELF (wire type)	와이어선반/4단		4	4 Levels	1,000	400	1,600									DAIAH
PROJECT TITLE	NOTE																DESIGNED Technical Sales Dept

[그림 3-4] 베이커리 카페 Model-2 장비리스트

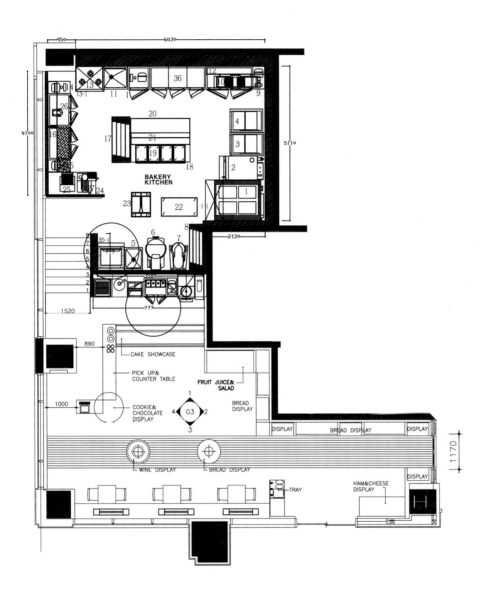

[그림 3-5] 베이커리 카페 Model-3

NO	DESCRIPTION	LENGTH	WIDTH	HEIGHT	Q'ty	C.W	H.W	DR.	INLET	Kcal/h	PH	VOLT	Kw	MODEL	REMARKS
	CENTRAL KITCHEN														
01	계량작업대	1,800	800	850	1										
02	원재료 운반통	450	600	600	3										
03	벽 오븐 찬장	1,800	300	600	1										
04	스파이널 믹서	700	1,100	1,200	1						3P+N+E	380	5		
05	버티칼 믹서	650	750	1,400	1						4P	220	1.7		AICOH
06	버티칼 믹서	600	835	1,290	1						4P	220	2.2	MT-60H	AICOH
07	버티칼 믹서(하부 작업대)	642	652	1,222	1						4P	220	0.75	MT-20H	AICOH
08	천연효모 발효기	550	645	1,300	1						1P	220	0.3	LV-30	AICOH
09	가스렌지	900	600	800	1				☆						
09-1	배기 후드 (가스렌지용)	1,100	800	600	1										DAIAH
10	2조 세정대(bowl H:250mm)	1,400	700	850	1	15A	15A	50A							DAIAH
11	도구 세척기	750	870	1,617	1		15A	50A			3P+N+E	380	8.4	GS-640	WINTERHALTER
12	다단 선반	1,220	460	1,800	1										
13	에어컨	600	500	1,800	2						3P+N+E	380	8.4 x 2		
14	발효실	800	800	2,000	1	15A		50A			1P	220	1		
15	도우컨	800	1,100	2,100	1						1P	220	2		
16	데크 오븐(국산)	1,700	1,100	1,800	1	15A		50A			3P+N+E	380	22.8		
17	데크 오븐(외산)	1,550	1,300	2,000	1	15A		50A			3P+N+E	380	31		
17-1	오븐용 작업대	1,800	800	800	2										
18	컨벡션 오븐(하부 작업대)	800	1,100	600/600	1	15A		50A			3P+N+E	380	5		
18-1	오븐용 배기 후드	2,300	1,500	400	2										
19	냉동고	1,250	800	1,900	1						1P	220	1		
20	급속 냉동고	780	1,100	1,970	1			50A			1P	220	1.5		
21	냉동고	640	800	1,830	1						1P	220	1		
22	일반 냉장고	550	570	1,550	1						1P	220	0.5		
23	대리석 작업대(냉장 테이블)	1,800	800	850	1						1P	220	0.75		
24	작업대	1,800	700	850	1										
25	탁상용 믹서	300	400	550	3						1P	220	0.8 x 3		
26	냉장 테이블	1,800	650	600	1						1P	220	0.75		
27	보조 작업대	1,800	600	850	1										
28	성형작업대	1,800	800	830	2										DAIAH
28-1	상판 대리석	2,000	800	20	2										DAIAH
29	성형작업대	1,800	800	810	2										DAIAH
29-1	상판 나무 도마	2,000	800	40	2										BALLY BLOCK
30	도우 시터	3,020	1,235	1,891	1						3P+N+E	380	1.1	STS-650N	BONGARD(RONDO)
31	냉동고(캔디 냉동고)	750	670	1,830	1										ISA
32	냉장 쇼케이스	670	670	1,950	1										
33	다단 선반	910	460	1,800	1										DAIAH
34	포장용 선반	2,400	670	1,000	1										
35	냉장/냉동 창고	8,100	3,500	2,400	1										
36	포장 자재 선반	1,670	520	1,300	1										
37	작업대	1,800	800	850	1										DAIAH
38	작업대	1,800	800	850	1										DAIAH
39	다단 선반	1,220	460	1,800	1										DAIAH
40	1조 세정 작업대	1,200	750	850	1										DAIAH
41	작업대	1,200	750	850	1										DAIAH
42	가스렌지	750	456	170	1					11,150				RSB-2PRD	RINNAI
42-1	배기 후드 (가스렌지용)	900	600	600	1										
43	제빙기	500	600	900	1						1P	220	1		
44	전기 온수기				1	15A					1P	220	2.5		
45	가스 온수기	290	138	369	1	15A				9,500					
	1F CAFÉ BAR + DEMO KITCHEN														
43	와플기	500	435	180	1						1P	220	1.5	SBW - 200 4/4	SUNTEC
44	빠니니 머신	515	435	500	1						1P	220	1.5	PDR	SIRMAN
45	토핑용 냉장 테이블	1,500	600	800	1						1P	220	0.75		DAIAH
46	가스 렌지	750	456	170	1					11,150				RSB-2PRD	RINNAI
47	가스 그리들	450	600	226	1					4,100				RSB-450H	RINNAI
48	컨벡션 오븐	780	1,075	525	1	15A		50A			3P+N+E	380	8	ELIOT 46.4V	BONGARD
48-1	피자 오븐	1,060	1,000	360	1						3P+N+E	380	6	435DS/E	OEM
49	언더카운터 세척기(컵 & 접시)	600	600	800	1		15A	50A			1P	220	4	GS 302	WINTERHALTER
50	제빙기	503	456	850	1	15A		50A			1P	220	1	IM45LE	HOSIZAKI
50-1	정수기 (제빙기용)				1									ICE-2000	EVER PURE
51	냉장 테이블	1,500	600	800	1										DAIAH
52	예비번호														
53	자동 커피 머신	360	560	690	1	15A		50A			1P	220	3.5	VIVA	BREMER
53-1	컵 워머기	240	460	600	1						1P	220	0.5		
53-2	밀크용 냉장고	240	460	600	1						1P	220	0.5		
53-3	정수 필터 (커피기용)				1									ICE-2000	EVER PURE
54	음료 및 샌드위치 쇼케이스	사이즈 협의			1										
55	케익 쇼케이스	사이즈 협의			1										
56	초콜릿 쇼케이스	사이즈 협의			1										
57	와인 디스플레이어 냉장고	사이즈 협의			1										
57-1	와인 냉장고	595	640	1,850	2						1P	220	1	JC-332G	HAIER
58	1-Com'p Sink Bowl	600	600	850	1	15A	15A	50A							DAIAH
58-1	정수 필터 (식수용)				1									MC2	EVET PURE
59	빙삭기	330	400	470	1										
60	블렌더 믹서	235	259	546	1						1P	220	0.7	T & G II	VITAMAT
60-1	믹싱 볼				1										VITAMAT
61	냉장 테이블	1,500	600	800	1										
62	소프트 아이스크림 M/C	1,500	600	800	1						1P	220	2.1	191 BAR-G	CARPIGIANI
63	제습기	사이즈 협의													
	GRAND TOTAL														

PROJECT TITLE

[그림 3-6] 베이커리 카페 Model-3 장비리스트

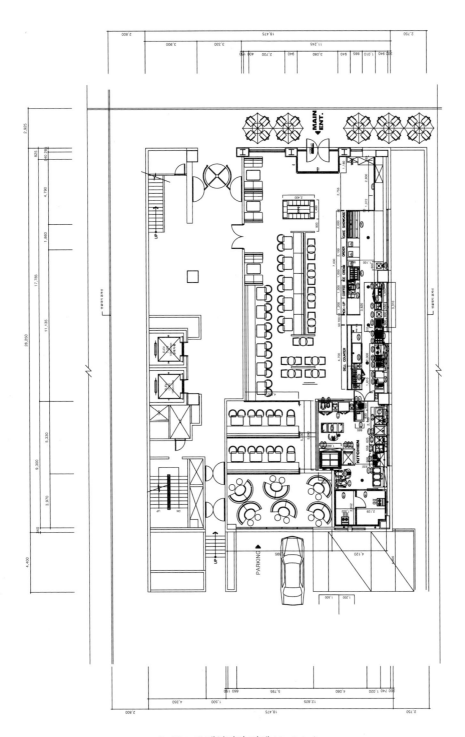

[그림 3-7] 베이커리 카페 Model-4

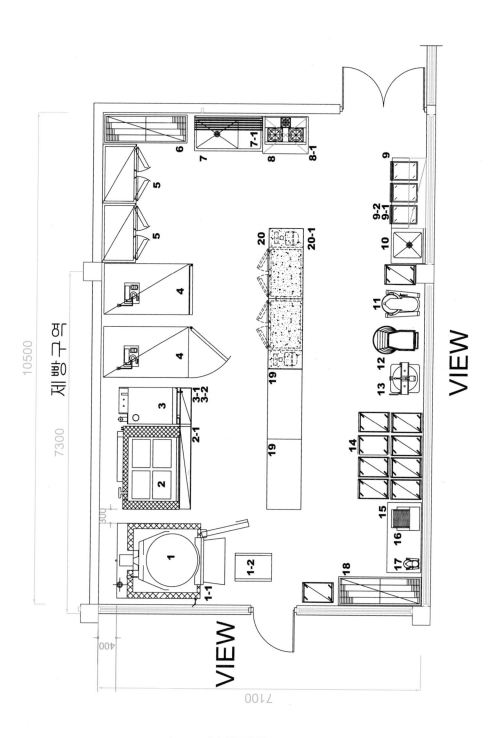

[그림 3-8] 소규모공장 Model-1

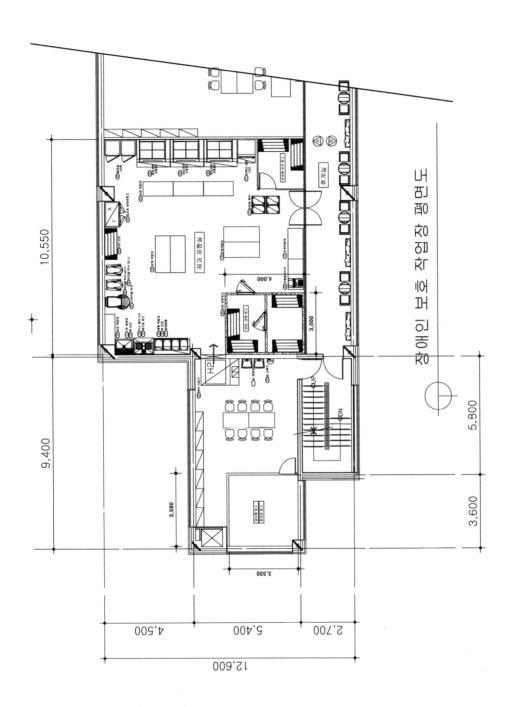

[그림 3-9] 소규모공장 Model-2

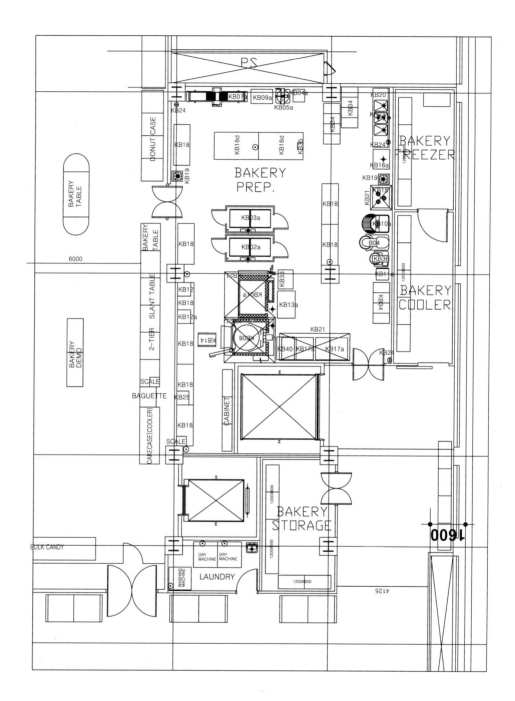

[그림 3-10] 인스토어 베이커리 1

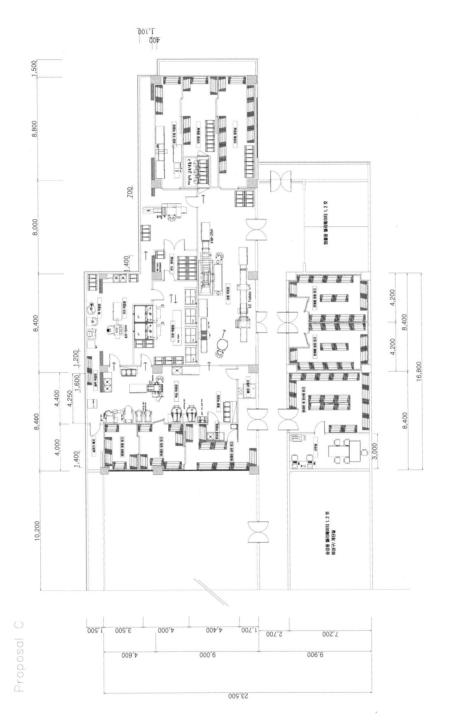

[그림 3-11] 중규모공장 Model-1

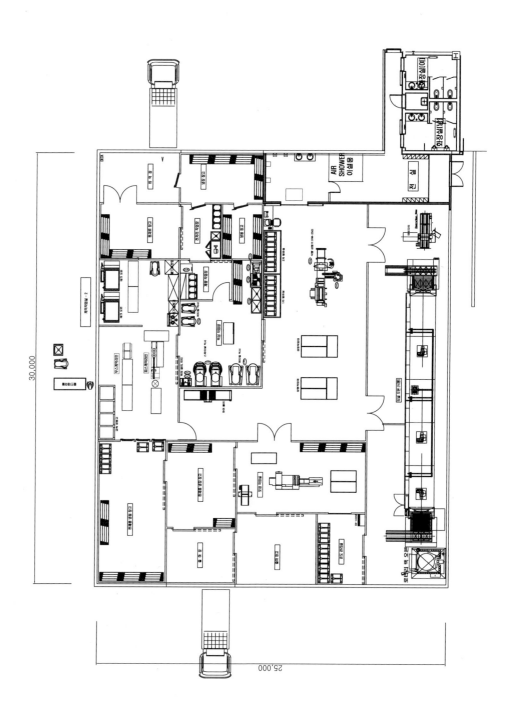

[그림 3-12] 중규모공장 Model-2

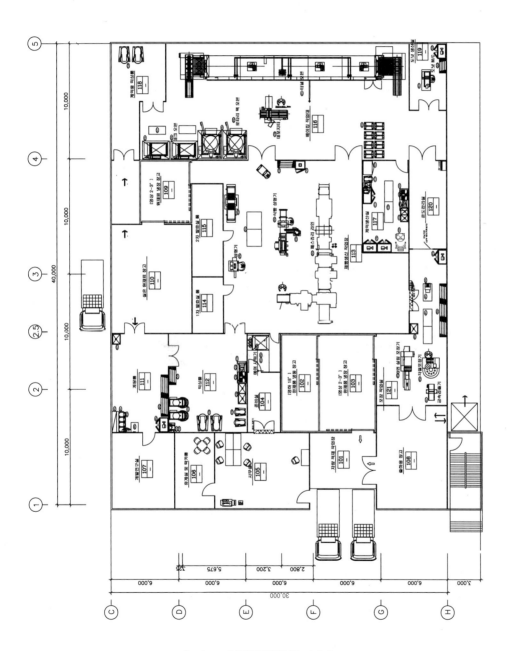

[그림 3-13] 중규모공장 Model-3

제4절 제과제빵에 사용하는 장비(Baking Equipments)

4-1. 장비(Equipment)

1. 버티컬 믹서(Vertical mixer)

버티컬 믹서

버티컬 믹서는 수직형 혼합기로 구동방식은 기어형과 벨트형이 있으며 구동속도는 3단 또는 4단으로 이루어져 있다.

버티컬 믹서는 제과와 제빵 모두 작업이 가능한 혼합기이다. 두 작업을 하기 위해서는 장착도구가 필요한데, 장착도구는 후크(hook : 갈고리형과 나선형), 휘퍼(wires whip), 플랫 비터(flat beater)로 구성되어 있다. 사용하는 장착도구에 따라 사용용도가 바뀌는데 휘퍼와 비터는 주로 제과용으로 사용하고 후크는 주로 제빵용으로 사용한다. 후크는 갈고리형과 나선형이 있는데 갈고리형으로 반죽하면 수화가 빠르고 반죽의 마찰력이 강해 단시간에 혼합이 가능한 특징이 있으나 반죽양이 많으면 과부하의 우려가 있다. 반면 나선형은 갈고리형보다 수화가 천천히 진행되고 갈고리형에 비해 마찰력이 적어 혼합시간이 약간 긴 특징이 있다. 하지만 안정된 반죽을 만들 수 있으며 반죽양이 많더라도 과부하의 우려가 적은 이점이 있다.

휘퍼는 달걀거품이나 크림과 같이 많은 거품을 만들 때 주로 사용하는 도구로서 공기의 혼입이 빠르도록 고안한 장치이다. 스펀지케이크 등 제과에서 가장 많이 사용하는 도구이다.

혼합기의 기어(속도)를 바꾸려면 전원을 끈 뒤 혼합기의 훅이 멈추면 기어를 전환하는 것이 바람직한 사용방법이다.

2. 스파이럴 믹서(Spiral mixer)

스파이럴 믹서

스파이럴 믹서는 빵반죽에 사용하는 혼합기로 훅이 고정적으로 장착되어 있다. 훅의 형태는 나선형의 모양이며 혼합 시 반죽통이 같이 돌아가는 특징이 있다. 나선형의 훅은 반죽통과 서로 반대방향으로 돌아가기 때문에 버티컬 믹서보다 물리적인 힘이 증가하게 된다. 따라서 반죽의 혼합시간이 버티컬 믹서보다 적게 걸린다. 일반적으로 버티컬 믹서의 1/3 정도 시간이 단축되는 장점이 있으나 기어 레벨은 1단과 2단으로만 구성되어 있다.

3. 발효실 및 도우 컨디셔너(Proofing box & retarder proofer)

발효실은 온도와 습도를 조절하여 반죽의 발효속도와 습도를 조절하는 장치이다.

일반적으로 1차 발효실의 온도는 27℃, 상대습도 75% 정도가 적당하고, 2차 발효실 온도는 38℃, 상대습도 85% 정도가 바람직하다.

도우 컨디셔너는 반죽의 발효시간을 조절하여 작업에 유동성을 주기 위해 개발된 장치이다.

발효실

여러 조건의 온도와 습도를 시간에 맞추어 조절할 수 있으며, -5~40℃까지 온도 조절이 가능하다. 이스트의 활성이 3℃ 이하에서 정지하기 때문에 반죽을 3℃ 이하로 보관한다. 시간에 맞추어 발효가 될 수 있도록 고안한 장치로 최대 72시간 정도 발효를 조정할 수 있다.

도우 컨디셔너

4. 분할기(Divider : bread & bun)

분할기는 주로 정해진 무게의 부피를 감안하여 부피에 의한 분할방식을 사용하고 있다. 분할기는 포켓형 분할기, 로터리 분할기 등이 있는데 포켓형 분할기는 정해진 크기의 포켓에 반죽이 들어가면 반죽을 잘라내는 방식이다. 로터리 분할기는 반죽이 노즐에 일정하게 밀려나오면 일정한 시간에 반죽을 잘라내는 방식의 분할기이다.

분할기(Bun divider)

분할기의 가까운 곳에 저울을 준비하여 반죽의 무게를 지속적으로 확인하는 것이 중요하며 시간이 지남에 따라 반죽의 부피는 팽창하기 때문에 반죽분할 시간은 20분 내외로 제한되어야 한다.

분할기(Hydraulic bread divider)

작은 크기의 반죽을 분할하는 bun divider는 분할과 동시에 둥글리기 공정도 함께 수행하는 기능도 있으며, 분할중량이 높은 분할기인 bread divider는 매뉴얼 방식으로 분할만 가능한 장비도 있다. 일반적으로 소형 베이커리에서는 bun divider 또는 bread divider를 사용하고 있다.

포켓형 분할기(Automatic divider)

5. 라운더(Rounder)

코니컬 라운더

벨트 라운더

분할된 반죽의 표면을 매끄럽게 만들기 위해 둥글리기를 하는 것을 라운더라고 한다. 라운더는 원뿔 모양의 코니컬 라운더(conical rounder)와 벨트 라운더(opposite belt rounder)가 있다. 코니컬 라운더는 회전하는 원뿔모양의 판을 따라 고정된 반죽리더(dough leader)가 달려 있다. 반죽이 회전 원뿔판에 떨어지면 반죽은 원뿔을 타고 올라가면서 자동으로 둥글리기가 되는 장치이다. 벨트 라운더는 V자 형태의 모양으로 한편은 고정된 반죽리더와 맞은편의 회전하는 벨트를 가지고 있는 형태이다. 따라서 반죽이 라운더에 놓이면 한쪽 방향의 회전 벨트에 의해 자동으로 둥글려지는 장치이다.

6. 오버헤드 프루퍼(Intermediate proofer)

오버헤드 프루퍼

이 장치는 주로 대형공장에서 사용하는 장치로 산화제와 환원제등을 많이 사용한 반죽에 사용한다. 둥글리기가 완료되어 라운더를 통과한 반죽은 작은 천이나 망사로 된 바구니에 담겨 성형 전까지 대기하게 된다. 이렇게 중간발효를 하는 이유는 반죽을 성형하기 좋도록 신전성과 탄력성을 향상시키기 위함이다. 정해진 시간이 지나면 몰딩(moulding)공정으로 자동배출된다.

7. 성형기(Moulder)

성형기

성형기는 회전하는 벨트, 고정된 벨트와 플라스틱 성형장치로 구성되어 있다. 회전하는 벨트와 고정된 벨트의 사이를 조절하여 반죽을 짧고 두껍게 또는 얇고 길게 성형할 수 있는 장치이다. 또한 앙금빵과 같이 충전용 필링이 반죽 안에 들어가는 형태의 성형기도 있다.

8. 로터리 오븐(Rotary oven)

로터리 오븐

일반적으로 로터리 오븐이라 불리는 오븐이다. 오븐 안에 랙(rack)이 들어가 회전하면서 구워지는 방식의 오븐으로 열 전달방식은 대류방식이다. 오븐 안에 팬(fan)이 장착되어 있어 뜨거운 공기를 내뿜어 빵이나 케이크를 구워내는 장치이다. 일반적으로 껍질이 바삭바삭한 바게트나 페이스트리류와 같은 제품을 굽는 데 사용한다. 단점은 빵의 수분손실이 많은 것이다.

9. 데크오븐(Deck oven)

서랍식 오븐으로 다단형태의 오븐이다. 데크오븐은 대류, 전도, 복사열을 골고루 분사하는 오븐으로 단과자빵 또는 식빵과 같은 일반적인 빵을 굽는 데 사용하며 대부분의 베이커리에서 사용하는 오븐이다.

데크오븐

10. 릴 오븐(Reel oven)

릴 오븐은 데크오븐과 컨벡션 오븐의 장점을 이용한 오븐으로 직화와 대류에 의해 굽는 방식이다. 모든 제품을 굽는 데 적합하지만 가격이 비싸고 면적을 많이 차지하기 때문에 중형 베이커리 이상의 규모에서만 사용하는 오븐이다.

11. 컨벡션 오븐(Convection oven)

컨벡션 오븐은 대류열에 의해 구워지는 오븐으로 리볼빙오븐과 마찬가지로 오븐 안에 팬(fan)이 열을 전달하는 방식이다. 대개 페이스트리류를 구울 때 많이 사용한다.

컨벡션 오븐

4-2. 소도구(기물)의 사용방법 및 관리

베이커리에서 사용하는 소도구(기물)는 매우 소중한 재산이다. 또한, 양질의 제과제빵 제품을 생산하기 위해서는 좋은 소도구를 사용해야 한다. 하지만 좋은 소도구를 사용하더라도 관리가 미흡하거나 제대로 된 사용법을 숙지하지 않으면 제품 생산에 많은 손실이 발생하게 되고, 양질의 제품을 생산하는 것 또한 불가능해질 것이다. 따라서 소도구의 바른 사용법을 익히고 숙지하여 비용 손실을 방지하고 항상 양질의 제품을 생산해야 할 것이다.

소도구는 재질과 용도에 따라 분류할 수 있으며 재질에 따른 분류는 스테인리스류, 코팅된 합금류, 플라스틱(고무, 실리콘)류, 나무류, 천 등이 있으며, 용도에 따른 분류방법은 제조공정용(전처리용, 제과용, 제빵용, 공예용 등) 및 청소용등으로 분류할 수 있다. 소도구의 재질이나 용도에 따라 다르게 관리하여야 한다.

1. 스테인리스류(STS : stainless steel)

제과제빵에서 사용하는 대부분의 소도구 및 집기는 스테인리스 스틸로 이루어져 있다.

스테인리스는 철강의 최대 결점인 녹(rust) 발생을 방지하기 위해 표면에 녹이 발생하지 않도록 철(Fe)에 크롬(Cr, 12% 이상) 및 니켈(Ni), 탄소(C), 규소(Si), 망간(Mn), 몰리브덴(Mo)성분이 함유된 특수강이다. 스테인리스는 녹이 잘 슬지 않고 표면이 깨끗하며 열과 외부충격에 강하여 제과제빵 또는 조리에 사용하는 도구의 재질로 사용하고 있다.

스테인리스 재질은 표면이 깨끗하여 세척할 때는 스펀지나 부드러운 수세미를 사용해야 한다. 만약 철수세미를 사용하여 세척하면 표면에 흠집이 생겨 음식물 찌꺼기가 붙어 떼어내기 어려워지고 위생상 문제가 발생할 수 있다. 따라서 사용 후 바로 세척하거나 물 또는 세제로 찌꺼기를 충분히 불려 세척하는 것이 좋은 사용방법이라고 할 수 있다.

> ### *Tip*
> 스테인리스 제품의 표면이 오염되면 소다(Soda : 팽창제)를 사용하여 닦아주거나 끓여주면 표면의 광택이 좋아진다.
> 종류 : 그릇(bowl), 케이크용 주걱(spatula), 손 분할기(SS steel scraper), 거품기(whipper) 등

2. 코팅된 합금류(Compound metal)

제과제빵에서 사용하는 틀(pan)에는 대부분 합금을 사용하게 되는데 일반적으로 가장 많이 사용하는 합금은 철(Fe)에 탄소(C)를 약 0.3~1.7% 정도 함유한 강철이다. 용도에 따라 아연(Zn), 크롬(Cr), 니켈(Ni), 알루미늄(Al) 등을 함유한 합금을 사용한다. 이러한 합금으로 만들어진 틀에 케이크반죽 또는 빵반죽을 담아 구우면 반죽이 틀에 붙어 잘 떨어지지 않게 된다. 따라서 굽기 후 반죽이 틀에서 잘 떨어지게 하기 위해 이형제코팅을 해야 하는데 가장 많이 사용하는 코팅이 테프론 코팅이다. 테프론 코팅은 불소수지를 도료화하여 페인트처럼 표면에 적당량 도포하여 일정한 온도에서 가열, 소성과정을 거치게 되면 비활성의 단단한 코팅층이 형성되어 합금표면에 이형성뿐만 아니라 내열성, 내화학성 및 낮은 마찰계수를 가져 제과제빵용 틀에 적당한 코팅으로 알려져 있다.

테프론 코팅은 코팅횟수에 따라 사용기간이 길어지는데 제과제빵에서는 다중코팅(multiple-coat)의 두꺼운 도막의 코팅을 사용한다. 하지만 다중코팅은 가격에 영향을 미치기 때문에 구매 시 고려해야 할 사항이다.

테프론 코팅된 틀을 사용할 때는 깨끗한 행주로 닦아 이물질을 제거하고 사용하는 것이 일반적이며, 코팅상태에 따라 식품용 이형제를 바르는 것이 좋다. 식품용 이형제로는 산패가 적은 고체유지(쇼트닝)를 사용하거나 시중에서 판매되는 스프레이용 이형제(채종유, 전분, 레시틴, 소량의 카나우와스 등 포함)를 사용하는 것이 좋다. 세척 시 가급적 물을 사용하지 말고 마른행주로 닦아내어 항상 건조한 상태로 보관하는 것이 좋다. 일반적인 틀은 겹쳐서 보관하게 되는데 이때 발생하는 스크래치로 인해 틀의 코팅이 손상되므로 틀 보관 시 주의하여야 한다. 틀의 상태가 위생상 청결하지 못할 경우 약간의 세제를 풀어 물에 불리고 깨끗이 닦아 저온의 오븐에 말려서 보관하는 것이 바람직하다.

Tip

종류 : 식빵 틀(bread pan), 평철판(flat sheet pan), 각종 틀(mould), 칼(knife)

---

3. 플라스틱류(Plastic)

플라스틱은 천연수지와 합성수지로 구분되는데 일반적으로 합성수지를 플라스틱이라고 한다. 플라스틱(plastic)은 가소성이라는 말에서 유래된 것으로 재질이 유동적인 상태이다. 따라서 열이나 압력 등을 이용하여 임의의 형태로 성형되는 물질이며 최종상태에서는 고체상의 고분자 화합물을 말한다. 제과제빵에서 사용되는 플라스틱 재질은 열가소성 수지와 열경화성 수지가 있다. 열가소성 수지는 가열에 의해 유동성을 갖는 재질로 고무주걱 등이 이에 해당된다. 열경화성 수지는 열을 가했을 때 녹지 않고 타버리는 재질로 플라스틱 카드 또는 스크레이퍼 등이 있다. 따라서 제과제빵용 플라스틱 소도구는 열에 민감하기 때문에 가열하는 작업에는 사용하지 않는 것이 좋다. 또한, 세척 시에도 뜨거운 물보다는 미온의 물에 세척하는 것이 모양의 변형등을 예방하는 데 바람직하다.

최근에는 플라스틱 재질 이외에 실리콘(silicone)을 이용하여 소도구와 틀을 만든다. 실리콘(silicone)은 유리기를 함유한 규소(Si : silicon)가 실록산결합(Si-O-Si : 규소와 산소의 결합)에 의해 생긴 폴리머로서 내열성, 화학적 안정성, 전기 절연성, 내마모성 및 광택성이 우수한 재질로서 천연에 존재하지 않고 인공적으로 합성된 재질이다. 또한, 분자 간의 거리가 크기 때문에 온도에 의한 영향이 적어 온도의 의존성이 낮은 특징이 있어 제과제빵뿐만 아니라 여러 산업에서 다양하게 사용되는 물질이다.

> **Tip**
>
> 실리콘(silicone)은 표면장력이 낮아 발수성이 크므로 수분이 많거나 흐름성이 많은 제과제빵반죽을 다룰 때 이형성이 높아서 널리 사용하게 된다.(예 : 설탕공예, 초콜릿 등)
>
> 종류 : 고무주걱(rubber scraper), 플라스틱 주걱(plastic scraper), 계량컵(measure beaker), 플라스틱 분할기(plastic scraper), 플라스틱 카드(plastic card), 실리콘 틀(silicone mould), 실리콘페이퍼(silicone paper) 등

4. 나무류(Wooden type)

식품업체에서는 일반적으로 위생을 고려해서 나무재질의 사용을 자제하고 있다. 하지만 나무재질의 특성 때문에 제과제빵 공정에서 나무로 만들어진 도구들을 많이 사용하게 된다. 주로 사용하는 도구로는 밀대(roller), 주걱, 젓가락 및 각종 소도구의 손잡이 등이 있다. 위생을 고려하여 항상 나무제품은 건조한 상태에서 사용해야 하므로 세척 시 물에 담갔다 세척하는 것은 피해야 한다. 따라서 나무재질로 된 도구를 구매하게 되면 불포화도가 높은 식용유지(냄새가 없는)를 사용하여 여러 차례 코팅하여 물이나 다른 물질에 이형 역할을 하도록 하는 것이 바람직하다. 나무재질의 이형제로 고체유지를 사용하게 되면 나무재질의 표면에 유지가 남아 이물질을 묻히게 되고 도구를 쉽게 오염시키기 때문에 고체유지의 코팅은 자제하는 것이 좋다. 또한, 나무재질의 도구는 홈집이나 홈이 생기지 않도록 사용 시 주의를 기울여야 하며, 세척 시 젖은 행주를 사용하여 깨끗이 닦아 건조시키는 것이 바람직하다.

> **Tip**
>
> 종류 : 밀대(roller), 나무주걱(wooden spatula), 성형자(make up tool), 각종 도구 손잡이(칼, 장식용 주걱 등) 등

5. 섬유류(Fiber)

제과제빵에서 섬유는 제한적으로 사용하고 있다. 섬유는 천연섬유와 인조섬유로 나뉘는데 일반적으로 천연섬유를 소재로 한 식물성 섬유를 가장 많이 사용하고 있으며 대표적으로 면과 마로 구분할 수 있다. 일반적으로 제과에서는 면의 대명사인 광목을 사용하여 롤

케이크를 말거나 수분이 많은 만주를 만들 때 광목에 밀가루를 뿌려 반죽이 바닥에 달라붙는 것을 방지할 때 사용한다. 제빵에서는 마를 이용하여 격자로 짠 대마천을 사용한다. 대마천 위에 밀가루를 뿌리고 반죽을 그 위에서 발효시켜도 반죽이 천에 잘 달라붙지 않아 특히 수분흡수율이 높은 유럽형 빵에 가장 많이 사용하고 있다. 제빵에 사용하는 대마천은 밀가루를 살짝 털어내고 공기가 잘 통하도록 헐렁하게 말아 공기가 통하는 상자에 보관한다. 제빵용 대마천은 특히 건조하고 통풍이 잘 되는 곳에 보관하는 것이 바람직하다.

인조섬유인 폴리에스터를 사용한 도구는 짤주머니 등이 있다.

제과에 사용하는 광목이나 짤주머니 등은 사용 후 세탁하면 완전히 건조시켜 위생적으로 보관해야 한다.

4-3. 제과제빵용 도구

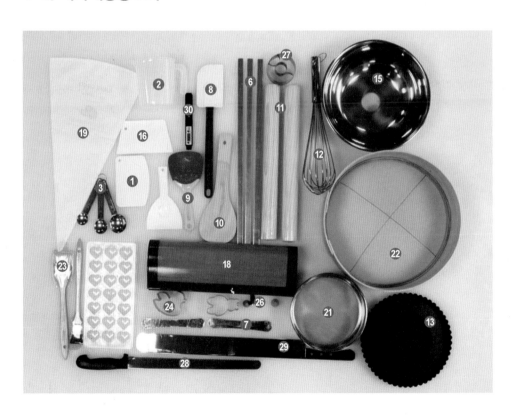

1. 플라스틱 카드 : 빵반죽용으로 많이 사용된다. 양쪽 면이 약간 다른 특징이 있는데 한쪽 면의 끝이 살짝 날카롭게 만들어져 유동성이 적은 반죽이나 테이블 바닥 또는

반죽기통의 옆면이나 바닥 등을 긁을 때 유용하게 사용된다.

2. 계량컵 : 물이나 액체의 재료를 계량할 때 눈금이 있어 편리하게 사용할 수 있으며, 중량보다는 cc 또는 mL로 계량할 때 사용한다.

3. 계량스푼 : 소량의 가루재료를 계량할 때 사용하는 도구로 스푼의 크기에 따라 중량이 다르기 때문에 사용 시 주의한다.

4. 스테인리스 분할기(SS Scraper) : 빵반죽을 분할할 때 사용한다.

5. 장식용 주걱(SS Spatula) : 크림으로 빵이나 케이크를 데커레이션할 때 사용하는 도구로 데커레이션 케이크를 아이싱하는 가장 기본적인 도구이다. 케이크의 크기에 따라 사이즈를 조정할 수 있다. 일반적으로 8~10inch를 가장 많이 사용한다.

6. 공예 사각봉 : 일반적으로 틀을 만드는 봉으로 흐름성이 많은 제과재료에 많이 사용되며 일반적으로 디핑용 초콜릿의 원료인 가나슈를 재단하기 위해 많이 사용한다.

7. 앙금용 주걱(filler spatula) : 팥앙금 또는 크림을 빵에 넣을 때 사용하는 스테인리스 주걱으로 다용도로 사용된다.

8. 고무자루 주걱(rubber stick spatula) : 깊은 그릇에 액체가 많이 담겨 있을 때 사용한다.

9. 고무주걱(rubber spatula) : 일명 알뜰주걱으로 불리며 흐름성이 많은 반죽에 사용하며 그릇에서 반죽을 깨끗이 긁을 때 가장 많이 사용한다.

10. 나무주걱(wooden spatula) : 뜨거운 상태(끓일 때)에서 흐름성이 많은 재료를 다루거나 고체지수가 높은 재료를 다룰 때 사용한다.

11. 밀대(wooden roller) : 반죽을 얇게 밀어펼 때 사용한다.

12. 거품기(whipper) : 달걀이나 반죽을 혼합하거나 기포를 형성할 때 사용한다.

13. 틀(mould) : 일정한 형태를 갖춘 제품을 생산할 때 사용한다.

14. 평철판(flat sheet pan) : 작은 소형 빵 또는 평평한 제품을 생산할 때 사용한다.

15. 스테인리스 그릇(SS steel bowl) : 재료를 담거나 반죽할 때 사용한다.

16. 플라스틱 분할기(plastic scraper) : 반죽을 분할하거나 사용한 팬에 이물질을 제거할 때 사용한다.

17. 실리콘 틀(silicone mould) : 색이 나지 않는 제품이나 구운 후 제품이 틀에 잘 떨어지지 않을 때 사용한다.

18. 실리콘 패드(silicone pad) : 바닥에 반죽이나 재료가 달라붙지 않도록 이형패드의 역할이 필요할 때 사용한다.

19. 짤주머니(piping bag) : 반죽을 담아 소량으로 분할할 때 사용하거나 모양을 낼 때 노즐을 끼워 사용한다.

20. 대마천(hemp fabric) : 프랑스빵 등 hearth bread와 같이 오븐 바닥에 굽는 빵들의 형태를 보존하고 2차 발효하기 위해 사용한다.

21. 가루체(flour sieve) : 밀가루를 체 칠 때 사용한다.

22. 얼개미(crumb sieve) : 케이크 반죽의 속살을 바스러뜨릴 때 사용한다.

23. 붓(brush) : 반죽에 묻은 밀가루를 털어내거나 반죽 또는 최종제품에 용액을 바를 때 사용한다.

24. 쿠키커터(cookie cutter) : 반죽을 얇게 펴고 원하는 모양에 맞게 분할할 때 사용한다.

25. 건지게(뜰채) : 물이나 기름 등 손으로 제품을 건져내기 힘들 때 사용한다.

26. 모양 깍지(piping nozzle) : 크림이나 반죽 등을 원하는 모양으로 짜내어 모양을 만들 때 사용한다.

27. 도넛 커터(doughnut cutter) : 원하는 모양의 도넛을 만들 때 사용한다.(링도넛, 사각형, 원형커터 등)

28. 톱칼(saw knife) : 빵 또는 재료를 썰거나 재단할 때 사용한다.

29. 장칼(long knife/카스텔라칼) : 스펀지케이크 등 부드러운 제품을 재단할 때 시용한다.

30. 온도계(thermometer) : 반죽이나 재료의 온도를 잴 때 사용한다.

4-4. 청소용 도구

청소용 도구는 구역별로 특정한 컬러의 도구만을 사용하고 보관장소도 달리하여 보관하여야 한다. 예를 들면 실내용 청소도구는 노란색, 실외용 청소도구는 검정색 등 구역별로 구분하여 관리하고, 실외용 청소도구는 외부에 실내용 청소도구는 내부에 보관하는 것이 위생상 바람직하다. 또한, 제품생산용 도구를 청소용 도구와 혼용하여 사용하는 경우 청소에 사용한 도구는 생산에 사용하면 안 된다.

1. 빗자루(floor brush) : 작업장 바닥 등 이물질을 쓸어낼 때 사용한다.

2. 쓰레받기(dustpan) : 이물질을 담을 때 빗자루와 함께 사용한다.

3. 대걸레(mop) : 바닥의 이물질을 닦아낼 때 사용한다. 사용 후에는 물기를 완전히 제거하고 건조하여 보관한다.

4. 수세미(kitchen scrubber) : 그릇이나 물체에 묻은 이물 등을 닦을 때 세제와 함께

사용한다. 사용한 후에는 세제를 완전히 제거하고 건조시켜 보관한다.

5. 스퀴즈(squeeze) : 바닥의 물기를 제거할 때 사용한다. 대걸레를 사용하면 물기가 남는데 스퀴즈를 사용하면 바닥의 물기가 거의 남지 않는다.

6. 솔(table brush) : 작업 테이블 등의 홈이나 이물질을 치울 때 사용한다. 사용 후에는 솔 사이의 이물질과 수분을 완전히 제거하여 보관한다.

7. 바닥용 스크레이퍼(floor scraper) : 점성이 강한 이물질이 작업장 바닥 등에 묻어 잘 떨어지지 않아 긁어서 치울 때 사용한다.

8. 행주(dishcloth) : 항상 청결히 삶아서 사용하고 사용하지 않을 경우 완전히 건조하여 보관하고 사용 시에는 반드시 빨아 물기를 짜내고 사용한다.

9. 고무호스(tube) : 작업장 바닥이나 오염이 심한 기기 및 물체에 물을 뿌릴 때 사용한다.

4-5. 제과제빵에서 자주 사용하는 틀의 종류

1. 식빵 틀(bread pan) : 식빵 틀에는 다양한 사이즈가 있지만 일반적으로 215×95×95(mm) 사이즈를 주로 사용하며, 반죽분할중량은 약 420~600g을 사용한다.

2. 평철판(flat sheet pan) : 일반적으로 600×400×10(mm) 또는 540×380×45(mm) 사이즈를 가장 많이 사용하고 있으며, 600×400×10(mm)은 빵용으로, 540×380×

45(mm)는 케이크용으로 사용한다.

3. 원형 케이크 틀(round pan) : 직경 6~15inch의 크기를 선택적으로 사용한다. 일반적으로 6inch의 원형 틀에는 약 170~300g, 7inch의 원형 틀에는 220~350g, 8inch의 원형 틀에는 300~450g의 반죽을 분할한다.

4. 파이 틀(pie pan) : 사과파이 같은 필링이 들어가는 파이를 구울 때 사용한다.

5. 시폰 틀(chipon pan) : 시폰케이크 또는 엔젤푸드케이크를 만들 때 사용한다. 사용 직전 물을 분무하거나 물을 도포한다.

6. 컵케이크 틀(cupcake(muffine) pan) : 머핀이나 컵 모양의 케이크를 만들 때 사용하며, 틀에 주름종이를 깔고 사용한다.

7. 마드레느 틀(madeleine pan) : 조개모양의 마드레느 케이크를 만들 때 사용한다.

8. 다쿠아즈 틀(dacquoise pan) : 타원형 모양의 소형 다쿠아즈 케이크를 만들 때 사용한다.

9. 파운드 틀(pound pan) : 파운드를 만들 때 사용한다.

10. 피자 틀(pizza pan) : 피자를 만들 때 사용하는 틀이다.

11. 브리오슈 틀(brioche pan) : 눈사람 모양의 빵을 만들 때 사용하는 틀이다.

12. 햄버거빵 틀(hamburger pan) : 햄버거 빵을 만들 때 사용한다.

13. 바게트 틀(baguette pan) : 바게트 만들 때 사용한다.

14. 풀만식빵 틀(pullman bread pan) : 샌드위치용 사각형 식빵을 만들 때 사용한다.

15. 원형 무스 틀(circle pan) : 일명 세르클 틀이라고 하며 원형 무스케이크를 만들 때 사용한다.

16. 사각 무스 틀(square pan) : 사각형의 대형 무스케이크를 만들거나 사각형의 무스케이크를 만들 때 사용한다.

17. 돔형 틀(dome pan) : 반원형 모양의 돔 케이크를 만들 때 사용한다.

18. 타공 틀(cooling pan) : 알루미늄 팬에 구멍을 뚫어 최종제품의 냉각 시 또는 냉장, 냉동고 보관용으로 사용한다.

19. 타르트 틀(tart pan) : 주름이 많이 진 낮은 팬으로 직경 150~180×20(mm)의 크기를 가장 많이 사용한다.

제5절 제빵방법의 종류 및 공정(classification of dough mixing systems)

제빵에서 반죽이란 재료들을 수화시켜 한 덩어리로 만들고 제품에 맞도록 혼합 정도를 결정하는 것을 말한다. 하지만 반죽만으로 다양한 빵과 과자를 만드는 것은 불가능하다. 따라서 다양한 빵과 과자를 제조하기 위해 다양한 제빵방법과 공정을 학습하는 것이 중요하다.

제빵방법으로는 전통적인 방법과 전통적인 반죽법을 변형한 반죽법이 있는데 전통적인 방법으로는 스펀지법(sponge dough method), 직접반죽법(straight dough method), 비상반죽법(emergency dough method), 액체발효법(liquid ferment method) 등이 있

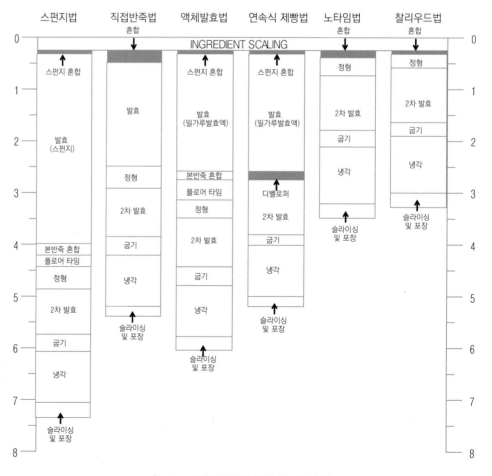

[그림 5-1] 제빵방법의 종류 및 제조시간

으며 변형된 방법으로는 연속식 제빵법(continuous baking method), 노타임법(no time dough method) 등이 있다. 빵의 제조방법은 기본적으로 글루텐 형성과 깊은 관련이 있으며 [그림 5-1]과 같이 제법에 따라 제조하는 시간이 많은 차이를 나타낸다.

5-1. 직접반죽법(Straight dough method)

직접반죽법은 모든 재료를 한번에 혼합하는 1단계 공정으로 반죽이 글루텐형성단계(gluten development stage)로 최적의 점탄성을 가진 상태로 혼합한다. 직접반죽법은 [그림 5-2]의 공정으로 이루어져 있으며 혼합시간은 사용되는 원료와 부재료에 따라 달라지지만 중속(medium speed)기준으로 약 15~20분, 반죽의 회전수는 약 1,600rpm 정도이다. 반죽온도는 일반적으로 24~28℃가 적당하며, 1차 발효시간은 90~180분 정도가 좋은 것으로 알려져 있다.

생산계획 → 배합비 선정 → 계량 → 혼합 → 1차 발효(가스빼기) →
정형(분할, 둥글리기, 중간발효, 성형 및 패닝) → 2차 발효 → 굽기 → 냉각 → 포장

[그림 5-2] 직접반죽법의 공정

1. 생산계획 및 배합비 선정(Production plan & formula)

제품을 생산하기 위해서는 생산계획이 필요하다. 생산계획의 수립은 생산을 개시하기에 앞서 판매계획과 생산제품의 종류, 배합비, 수량, 가격 등을 결정하고 생산방법과 장소, 일정 등에 관해 가장 경제적이고 합리적인 계획을 세우는 것이다.

2. 계량(Scaling)

계량은 제빵에 필요한 재료들을 정해진 중량과 비율대로 무게를 정확하게 측정하는 공정이다. 혼합공정 이후 모든 공정이 철저하게 관리되도록 빵을 만들어도 계량공정에서 재료 측정에 실패하면 모든 공정은 의미가 없게 된다. 따라서 계량공정은 반드시 정확하고 신중하게 실행되어야 한다.

3. 혼합(Dough mixing)

반죽을 만들기 위해서는 혼합이라는 과정을 거쳐야 한다. 제빵에서 혼합의 목적은 사용되는 모든 재료를 골고루 수화시켜 하나의 반죽으로 만들고, 밀가루 단백질인 글루텐을 형성시켜 맛과 품질을 균일하게 하는 것이다.

글루텐은 발효 시 생성되는 이산화탄소(CO_2)가스를 보유할 수 있는 능력을 갖고 있으며 최종제품의 조직(crumb structure)을 형성하는 점탄성의 물질이다. 글루텐의 형성 정도는 배합비율, 혼합시간과 혼합속도에 따라 달라지며 최종제품의 특성과 제조공정에 맞춰 형성 정도를 선택하게 된다. 반죽의 혼합시간은 대략 10~20분 정도이며 밀가루의 품질에 따라 혼합시간은 달라진다.

반죽의 혼합은 네 단계의 혼합과 두 단계의 파괴단계로 구분된다. 혼합의 첫 번째 단계는 블렌딩 단계(blending stage)로서 밀가루와 기타 재료들을 수화하여 골고루 분산시키는 단계이다. 두 번째 단계는 픽업단계(pick-up stage)로 밀가루의 글리아딘과 글루테닌이 상호 반응하여 글루텐을 만들어 반죽이 뭉쳐지기 시작하고 재료가 완전히 분산된 단계이다. 세 번째 단계는 클린업단계(clean-up stage)로 글루텐의 반응속도가 빨라지면서 반죽이 건조해지고 탄력적인 성질이 강해져 반죽이 훅(hook) 방향으로 끌어당겨져 반죽 볼(bowl)이 깨끗해지는 단계이다. 마지막 네 번째 단계는 반죽형성단계(development stage)로 반죽이 적당한 신전성(extensibility)과 탄성(elasticity)을 갖게 되어 실크처럼 부드러워지고 반죽이 건조해진다. 이때 반죽을 떼어 얇게 펼치면 셀로판같이 얇고 균일한 필름을 형성하게 되고 최종제품의 특성에 따라 필름막의 상태가 달라진다.

반죽형성단계 이상으로 혼합하게 되면 반죽의 탄성은 떨어지고 신장성은 증가되어 반죽이 잘 늘어나고 끈적끈적한 물성을 나타낸다. 이 단계가 파괴단계의 첫 단계인 렛다운 단계(let-down stage)이다. 두 번째 파괴단계는 브레이크다운 단계(break-down stage)로 반죽의 신장성과 탄성이 없어져 반죽이 심하게 끈적이고 뚝뚝 끊어지는 단계이다.

• 반죽형성 4단계

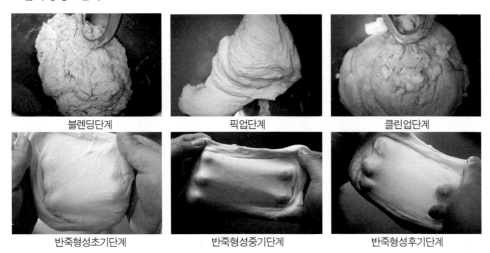

| 블렌딩단계 | 픽업단계 | 클린업단계 |

| 반죽형성초기단계 | 반죽형성중기단계 | 반죽형성후기단계 |

• 반죽파괴 2단계

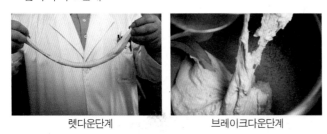

렛다운단계　　　　브레이크다운단계

4. 1차 발효(Fermentation)

적절한 발효는 이스트가 당(탄수화물)에 작용하여 이산화탄소와 알코올로 전환될 수 있는 유리한 환경을 제공하는 것이다. 1차 발효실은 온도 25~29℃, 상대습도 70~80% 정도로 온도변화가 쉽게 일어나지 않는 장소여야 한다. 적정 발효시간은 상기의 조건에서 90분에서 180분 정도이며 평균적으로 약 2시간 정도 실시된다. 반죽의 부피는 처음 반죽의 부피보다 약 3~4배 정도 커지도록 발효한다.

이렇게 발효하는 동안 반죽은 물리·화학적 변화가 일어나는데, 이스트에 의해 만들어진 과산화수소에 의해 산화가 진행되면서 신장성은 감소되고 탄성은 강해지게 된다. 이렇게 과산화가 일어난 반죽은 탄성이 강해져 반죽을 잡아당기면 잘 찢어지는 특성을 갖게 된다. 이스트는 발효성 당을 이용하여 이산화탄소가스, 알코올, 산 및 열을 발생하게 된다.

포도당 + 이스트 → $2CO_2$ + $2CH_3CH_2OH$ + acids + 57kcal

반죽은 발효과정을 거치면서 이산화탄소가스에 의해 부피가 팽창하고 산에 의해 pH가 낮아지며 발효촉진으로 총산도(Total titratable acidity)가 증가하게 된다. 이렇게 발생된 산은 글루텐조직에 작용하여 생화학적 변화를 일으키고 조직을 연화시켜 이산화탄소가스의 보유력을 높이게 되어 반죽을 팽창하게 만든다. 그리고 발효는 성형 시 반죽의 취급을 좋게 만든다.

발효가 진행되는 동안 반죽의 팽창이 과도하게 진행되면 가스빼기(punching)를 하게 되는데 가스빼기는 반죽 내의 이산화탄소를 방출시켜 과도한 반죽의 팽창을 방지한다. 가장 적절한 가스빼기방법은 테이블 위에 반죽을 놓고 일정한 두께가 되도록 두드려 가스를 빼주는 것이다. 반죽을 접어가면서 단단하고 동그란 반죽으로 만들고 다시 발효를 진행시킨다. 가스빼기는 전체 발효시간의 50% 시점 또는 70%와 90% 시점에 실시하는 것이 바람직하다.

최종적으로 발효속도는 대부분 반죽의 산도(pH), 온도(이스트의 최적 활성화 온도는 35℃) 그리고 이스트의 먹이(당)와 흡수율(건조한 반죽일수록 발효속도 지연)에 의하여 이루어지고, 이러한 요소들은 서로 연관성을 갖기 때문에 균형 잡힌 발효를 위해서는 이들 요소들을 모두 함께 고려해 주어야 한다.

가스빼기 공정

5. 정형

정형공정(make up)의 첫 번째 단계는 발효된 반죽을 미리 결정된 무게로 분할하는 것이다. 두 번째 단계는 둥글리기 단계로 분할된 반죽의 표면을 깨끗이 정리하고 일정한 크기로 만드는 것이다. 세 번째 단계는 중간발효공정이다. 분할과 둥글리기공정 직후 원하는 모양으로 반죽을 성형하기 어렵기 때문에 반죽에 휴지시간을 주어 신장성을 향상시켜 성형을 용이하게 하는 것이다. 네 번째는 성형단계로 원하는 모양으로 반죽을 늘리거나 말아서 형태를 만드는 것이다. 마지막으로 다섯 번째는 패닝이다. 성형된 반죽을 팬에 일정한 간격으로 놓아 상품의 가치가 훼손되지 않도록 하는 공정이다.

1) 분할(Dividing)

1차 발효가 완료되면 반죽을 필요한 양만큼 분할해야 한다. 분할하는 방법은 일반적으로 저울을 이용한 손 분할방식이 있으며, 분할기를 이용한 부피(volume) 분할방식이 있다. 분할 시 부피의 변화를 최소화하기 위해 분할시간을 고려해야 한다. 일반적으로 분할시간은 약 20분 이내가 적당하다.

2) 둥글리기(Rounding)

분할된 반죽을 둥글게 만드는 공정이다. 둥글리기의 목적은 발효 시 생성되는 가스에 의해 불규칙한 기공과 온도를 균일하게 정리하고, 반죽의 표면을 매끄럽게 만들어 처종제품에 균일한 껍질색상과 모양을 만들기 위한 것이다.

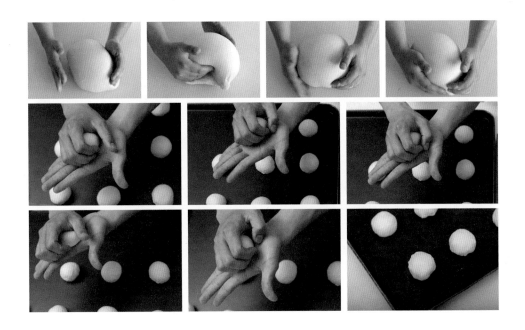

3) 중간발효(Intermediate proof)

둥글리기로 가스를 뺀 반죽은 탄성이 강하여 바로 성형하면 반죽에 무리한 힘이 가해져 반죽이 찢어지게 된다. 따라서 성형하기 전에 반죽을 다루기 쉬운 상태로 만들기 위해 일정한 시간을 발효하여 원하는 모양으로 성형하기 쉽게 하기 위한 공정이다.

4) 성형(Moulding)

성형은 모양을 만드는 단계로서, 성형하는 방법에 따라 맛과 조직감에 영향을 미치게 된다. 또한, 중간발효 시 생성된 불규칙한 기공을 균일하게 만들어 일정한 크기의 모양으로 만드는 공정이다.

6. 2차 발효(Final proofing)

일정한 크기로 성형된 반죽을 온도 38℃, 상대습도 85%의 2차 발효실에 넣고 빠른 시간에 목표하는 부피로 키우는 공정이다. 일반적으로 최종제품의 부피보다 약 70~80% 정도의 크기로 팽창시켜야 안정적인 제품을 얻을 수 있다. 2차 발효실은 이스트 활성을 최대한 촉진시키기 위해 반죽에 과도한 팽창을 유도한다. 따라서 상대습도가 중요한데 상대습도가 적을 경우 반죽은 과도한 팽창으로 껍질이 찢어지거나 터지는 현상이 일어날 수 있다. 반면 상대습도가 너무 높으면 반죽의 껍질에 수분이 많아 오븐에서 최종제품의 껍질이 화상을 입어 작은 공기방울 같은 것들이 많이 발생한다. 따라서 발효실 안의 상태를 수시로 확인하여 상대습도가 높거나 낮을 경우 조절해야 한다.

7. 굽기(Baking)

발효가 완료된 반죽을 오븐에 넣고 흐름성 있는 반고체의 반죽을 건조열에 의해 고체의 흐름성이 없는 빵으로 변화시키는 공정이다. 건조열은 전도열, 대류열, 복사열을 말한다.

굽는 온도와 시간은 제품의 크기와 수분의 양에 따라 달라지는데 무게가 많고 부피가 큰 제품은 저온에서 장시간 굽는 것이 좋다. 반면, 무게가 작고 부피도 작은 제품은 수분 손실이 많으므로 고온에서 빨리 구워주는 것이 일반적이다.

8. 냉각(Cooling)

오븐에서 구워져 나온 빵은 냉각한 후 절단하고 포장해야 한다. 제품에 따라 절단하지 않는 제품들도 냉각시켜 포장해야 한다. 냉각은 미생물의 오염을 최소화하기 위한 위생적인 장소가 필요하다. 기본적으로 오븐에서 막 구워져 나온 제품은 살균되어 있기 때문에 미생물에 의한 오염은 냉각, 절단 및 포장공정에서 발생하게 된다.

습도가 낮은 곳에서 빵을 냉각하면 빵 껍질에 잔주름이 생기고 껍질이 갈라지는 현상이 발생한다. 건조한 곳에서의 냉각과 지나친 공기의 흐름은 최종제품의 수분손실에 영향을 주어 최종제품의 옆면이 찌그러지는 키홀링(keyholing)현상이 발생한다. 따라서 포장실의 이상적인 조건은 적당한 공기의 흐름과 상대습도 75~85% 범위이다.

9. 포장

냉각된 제품은 미생물에 의해 오염되기 쉬우므로 빠른 시간 내에 포장되어야 한다. 빵의 포장은 빵의 내부온도가 32~35℃에 도달되었을 때 절단하고 포장하는 것이 바람직하다. 높은 온도에서 포장하면 포장지 안에 수분이 응축되고 빵의 표면을 적셔 상품성을 떨어뜨리고, 곰팡이 성장에 좋은 조건을 만들어주기 때문이다. 또한 응축된 수분은 겉껍질을 질기게 하는 효과가 있다. 만일 빵을 높은 온도에서 절단하면 크럼조직이 너무 부드러워 절단된 면이 거칠어지고 잘 익지 않은 빵(doughy crumb)은 칼날을 끈적거리게 만들어 정상적인 빵의 품질도 저하시키므로 주의해야 한다.

5-2. 스펀지법(Sponge dough method)

스펀지법은 전통적인 제조방법으로 2단계의 혼합(스펀지혼합, 본반죽 혼합)과 2단계의 발효(스펀지 발효와 플로어 타임) 공정으로 이루어져 있다. 스펀지법은 밀가루, 물, 이스트를 혼합하여 스펀지 반죽을 만드는데 이때 글루텐 형성은 일어나지 않는다. 스펀지 반죽이 완료되면 3~5시간의 스펀지 발효 후 나머지 재료와 본반죽을 혼합하고 플로어 타임을 30분 정도 갖는 방법이다. 이후의 공정은 스트레이트법의 공정과 유사하다.

〈표 5-1〉 스펀지 배합표

	번호	비율(%)	재료명	무게(g)
스펀지	1	70	강력분	980
	2	60	물	588
	3	3	이스트	42
	4	1	제빵개량제	14
본반죽	1	30	강력분	420
	2	57	물	210
	3	5	설탕	70
	4	2	소금	28
	5	3	탈지분유	42
	6	4	버터	56
	7	5	달걀	70
합계		180		2,520

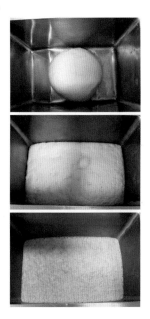

1. 스펀지 혼합

스펀지 혼합은 전체 밀가루의 60~100%, 이스트, 제빵개량제 및 물을 넣고 저속으로 약 4~6분 정도 혼합하는데 이때 글루텐의 합성은 일어나지 않는다. 스펀지에 사용되는 물의 양은 스펀지에 사용되는 밀가루에 대한 물의 사용비율이므로 배합표 작성 시 주의하여야 한다. 예를 들면 스펀지 밀가루가 100g일 때 스펀지 물의 비율이 63%라고 한다면 63g의 물을 사용하여야 한다. 스펀지 반죽의 온도는 23~25℃가 가장 적당하고 스펀지 반죽에 제빵개량제를 사용하기도 한다. 또한, 스펀지에 활성 밀 글루텐을 첨가하면 활성 밀 글루텐의 기능성이 향상되는 것으로 알려져 있다.

2. 스펀지 발효

스펀지 발효 온도는 24~28℃, 상대습도 75~80% 정도인 발효실에서 3~5시간 정도 발효한다. 발효하는 동안 스펀지는 이스트가 생성한 이산화탄소와 알코올에 의해 약 4~5배 정도 팽창하며 스펀지 온도는 4~5℃ 정도 상승하게 된다. 일반적으로 발효 시 온도 변화는 1시간에 대략 0.8℃ 정도 상승하고 무겁고 촘촘한 거미줄 구조(wet structure)를 갖게 된다. 스펀지를 발효하는 동안 글루텐은 이스트에 의해 생성된 산과 알코올의 영향으로 연화

(mellowing)되어 잘 늘어나고 강해져서 가스보유능력이 향상된다. 스펀지를 발효하는 동안 반죽의 팽창은 최대점까지 팽창되었다가 수축되는 스펀지 브레이크(sponge break)현상이 일어난다. 따라서 스펀지반죽의 3차원 망상구조는 촘촘하게 보이지만 잡아당겼을 때 저항이 적고 부드러운 느낌을 준다. 스펀지에는 발효성 당이 없어 밀가루 내의 아밀라아제 효소가 전분에 작용하여 발효성 당을 분해하고 이스트가 이용할 수 있도록 공급해 주는 역할을 한다.

3. 본반죽

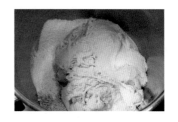

본반죽은 발효완료된 스펀지에 나머지 재료들을 혼합하여 반죽이 최대의 가스 보유력을 갖도록 글루텐을 형성시키는 과정이다. 본반죽은 반죽에 최대한 물을 많이 흡수시키고 적당한 되기의 신장성 좋은 반죽으로 글루텐을 형성시켜야 기계성이 우수하고 좋은 품질의 제품을 만들 수 있다. 본반죽의 혼합시간은 일반적으로 8~15분 정도이며 최종반죽의 온도는 25~28℃이다.

4. 플로어 타임(Floor time)

스펀지법에서 2번째 발효과정을 플로어 타임이라고 한다. 플로어 타임은 본반죽공정 다음에 실시하는 공정으로 최종제품의 특성과 혼합 정도에 따라 결정하여야 한다. 혼합이 지나친 반죽은 반죽이 회복될 수 있도록 플로어 타임이 길어야 하고, 혼합시간이 짧은 반죽은 플로어 타임이 짧아야 한다. 플로어 타임은 일반적으로 약 0~30분 정도이다. 플로어 타임이 진행되는 동안에도 이스트는 계속하여 이산화탄소를 생산하고 반죽을 팽창시킨다. 글루텐은 조절작용(conditioning)으로 안정된 반죽구조를 형성하게 된다. 플로어 타임의 초기에는 반죽이 부드럽고 신전성이 커서 유연하며 잘 늘어나지만 시간이 지나면서 반죽의 표면은 건조하고 광택을 잃어버리게 된다. 플로어 타임이 지나치면 반죽은 탄력성이 커지면서 뚝뚝 끊어지는 특성 때문에 기계를 이용하여 분할 시 원하는 무게로 분할하기 어렵다. 또한, 둥글리기, 가스빼기 등의 작업에 영향을 미쳐 품질저하가 동반되므로 플로어 타임은 다음 공정을 고려하여 분할하는 시간의 중간단계에서 플로어 타임이 끝나도록 설정하는 것이 바람직하다.

5-3. 비상반죽법(Emergency dough method)

비상반죽법은 제품을 빠르게 생산하기 위한 방법으로 직접반죽법과 스펀지법을 변형하여 발효시간을 단축하고 최종제품의 품질저하를 최소화하여 제품을 생산하는 방법이다. 따라서 일반적인 배합비를 비상반죽법의 배합비로 전환하는 방법을 학습해야 한다. 배합비를 전환하기 위해서는 발효를 빨리 할 수 있도록 필수조치사항과 선택조치사항을 조정하여야 하며 1차 발효는 15분 이상 실시한다.

1. 직접반죽법을 비상반죽법으로 전환

1) 필수조치사항

① 혼합시간 20~25% 정도 증가

② 발효 촉진을 위해 반죽의 온도 30℃로 증가

③ 이스트의 양 20~50% 정도 증가

④ 잔류당이 많이 남아 껍질색을 진하게 만들기 때문에 설탕 1% 정도 감소

⑤ 물의 양 1~3% 증가

2) 선택적 조치사항

① 삼투압에 영향을 미치는 소금의 양 0.1~0.5% 감소

② 완충제 역할의 분유 사용량 감소

③ 제빵개량제의 사용량 증가

2. 스펀지법을 비상반죽법으로 전환

1) 필수조치사항

① 스펀지에 사용되는 밀가루의 양 증가

② 혼합에 필요한 전량의 물을 스펀지에 사용

③ 이스트의 사용량 20~50% 증가

④ 설탕 사용량 1% 감소

⑤ 스펀지의 혼합시간 50% 증가

⑥ 스펀지 반죽온도 29~30℃로 증가

⑦ 스펀지 발효는 30분 이상 실시

⑧ 본반죽의 혼합시간 20~25℃ 증가

⑨ 본반죽의 온도 29~30℃로 증가

⑩ 플로어 타임은 10분 이상

2) 선택적 조치사항

직접반죽법은 비상반죽법으로 전환된 사항과 동일함

5-4. 액체발효법(Liquid ferment method)

액체발효법은 수용액상에서 발효를 실시하는 방법으로 스펀지의 변형된 방법이다. 중남미에서는 밀가루의 품질을 극복하기 위하여 이 방법을 주로 사용한다. 이 방법은 이스트가 액체발효물에서 미리 예비 발효된 발효물을 반죽에 첨가하는 방법으로 스펀지법에 비해 발효시간을 단축시킬 수 있는 장점이 있다. 이때 예비 발효시킨 액체 발효물은 브류(brew) 또는 액체 스펀지(liquid sponge)라 부른다.

5-5. 연속식 제빵법(Continuous bread making process)

연속식 제빵법은 액체발효법을 한 단계 발전시킨 방법으로 모든 공정이 연속적으로 일어나도록 만든 제빵법이다. 주로 제빵산업체에서 컨베이어 시스템으로 구성된 하나의 제조라인을 통해 빵이 생산되도록 만들어진 방법이다. 이 방법은 특수한 장비와 원료 계량장치로 구성되어 제조하는 제빵법이다. 찰리우드법과 같은 초고속 회전 혼합기를 이용한 제빵법도 연속식 제빵법에 속한다.

5-6. 노타임법(No-time dough method)

노타임 반죽법은 발효시간을 생략하거나 현저하게 감소시키는 방법으로 반죽 혼합 시 환원제와 산화제를 이용한 기계적 혼합에 의해 이루어진다. 혼합시간은 전통적인 반죽법보다 빠르다. 노타임법은 배합비에 산화제와 환원제가 다량 포함되어 글루텐 사이의 이황화결합(-S-S-)을 절단시켜 글루텐을 빠르게 재정렬하여 혼합시간을 단축시킬 수 있다. 반면 혼합이 끝나고 플로어 타임이 길어지면 산화제의 영향으로 반죽이 지나치게 단단해져 문제가 발생되므로 주의하여 생산해야 한다.

5-7. 냉동반죽법(Frozen dough method)

냉동반죽법은 기존의 방법과 달리 제빵공정 중 어떠한 시점에서 반죽을 급속냉동(-40℃)시켜 -18℃ 이하의 온도에서 보관하는 방법으로 필요한 시점에 해동, 성형, 발효과정을 거쳐 구워내는 방법이다. 냉동반죽은 전통적인 스크래치(scratch) 제빵법과 비교하여 경제적이고 편리한 장점이 있어 현재 프랜차이즈, 인스토어 베이커리 및 기타 식품산업에 유용하게 쓰이고 있다. 반면, 냉동반죽은 냉동저장 시 수분의 얼음결정 또는 냉동에 의해 이스트의 활성이 떨어져 저장기간이 짧은 단점이 있다. 따라서 생물학적 활성이 있는 물질들 즉, 이스트(효모), 밀가루의 단백질, 이스트로부터 생산되는 효소 등의 요소가 오븐공정의 열에 의해 불활성화될 때까지 활성을 가지고 있어야 한다.

일반적으로 냉동반죽은 얼음결정에 의한 냉동폐해 때문에 자유수의 양을 제한하여야 한다. 따라서 반죽의 흡수율을 제한하기 위해 결합수로 이용가능한 설탕 등의 재료 사용과 물성에 영향을 주는 유지 등의 사용량을 늘려 반죽 내에 최저수준의 자유수가 존재하도록 한다.

이스트의 경우 급속냉동을 하게 되면 이스트가 대부분 사멸하게 되므로 이스트의 사용량을 약 1.5~2배 정도로 증가시켜야 한다. 또한 냉동방법에 의해 이스트의 생존율이 결정되는데 이스트의 생존율이 적어지면 이스트 세포에 함유되어 있는 글루타치온(glutathione)이라는 물질이 방출되어 반죽을 연화시키고 풍미에 나쁜 영향을 미치게 된다. 따라서 냉동반죽에 아스코르브산 및 브롬산칼슘과 같은 산화제의 첨가가 요구된다.

냉동반죽의 종류는 〈표 5-2〉와 같다.

〈표 5-2〉 냉동반죽의 종류

종류	특징
벌크냉동반죽 (bulk frozen dough)	반죽을 크게 분할하여 냉동한 반죽으로 해동과정을 거쳐 분할 및 정형 공정을 거쳐야 하는 반죽으로 최종제품의 품질이 안정적이지만 시간이 많이 걸린다.
분할냉동반죽 (ready to cut frozen dough)	반죽을 정해진 무게로 분할하고 둥글리기한 후 냉동한 반죽으로 분할무게가 제한적인 (20~300g) 반죽으로 국내에서 가장 일반적인 방법이다.
성형냉동반죽 (ready to mould frozen dough)	반죽에 내용물을 넣거나 미리 모양을 만든 상태에서 냉동한 반죽으로 반죽을 바로 해동, 발효 후 구울 수 있어 인건비 및 시간을 단축할 수 있는 방법이다.
발효냉동반죽 (pre-proofed frozen dough)	반죽을 분할, 성형, 2차 발효공정까지 마친 후 냉동한 반죽으로 해동공정 없이 바로 구울 수 있는 방법으로 부피가 크고 품질유지가 어렵다.
반제품냉동빵 (par-baked frozen bread)	반죽을 분할, 성형, 2차 발효 후 오븐에서 반쯤 구운 상태로 냉동한 빵으로 해동 또는 바로 구울 수 있는 방법이다. 허스브레드(hearth bread)에 주로 사용하는 방법이다.
완제품냉동 (ready to frozen bread)	완제품을 냉동했으므로 해동만으로 시식이 가능한 제품이다.

1. 혼합(Mixing of frozen dough)

냉동반죽은 이스트의 활성을 최소화하기 위해 반죽온도를 낮춰야 한다. 따라서 냉장볼 시스템(chilled Jacket system)이 장착된 혼합기를 이용하여 반죽한다. 일반적으로 최종 반죽온도는 18~21℃를 유지하고 가공이 쉬운 가소성 반죽이 냉동반죽에 적합하다.

반죽형성초기단계 정도로 혼합하는 것이 바람직하다. 이 단계의 반죽상태는 클린업 단계와 유사해서 반죽이 탄력적이고 표면이 매끈하고 건조하며 견고한 반죽이기 때문이다. 혼합이 덜 된 반죽은 글루텐 형성이 충분치 않아 반죽의 표면이 끈적거리게 되고 가스포집능력이 떨어져 부피가 작고 기공이 거친 제품을 생산하게 된다. 반면 혼합이 과도한 반죽형성후기단계의 반죽은 혼합이 덜 된 반죽과 유사한 결함을 갖게 된다.

2. 플로어 타임(Floor time) 및 냉동

혼합을 마친 반죽은 상당한 탄력을 가진 상태이므로 일정한 부피로 분할하기 어렵고 성형이 어려우므로 10~15분간 플로어 타임을 갖는다.

플로어 타임이 끝나면 원하는 중량으로 분할하고 둥글리기하거나 얇게 밀어편 후 분할하여 -40℃ 이하에서 급속냉동(약 20분)시키고 포장하여 -18℃ 이하에서 1~6개월 정도 보관한다.

3. 해동 및 정형

반죽을 냉동하는 기술도 중요하지만 해동하는 공정도 냉동하는 기술만큼이나 중요하다. 적절한 해동방법은 시간, 온도, 습도를 조절하는 것이다.

냉동반죽의 심부온도는 저장온도와 비슷한 -18℃ 정도이다. 냉동반죽으로 빵을 만들기 위해서는 반죽의 온도를 상온으로 끌어올려야 한다. 하지만 반죽에 급격한 온도변화를 주면 결로현상으로 인해 반죽의 단백질이 손상되어 가스포집능력이 떨어져 최종제품의 품질이 나빠지는 경향이 있다. 따라서 완만한 온도변화를 주기 위해 냉동반죽은 사용 12시간 전 4℃ 미만의 냉장고에서 반죽을 리타딩(retarding)하고 상온에서 반죽의 심부온도가 약 20~25℃ 정도가 되었을 때 성형하는 것이 바람직하다.

- 상온에서 해동공정 시 반죽의 부피가 팽창되지 않도록 반죽을 납작하게 눌러주거나 세심한 주의가 필요하다.

4. 2차 발효

냉동반죽의 2차 발효실 온도는 30~35℃, 상대습도 약 80% 정도로 반죽 표면의 껍질 형성을 방지할 정도가 적당하다. 반죽 표면에 수분이 많아지면 최종제품의 표면에 반점이나 수포가 생겨 상품의 가치를 떨어뜨리게 된다. 2차 발효상태는 일반 반죽의 80~90% 정도의 크기가 적당하다.

5. 굽기

냉동반죽의 굽기 온도는 일반적인 스크래치 방법의 반죽보다 약 10~20℃ 정도 낮게 굽는 것이 바람직하다.

5-8. 프랑스 유럽식 제빵법

일반적인 프랑스빵의 종류는 단순하지만 만드는 방법은 각 제품의 특징에 맞도록 풀리쉬법(중종법/스펀지법), 스트레이트법, 야생효모발효법(자연발효법), 액종법 등 다양한 제조 방법을 사용하고 있다. 따라서 프랑스빵의 기본원리를 알아야 좋은 품질의 프랑스빵을 생산할 수 있다.

기본적으로 프랑스빵 또는 유럽빵에는 발효반죽(Fermented dough)을 밀가루 대비 10~200% 정도 사용하고 있다. 발효반죽은 빵을 만드는 기본재료 즉, 밀가루, 물, 이스트, 소금으로 반죽하여 며칠간 저온 발효시켜 탄성이 강한 발효반죽을 만들어 사용한다. 프랑스빵에 발효반죽을 사용하면 최종제품의 체적과 풍미를 증가시키게 된다. 발효반죽은 pH 4.3 정도로 낮아 최종제품에 산미를 주게 되고 반죽의 산도를 떨어뜨려 이스트의 활성과 글루텐 형성에 도움을 주게 되며 발효가 진행됨에 따라 일반 반죽보다 반죽이 건조해지고 탄력적으로 변하는 경향이 있다. 따라서 반죽의 흡수율을 높여 제빵성을 향상시켜 오븐 스프링이 강한 경향이 있다. 발효반죽은 매일 전체 중량의 20% 정도만 사용하고 사용한 중량만큼 신선한 반죽을 넣어 지속적으로 사용이 가능하며 사용 후 냉장 보관하여야 한다.

1. 프랑스빵의 종류

프랑스의 대표적인 빵은 바게트이다. 하지만 이외에 곡물이 들어간 빵, 자연에서 체취한 야생효모를 이용한 야생효모발효빵, 달콤하고 고소한 브리오슈와 같은 고배합 빵 등 다양한 종류의 빵이 있다. 프랑스빵은 기본적인 하얀 빵, 곡물빵, 부드럽고 달콤한 빵으로 나눌 수 있다. 프랑스빵의 대표격인 하얀 빵(Pain blanc)은 빵의 기본재료인 밀가루, 소금, 이스트, 물만을 이용하여 만든 빵으로 빵의 속살이 하얗기 때문에 붙여진 이름으로 프랑스의 대표 빵이라는 의미로 뺑 프랑세(pain français)라고도 한다. 두 번째는 곡물이 들어간 특별한 빵으로 뺑 스페시오(Pains spéciaux)이다. 이 빵은 뺑 블랑과 달리 밀가루 외에 통밀, 호밀, 밀겨 또는 여러 가지 곡물 씨앗 등을 이용하거나 견과류를 첨가한 빵이다. 마지막 3번째 분류는 설탕이나 유지의 함량이 높아 달콤하고 부드러운 빵으로 뺑 비에노와즈리(Pain Viennoiseries)라고 하며 간식이나 식사대용식의 빵이다. 프랑스빵의 3분류는 〈표 5-3〉과 같다.

〈표 5-3〉 프랑스빵의 분류

분류	종류	설명
Pain Blanc (Pain français) (빵 프랑세 : 흰빵, 대표적인 프랑스빵)	Petit pains(쁘띠 빵)	100g 미만의 작은 빵
	Ficelle(휘셀)	150g 정도로 밧줄같이 얇은 빵
	Baguette(바게트)	320g 정도의 막대모양의 빵
	Pain(빵)	1000g 정도의 바게트모양의 큰 빵
	Gros pain(그로빵)	2000g 정도의 큰 빵으로 장기간 보관이 가능한 빵
	Rustique(뤼스티크)	성형 없이 분할하여 구워내는 시골풍의 투박한 빵(빵 내부의 기공이 상당히 큰 빵)
Pains spéciaux (빵 스페시오)	Pain de Campagne(빵드 깡파뉴)	시골빵(호밀 약 10~30% 함유)
	Pain Complet(빵 꽁쁠레)	통밀빵
	Pain au Son(빵 오 송)	통밀과, 밀겨로 만든 식이섬유빵
	Pain de Seigle(빵 드 세이글)	흑빵(호밀 70% 이상 함유)
	Pain de Méteil(빵 드 메떼이)	혼합밀빵(밀가루 50%, 호밀가루 50%)
	Pain au Levain(빵 오 르방)	이스트를 넣지 않고 야생효모를 이용하여 반죽을 발효시킨 빵
Pain Viennoiseries (빵 비엔누아즈리)	Pain au lait(빵 오 레)	여러 가지 모양의 성형이 가능한 부드러운 우유빵
	Pain Viennois(빵 비엔누아)	부드러운 단과자빵
	Brioche(브리오슈)	브리오슈
	Pain Brioché(빵 브리오쉐)	식빵용 브리오슈
	Pâte Levée Feuilletée(빠트 르베 푀이떼)	데니시 페이스트리

2. 프랑스빵 기본 제법

프랑스빵반죽의 혼합은 혼합과정(frasage)과 본반죽과정(Pétrissage)의 두 단계로 이루어진다. 혼합과정(frasage)은 모든 재료가 골고루 분산되어 한 덩어리로 뭉쳐지는 수화단계이며, 저속에서 약 5분 이내에 진행된다. 이 단계에서 반죽의 되기를 맞추게 된다. 본반죽(Pétrissage)은 각 제품의 특성에 맞도록 혼합 정도를 조절하게 되는데 혼합 정도를 결정하는 데 몇 가지 조건이 있다. 첫째, 반죽의 혼합 정도 둘째, 기본 온도(TB : température de base) 셋째, 반죽혼합시간이다.

1) 반죽의 혼합 정도

① P.I(Pétrissage Intensifié, 증대성 반죽) : 혼합과정에서 반죽의 글루텐 형성이 가장 많은 반죽으로 반죽 내에 글루텐 구조가 매우 촘촘하여 가스포집 능력이 뛰어난

단계이다. 주로 흰 반죽에 해당하며 혼합기의 RPM은 약 1600 정도가 적당하다.

② P.A(Pétrissage Amélioré, 호전형 반죽) : 반죽의 글루텐 형성이 P.I단계보다 덜 형성된 단계로 밀가루와 기타 가루를 첨가하는 제품들에 주로 사용한다. 혼합기의 회전수(RPM)는 약 1200 정도이다.

③ P.V.L(Pétrissage à Vitesse Lente, 느린 저속성 반죽) : 반죽을 저속으로만 혼합하는 방법으로 주로 유지의 함량이 많고 최종반죽온도가 낮은 제품에 사용한다. 시간에 구애받지 않는 반죽방법으로 최대 60분까지 혼합하는 경우도 있다.

④ S.P(Sous Pétrissage, 과소성 반죽) : 반죽시간이 가장 짧은 방법으로 글루텐 구조가 시작되는 단계(클린업단계)에서 혼합을 마치는 반죽이다. 통밀빵이나 기타 가루가 많이 들어가는 제품에 이용되며 혼합 시 회전수는 약 900RPM 정도이다.

2) 기본온도(TB : température de base)

기본온도는 반죽 혼합 시 밀가루 온도, 실내온도, 물 온도를 모두 합한 값을 기본온도(T.P)라고 한다. 모든 프랑스빵에는 기본온도(TB)가 있으며, 약 45~75℃의 범위를 가지고 있다. 단, 기본온도는 나라, 계절 또는 차가운 발효반죽에 의해 변경될 수 있고 반죽의 최종온도에 따라 기본온도는 변할 수 있다.

- T.B = 밀가루온도 + 실내온도 + 물 온도

  물 온도 = T.B - (밀가루온도 + 실내온도)
- 각 제법별 반죽의 온도

  P.I = 50~60℃, P.A = 68℃, P.V.L = 50~80℃, S.P = 70~85℃

3) 반죽혼합시간

모든 반죽은 각각의 제법에 따라 반죽시간이 결정되는데 수직형 믹서(vertical mixer)와 스파이럴 믹서(spiral mixer)의 경우 본반죽시간은 〈표 5-4〉와 같다. 단, 과소성 반죽(S.P)은 반드시 수직형 믹서로 혼합하는 것이 좋다.

〈표 5-4〉 반죽 혼합 정도에 따른 혼합시간

혼합 정도	수직형 믹서	스파이럴 믹서
P.I(52℃)	1단(혼합) 5분, 2단(반죽) 7분	1단(혼합) 5분, 2단(반죽) 2.5분
P.A(68℃)	1단 5분, 2단 5분	1단 5분, 2단 2분
P.V.L(70℃)	1단 5분~	–
S.P(72℃)	1단 5분, 2단 3분	–

5-9. 사워도우(Sourdough)

1. 사워도우의 기원 및 역사

사워도우빵은 자연적으로 발생되는 야생이스트와 젖산균(유산균)을 이용하여 반죽을 아주 오랜 기간 발효하여 만드는 빵이다. 따라서 사워도우빵은 이스트를 다량 사용하여 만드는 일반적인 빵과는 다른 부드러운 산미를 나타내고 보존기간이 비교적 긴 특성을 보인다.

제빵의 기원은 너무 오래되어서 제빵에 관한 모든 것을 언급할 때 대부분 추정적으로 말하게 되는데 사워도우의 기원도 기원전 3700년으로 거슬러 올라간다. 사워도우는 농경 문화와 관련되어 있기 때문에 메소포타미아 지방에서 시작된 것으로 추정된다. 사워도우는 기원전부터 발효빵의 팽창원으로 중세시대까지 사용되었고 중세 중반부터는 맥주생산 부산물인 밤(barm)이 발효빵 팽창원으로 이스트가 대량생산되기 전까지 사용되었다.

사워도우는 100% 호밀빵을 많이 섭취하는 중북부유럽에서는 이스트 대신 호밀빵 제조에 사용된다. 호밀은 글루텐함량이 적기 때문에 이스트를 통한 발효가 부적합하고 또한 호밀 내에 분포한 아밀라아제의 활성이 커서 아주 낮은 pH를 통하여 아밀라아제를 불활성화시켜야 하므로 사워를 사용하여 팽창시키는 것이 더 적합하다. 반면, 남부유럽에서는 주로 밀을 사용하여 빵을 제조하기 때문에 파네토네를 제외하고는 사워 대신 이스트를 사용한다. 한편, 현재 미국 북캘리포니아에서의 사워 사용은 1949년 북캘리포니아 골드러시 (gold rush) 당시 프랑스 제과사가 빵의 팽창원으로 사용하기 시작한 것이 기원이 되며 현재는 샌프란시스코 지방에서 '사워도우 샘' 등의 별칭으로 불리며 샌프란시스코 식문화의 일부가 되었다.

사워도우는 중세 이후 제빵 생산이 대량화·상업화되면서 반죽 팽창의 기능을 밤에게 그리고 그 후 다시 이스트에게 넘겨주었으나 최근 들어 프리미엄 제과점을 중심으로 사워도우 고유의 풍미와 건강에 미치는 유효성이 밝혀지면서 다시 부각되고 있다. 또한 발효시간이 짧은 냉동빵을 제조하는 대형제과업체에서도 발효풍미에 대한 보완대책으로 유산균 발효액과 같은 사워를 사용하여 제품을 차별화하고 글루텐 부작용을 감소시키고 있다.

2. 사워도우의 생물화학

사워도우는 밀가루와 물의 혼합물 속에 많은 양의 유산균과 이스트를 함유하도록 배양한 반죽이다. 여기서 이스트는 반죽을 팽창하는 이산화탄소가스를 생산하고 유산균은 젖산을 생산하여 신맛의 형태로 풍미에 영향을 미친다.

유산균은 통성혐기성균(Facultative anaerobe, 혐기성균이지만 산소 존재하에서도 생존가능한 균)으로 Hammes와 Vogel이 1995년에 다음의 3종류로 분류하였다.

그룹1. 정상젖산발효균(절대혐기성) : EMP경로를 통하여 육탄당류를 85% 이상, 젖산 2분자를 생산하며 이산화탄소가스를 생산하지 않는다. 절대 혐기적이고 45℃에서 생장하며 15℃에서는 생장할 수 없다. Lactobacillus acidophilus, L. delbrueckii가 대표적이다.

그룹2. 이상젖산발효균(편성혐기성) : 육탄당을 젖산, 5탄당을 젖산과 초산으로 만든다. 산소가 존재하면 더 산화시켜 초산을 만든다. 15℃에서도 생장하며 45℃에서는 가변적인 생장을 보인다. 대표적인 균주로는 L. casei, L. plantarum이 있다.

그룹3. 이상젖산발효균(절대혐기성균) : EMP경로를 통하여 육탄당류가 젖산, 초산, 이산화탄소가스를 생산한다. 대표적인 균으로 L. fermentum, L. brevis, L. sanfrancisco 등이 있다.

사워도우에 존재하는 이스트는 Saccharomyces exiguous, Saccharomyces cerevisiae, Candida milleri, Candida humilis 등이다.

빵발효에 관여하는 유산균은 보통 락토바실러스속이며 약 32종이 존재한다. 유산균의 발효형식은 종류에 따라 정상 유산발효와 이상 유산발효로 나누어진다. 정상 유산발효는 포도당으로부터 유산을 85% 이상 생성하는 발효이며 이상 유산발효는 포도당을 발효하여 유산, 알코올, 이산화탄소가스를 생성하는 발효형식으로 루코노스톡과 락토바실러스가 이에 속하며 풍미와 함께 반죽에 팽창성을 제공한다. 독일의 사워도우와 미국의 샌프란시스코 사워도우에는 이상젖산발효균이 많이 존재하며 긴 발효시간을 통하여 이스트와 함께 팽창성을 제공한다. 사외도우에는 유산균과 함께 야생이스트도 존재하기 때문에 사워도우의 발효온도와 수분량에 의하여 팽창성과 풍미가 크게 달라진다. 즉 발효온도가 32℃

를 넘으면 젖산균의 발효가 우세해지고 25℃ 정도에서 발효하면 이스트의 발효가 우세해진다. 또한, 반죽이 된 경우에는 산의 형성이 적어지며, 수분이 많아 흐름성이 있는 반죽의 상태에서는 산의 형성이 비교적 많아진다.

3. Ⅰ유형 사워도우

샌프란시스코 사워도우에서 자라는 야생이스트로는 내산성이 있는 토루롭시스 홀미(Torulopsis holmii)와 사카로마이세스 이누시타투스(Saccharomyces inusitatus) 등이 우세하며 이외에도 사카로마이세스 와룸(Saccharomyces warum) 등이 존재한다. 젖산균으로는 락토바실러스 샌프란시스코(Lactobacillus sanfrancisco) 등이 분리되었다. 샌프란시스코 사워도우는 8시간마다 스타터, 사워 혹은 마더 스펀지로 알려진 발효된 빵반죽의 일부를 밀가루와 물을 넣어 다시 발효시키며 계속 이 스타터를 사용함으로써 본반죽에서 이스트의 사용량을 감소시킬 수 있다.

유럽에서 사워는 원래 호밀빵에서 효소활성을 억제시키기 위해 사용하였다. 그러나 현재는 사워를 밀가루 배합에 첨가하여 빵의 풍미를 향상시키는 하나의 부재료로써 사용하는 경향이 많다.

호밀을 이용하여 호밀 사워를 만들고 이것에 밀가루를 첨가시켜 만드는 사워도우 빵에 관한 배합비와 제조공정은 다음과 같다.

〈표 5-5〉 사워도우 빵의 제조공정

(단위: g)

원료명	1일차	2일차	3일차	4일차	5일차
밀가루	100	100	100	100	100
물	100	50	50	50	50
사워도우		50	50	50	50
상기의 배합으로 5일차 이후에 사워도우의 활성이 최대가 되면 아래의 배합으로 변경하여 사용한다. 활성이 작은 경우 동일한 방법으로 3~5일 정도 반복하여 사워도우를 만든다.					
원료명	0시간	8시간	16시간	24시간	32시간	40시간	48시간
사워도우	200	공정별 발효시킨 발효물 전량을 8시간마다 혼합					빵 생산
밀가루	400	400	400	400	800	1200	
물	400	400	400	400	400	400	
발효반죽	800						
발효반죽은 사워도우 빵을 만들고 남은 반죽을 냉장 보관하여 사용한다.							

〈표 5-6〉 사워도우 빵 배합비

비율	재료명	무게(g)	비고
100	강력분	1000	
2	소금	20	
0.5	이스트	5	선택적으로 사용한다.
58	물	580	
85	Sourdough	850	
245.5	합계	2,455	

4. II유형 사워도우

I유형 샌프란시스코 사워도우를 이용하여 빵을 제조할 때 사워도우를 배양할 때마다 우세균의 종류가 달라져서 빵의 풍미와 발효시간의 관리가 어렵기 때문에 현재는 순수 배양된 젖산균 또는 비피더스균을 밀가루반죽에 접종하여 스타터를 만들거나 이것을 분말화한 사워도우 스타터를 사용하는 방법이 추천되고 있다.

II유형 사워도우 스타터는 밀가루 : 물 : 포도당 : 젖산균배양액(비피더스균) = 100 : 120 : 3 : 1의 비율로 섞어 38℃에서 약 16~20시간 발효시켜 만든 후 제빵에 첨가한다. 이 발효법의 장점은 발효된 정도를 pH로 계수화시킬 수 있고, 알고 있는 젖산균을 사용함으로써 품질관리를 일정하게 할 수 있어 표준적인 빵의 생산이 가능하다는 것이다.

또한 고객의 취향에 따라 본반죽에 사워도우 첨가량(20~80%)을 조절하여 빵의 풍미를 조절할 수 있다.

5. Sourdough Starter – 자연발효반죽법

Sourdough는 오래될수록 활성이 뛰어나 빵을 제조하기에 이롭다. 오래된 sourdough는 반죽의 액성이 안정적이며 존재하는 이스트와 유산균이 최적의 조건에서 안정적인 활성을 유지할 수 있기 때문에 오래된 sourdough를 프로 제빵사들이 선호하고 있다.

Sourdough starter는 흰 밀가루, 통밀가루, 호밀가루 등으로 만들 수 있는데 가장 활성이 좋은 곡물가루는 호밀가루인데 단백질 함량이 적어 반죽의 pH가 낮아지기 쉽고 알파 아밀라아제의 활성이 높기 때문에 sourdough starter를 쉽게 만들 수 있는 이점이 있다. 다음으로 sourdough 제조에 적합한 곡물가루는 통밀가루이다. 통밀가루는 호분층에 있는 다량의 이스트와 아밀라아제 효소에 따라 이스트의 활성이 빠르다. 반면 일반 밀가루는 내배유만을 가루로 만들었기 때문에 밀가루 속 이스트의 함유량이 가장 낮아 sourdough starter를 제조하기 위해서는 많은 시간이 필요하다. 흰 밀가루를 이용하여 sourdough starter를 제조하는 방법은 다음과 같다.

1) Sourdough 배합표

- 1일차(24시간 발효/발효실 온도 27℃)

번호	비율(%)	재료명	무게(g)
1	100	강력분	100
2	110	물	110
	210	합계	210

- 2일차(24시간 발효/발효실 온도 27℃)

번호	비율(%)	재료명	무게(g)
1	100	1일차 반죽	200
2	100	강력분	200
3	110	물	220
	310	합계	620

- 3일차(24시간 발효/발효실 온도 27℃)

번호	비율(%)	재료명	무게(g)
1	100	1일차 반죽	200
2	100	강력분	200
3	110	물	220
	310	합계	620

24시간 간격으로 반죽하면서 자연발효 시 반죽 내 이스트의 번식과 활성이 증가하게 되며 반복 횟수가 많아질수록 좋은 품질의 sourdough를 제조할 수 있다.

이산화탄소 발생과 이스트의 활성이 최고점이 될 때까지 반복하여 반죽(feeding)한다.

이산화탄소 발생량이 최고점에 도달하면 야생이스트의 생장이 완료되어 sourdough 배합을 변경한다.(가수량 조절 및 반죽 안정화) 발효 완료점은 pH 3.4~3.8, TTA(총산도) 12 이상이 가장 이상적이다.

- 완성된 Sourdough Feeding 방법

번호	비율(%)	재료명	무게(g)
1	100	sourdough	200
2	100	강력분	200
3	50	물	100
	250	합계	500

- 48시간 주기로 feeding 반복(48시간 발효/27℃)

번호	비율(%)	재료명	무게(g)
1	100	sourdough	200
2	100	강력분	200
3	50	물	100
	250	합계	500

Sourdough를 반죽에 직접 사용하면 빵의 신맛이 강해 우리나라의 경우 기호성이 낮아지기 때문에 신맛을 줄이고 이스트의 활성을 높이는 방법을 사용하는 것이 바람직하다. sour한 신맛을 줄이고 이스트의 활성을 높이는 방법을 이용하면 양질의 빵을 빠르게 생산할 수 있다.

개선된 반죽은 일반적으로 mother dough라고 불리며, mother dough의 제조방법은 다음과 같다. 다만, 주의할 점은 완성된 mother dough 반죽은 항상 1000g씩 남겨 다음 생산(batch)에 사용하는 것이 바람직하다는 것이다.

Mother dough 제조방법

원료명	중량
mother starter	500
사워도우(sourdough)	125
물	250
밀가루	250
Total	1125

sourdough starter 활성화 시작

• 9시간 후(1차)

원료명	중량
전반죽	1125
밀가루	250
물	250
Total	1625

• 9시간 후(2차)

원료명	중량
전반죽	1625
밀가루	250
물	250
Total	2125

• 9시간 후(3차)

원료명	중량
전반죽	2125
밀가루	250
물	250
Total	2625

• 9시간 후(4차)

원료명	중량
전반죽	2625
밀가루	250
물	250
Total	3375

• 9시간 후(5차)

원료명	중량
전반죽	3375
밀가루	750
물	250
Total	4375

5차까지 혼합된 반죽은 mother dough라 하며, 완성된 mother dough는 항상 500g 이

상을 남겨두고 사용해야 한다. 최대풍미를 위해 상기의 방법으로 피딩을 하는 것이 좋으며 피딩시간은 9시간이 좋다.

- sourdough bread

비율	재료명	중량(g)
34.0	중력분	680
67.0	강력분	1340
60.0	mother dough	1200
1.5	소금	30
0.5	인스턴트 이스트	10
63.0	물	1260
226	합계	4,520

- 혼합

물과 mother dough에 건조재료를 넣고 약 5분간 1단으로 혼합한다.
2단의 속도로 약 4~7분간 혼합하고 1단으로 반죽이 매끈해질 때까지 혼합한다.

- 발효

1~2시간 발효한다.

- 분할

분할하고 벤치타임을 10~15분간 실시한다.

- 성형

원형으로 성형하고 베네통에 넣는다. 베네통은 쌀가루가 충분히 뿌려졌는지 확인한다.

- 2차 발효

성형된 반죽을 덮개로 덮고 실온에서 1시간 30분 발효하거나, 냉장고에서 6~12시간 리타딩한다.

- 굽기

세몰리나 보드에 반죽을 올리고 250℃ 정도의 오븐에 스팀을 넣고 구워준다.

5-10. 제빵과 젖산균(유산균, Lactic acid bacteria)

빵반죽의 발효에는 이스트만 관여한다고 생각하기 쉬운데 그 이유는 이스트는 세포가 커서 현미경적으로 반죽을 관찰하여도 그 모양을 볼 수가 있으며 발효에 생이스트나 건조 이스트를 사용하고 있기 때문이다. 그러나 빵 발효에 젖산균이 관여하여 반죽의 물성, 빵의 맛과 향에 크게 영향을 미친다는 사실이 알려지면서 젖산균에 대한 연구가 활발히 진행되었고 현재는 사워도우 등에서 젖산균을 분리 동정하여 사용하거나 비피더스유산균(비피도 박테리아)을 개량하여 제빵에 사용하고 있다.

1. 젖산균의 특징

젖산균은 그람 양성의 간균 또는 구상의 세포를 갖고 있으며, 산소가 없이도 생육이 가능한 세균이다. 젖산균은 당류를 발효하여 젖산을 생성하며, 생육하기 위해서 아미노산, 비타민류, 지방산류 또는 무기염류를 요구하며 성장인자로 프럭토올리고당이 필요하다.

젖산균이 젖산을 만드는 것은 생장을 위한 에너지를 얻기 위한 수단이다. 젖산균이 포도당을 발효하는 대사경로에는 정상 젖산발효와 이상 젖산발효가 있으며, 최종산물에 따라 구별한다. 정상 젖산발효는 소비한 포도당에 대하여 100%의 젖산을 생성하는 경로이며, 이상 젖산발효는 소비한 포도당의 50%는 젖산으로 나머지는 알코올과 이산화탄소가 생성되나 알코올은 산화되어 초산으로 변화된다. 한편 비피더스균도 젖산간균과 달리 비피더스 경로를 통하여 포도당으로부터 초산과 젖산을 1.5 : 1의 비율로 생산한다.

- homo fermentation : $C_6H_{12}O_6 \rightarrow 2C_3H_6O_3$
- hetero fermentation : $C_6H_{12}O_6 \rightarrow C_3H_6O_3 + C_2H_5OH(CH_3COOH) + CO_2$
- bifidus fermentation : $2C_6H_{12}O_6 - 3CH_3COOH + 2C_3H_6O_3$

2. 젖산과 젖산염 및 초산의 특성

젖산균이 생성한 젖산은 유리산 또는 금속이온과 반응하여 염의 형태로 존재한다. 젖산은 자극취나 쓴맛이 없는 산미성분이다. 젖산의 Na염은 식품의 보습성을 향상시키고, 유연성을 높이는 효과를 내며, 유지에 대하여 유화효과와 분산효과가 크다. 젖산염은 산에 대하여 pH 완충작용을 갖고 있어서 산의 pH를 유지시킨다. 젖산에는 항균작용이 있어 식품의 부패나 식중독균의 번식 억제에 효과가 크다. 젖산은 단백질을 부드럽게 하여 유연성과 신장성을 좋게 하는 기능이 있다. 한편 초산은 과산화지질 생성 및 비만을 방지하는 건강 유지에 중요한 역할과 함께 빵의 풍미를 상승시키고 빵의 질감을 쫄깃쫄깃하게 만들어 빵의 관능성을 향상시킨다.

3. 빵반죽과 젖산균

젖산균이 생육하는 빵반죽에는 젖산이 축적되며, 이 축적된 젖산은 반죽의 물성에 영향을 미친다. 젖산의 반죽 물성에 대한 영향은 호밀빵에서 현저하게 나타난다. 호밀은 밀가루에 비하여 단백질양이 적어서 구조형성이 어렵고 가스 보유력도 나쁘다. 그러나 젖산발효에 의하여 밀가루에 점성을 줌으로써 가스 보유력이 향상되고 반죽형성을 쉽게 해준다. 또한 밀가루 반죽에서는 젖산이 존재하면 반죽이 부드러워지는 경향이 있어 반죽의 성형 작업성을 개선시켜 준다.

4. 국내의 유산균 제빵법의 동향

일본, 미국 및 유럽 등 선진국에서 빵에 대한 유산균 발효물 사용이 풍미 보강과 건강 증진을 위하여 보편화되는 경향과 마찬가지로 국내에서도 체인 베이커리 및 유명 호텔 체인 베이커리를 중심으로 빵의 풍미를 증진시키고 소비자에 대한 빵의 건강 이미지를 구축하는 데 유산균을 사용하고 있다. 또한 냉동반죽을 이용한 빵의 생산이 보편화됨에 따라 냉동반죽의 부족한 발효 풍미를 보충할 목적으로 즉, 풍미제의 성격으로 첨가하는 경향이 커지고 있다. 여기서 우리가 분명하게 이해해야 할 것은 유산균을 반드시 반죽에 첨가해야 유산균발효가 일어난다는 것이다. 프랑스 등에서 효모증식기계를 이용하여 적은 양의 효모를 첨가하여 만드는 르방반죽은 유산균 발효법과는 근본적으로 다르다. 보통 온도가 일정하게 유지되면서 일정한 시간 간격으로 반죽을 저어주는 기계로 만들어지는 르방반죽은 밀가루에 첨가된 효모를 증식시키면서 일종의 스펀지를 만드는 방법이다. 즉 많은 공간과 기계를 투자할 수 없는 소형베이커리를 위한 일종의 스펀지법으로 반죽의 팽창목적으로 르방반죽을 첨가하는 것이다.

유산균 발효빵은 팽창을 위한 이스트 이외에 풍미와 건강적 목적을 위하여 유산균을 첨가하여 만든다. 유산균(혹은 비피더스유산균)으로 빵을 구울 때 유산균이 죽게 되어 유산균의 효능이 없다고 생각하나 그렇지 않다. 살아 있을 때와 죽었을 때의 유산균의 효능이 다를 뿐이다. 즉 살아 있는 유산균은 설사, 변비 등을 치료하는 데 탁월한 효과가 있는 반면, 죽은 유산균은 소화관에 유익한 균주가 살도록 해주며 항암효과, 항돌연변이효과 및 다이어트 등에 효과를 나티낸다. 빵에는 유기산을 풍부하게 형성시켜 밀가루 단백질을 연화시켜 주며 빵의 노화를 지연시키고 저장성을 향상시켜 첨가물의 사용을 감소시켜 준다. 인간의 노화와 관계가 깊은 균으로 알려진 비피더스균을 이용한 제빵의 연구 및 이용 실태는 비피더스유산균을 이용한 빵의 제조방법(특허 0231418호), 장관면역활성증진 효과가 있는 밀가루 발효 조성물(특허 0378037호), 장관면역활성증진 효과가 있는 밀가루 발효 조성물을 이용한 빵(특허 0389043호) 등이 연구되어 있으며 이미 산업화되어 있다. 향후에도 유산균과 같은 발효미생물들을 적극 개발하여 제빵의 풍미증진, 작업개선 및 보건효과를 얻는 데 많은 노력을 기울여야 한다.

제2장

제빵실무

식빵(White pan bread)-스트레이트법(Straight dough method)

사각형의 틀에 넣어 만든 대표적인 식빵으로 기본 재료만을 이용하여 만든 하얀 식빵이라는 의미이다. 미국 명칭은 화이트팬브레드, 프랑스식 명칭은 빵드미라 불리며 전 세계에서 가장 많이 판매되는 빵이다.

준비	내용
장비	믹서, 발효기, 오븐
소도구	저울, 온도계, 행주, 계량그릇, 발효팬, 발효비닐, 플라스틱 카드, 스크레이퍼, 밀대, 쇼트닝 또는 식용유(틀용), 오븐장갑, 타공팬, 톱칼, 식빵 틀, 백노루지

(1) 식빵 배합표

번호	비율(%)	재료명	무게(g)
1	100	강력분	1200
2	62	물	744
3	3	생이스트	36
4	2	제빵개량제	24
5	6	설탕	72
6	4	쇼트닝	48
7	3	탈지분유	36
8	2	소금	24
	182	합계	2,184

(2) 혼합

혼합 직전 반죽온도를 맞추기 위한 물 온도를 맞춘다. 쇼트닝을 제외한 재료를 믹서에 넣고 저속으로 약 3~5분간 혼합한다. 반죽이 한 덩어리가 되면 중속으로 4분 정도 혼합하여 클린업단계에 쇼트닝을 넣고 약 7~9분간 혼합한다. 최종반죽온도는 27±1℃를 만든다.

식빵의 식감을 결정하기 위해서는 혼합시간을 줄이거나 늘려 글루텐의 형성 정도를 조절할 필요가 있다.

(3) 1차 발효

발효실 온도 27℃, 상대습도 75%에서 60분간 1차 발효한다. 발효 시 발효비닐로 반죽이 마르지 않도록 관리한다. 같은 조건에서 이상적인 발효시간은 90분이 적당하다.

✽ 완성품

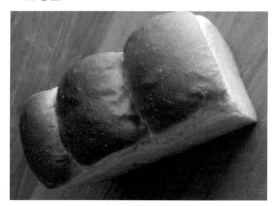

✽ 공정

(4) 분할, 둥글리기 및 중간발효

170g으로 분할하고, 반죽의 표면을 매끄럽고 동그랗게 만들어 둥글리기하고 발효비닐 위에 반죽을 놓고 비닐을 덮어 10~15분간 중간발효한다.

(5) 성형 및 패닝

반죽을 손으로 눌러 가스를 빼내고 밀대로 밀어펴 가스빼기를 한다. 넓게 펴진 반죽을 3겹으로 접고 반죽을 원통모양으로 말아 성형하고 식빵 틀에 반죽 3개를 넣고 반죽을 살짝 눌러준다. 성형과정 중 반죽의 표면이 찢어지지 않도록 주의하면서 작업한다.

(6) 2차 발효

발효실 온도 38℃, 상대습도 85%의 발효실에서 약 50분간 발효하고, 반죽이 틀 높이보다 1cm 이상 올라오면 발효가 완료된 시점이다.

(7) 굽기

아랫불 온도 190℃, 윗불 온도 170℃의 예열된 오븐에 약 25~30분간 굽는다. 굽기 중 껍질색의 상태에 따라

✽ **실내온도 :** ℃, **밀가루 온도 :** ℃, **사용한 물 온도 :** ℃

혼합시간	1단	분/ 2단	분/ 3단	분	최종반죽온도		℃
반죽의 특성	끈적함 / 건조하고 단단함 / 잘 늘어남 / 탄성이 강함 / 기타(					)	

• **중요 포인트**

• **실습 원리**

성공요인	실패요인

• **실패요인 분석 및 개선 방향**

• **공정 및 완제품 사진 첨부**

팬의 위치를 바꿔준다.

계량	혼합	1차 발효	분할	중간발효	성형	2차 발효	굽기	냉각
8분	25분	60분	10분	15분	10분	50분	25분	30분
33분		103분(1시간 43분)		128분(2시간 08분)		203분(3시간 23분)		233분(3시간 53분)

식빵(White pan bread)-비상스트레이트법/기능사

비상반죽법으로 불리며 빵의 품질을 유지하기보다는 공정시간을 단축시켜 식빵을 만들기 위한 방법으로 긴급한 주문이 있을 경우에 사용하는 제법이다.

준비	내용
장비	믹서, 발효기, 오븐
소도구	저울, 온도계, 행주, 계량그릇, 발효팬, 발효비닐, 플라스틱 카드, 스크레이퍼, 밀대, 쇼트닝 또는 식용유(틀용), 오븐장갑, 타공팬, 톱칼, 식빵 틀, 백노루지

(1) 식빵 배합표

번호	비율(%)	재료명	무게(g)
1	100	강력분	1200
2	63	물	756
3	5	생이스트	60
4	2	제빵개량제	24
5	5	설탕	60
6	4	쇼트닝	48
7	3	탈지분유	36
8	1.8	소금	21.6(22)
	183.8	합계	2205.6(2206)

(2) 혼합

혼합 직전 반죽온도를 맞추기 위한 물 온도를 맞춘다. 쇼트닝을 제외한 재료를 믹서에 넣고 저속으로 약 3~5분간 혼합한다. 반죽이 한 덩어리가 되면 중속으로 4분 정도 혼합하여 클린업단계에 쇼트닝을 넣고 약 12~15분간 혼합한다. 최종반죽온도는 30±1℃를 만든다.

(3) 1차 발효

발효실 온도 30℃, 상대습도 75%에서 15분 이상 발효한다. 발효 시 발효비닐로 반죽이 마르지 않도록 관리한다. 같은 조건에서 이상적인 발효시간은 90분이 적당하다.

(4) 분할, 둥글리기 및 중간발효

170g으로 분할하고, 반죽의 표면을 매끄럽고 동그랗게 만들어 둥글리기하고 발효비닐 위에 반죽을 놓고

* **완성품**

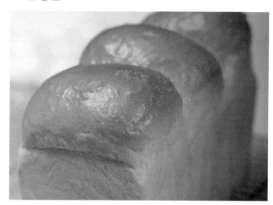

* **공정**

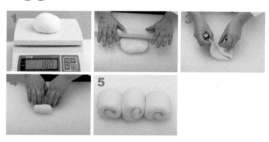

비닐을 덮어 10~15분간 중간발효한다.

(5) 성형 및 패닝

반죽을 손으로 눌러 가스를 빼내고 밀대로 밀어펴 가스빼기를 한다. 넓게 펴진 반죽을 3겹으로 접고 반죽을 원통모양으로 말아 성형하고 식빵 틀에 반죽 3개를 넣고 반죽을 살짝 눌러준다. 성형과정 중 반죽의 표면이 찢어지지 않도록 주의하면서 작업한다.

(6) 2차 발효

발효실 온도 38℃, 상대습도 85%의 발효실에서 약 40분간 발효하고, 반죽이 틀 높이보다 1cm 이상 올라오면 발효가 완료된 시점이다.

(7) 굽기

아랫불 온도 190℃, 윗불 온도 165℃의 예열된 오븐에

✾ **실내온도 :**　　　　　℃, **밀가루 온도 :**　　　　　℃, **사용한 물 온도 :**　　　　　℃

혼합시간	1단　　분/ 2단　　분/ 3단　　분	최종반죽온도	℃
반죽의 특성	끈적함 / 건조하고 단단함 / 잘 늘어남 / 탄성이 강함 / 기타(　　　　　)		

• **중요 포인트**

• **실습 원리**

성공요인	실패요인

• **실패요인 분석 및 개선 방향**

• **공정 및 완제품 사진 첨부**

약 25분간 굽는다. 굽기 중 껍질색의 상태에 따라 팬의 위치를 바꿔준다.
필수적 조치사항 : 1. 물의 중량 1~3% 증가 2. 이스트중량 20~50% 증가 3. 설탕중량 1% 감소 4. 혼합시간 25% 증가
5. 반죽온도 30℃

계량	혼합	1차 발효	분할	중간발효	성형	2차 발효	굽기	냉각
8분	25분	15분	10분	15분	10분	40분	25분	30분
33분		58분		83분(1시간 23분)		148분(2시간 28분)	178분(2시간 58분)	

선택적 조치사항 : 1. 소금중량 0.1~0.5% 감소 2. 분유 중량 감소 3. 제빵개량제 중량 증가

우유식빵(Milk bread)-스트레이트법/기능사

우유식빵은 일반식빵과 달리 우유를 넣어 담백함과 고소함을 살린 식빵으로 고소하고 부드러우며 보습성이 높아 맛과 풍미를 향상시킨 식빵이다.

준비	내용
장비	믹서, 발효기, 오븐
소도구	저울, 온도계, 행주, 계량그릇, 발효팬, 발효비닐, 플라스틱 카드, 스크레이퍼, 밀대, 쇼트닝 또는 식용유(틀용), 오븐장갑, 타공팬, 톱칼, 우유식빵 틀, 백노루지

(1) 우유식빵 배합표

번호	비율(%)	재료명	무게(g)
1	100	강력분	1200
2	40	우유	480
3	29	물	348
4	4	생이스트	48
5	1	제빵개량제	12
6	5	설탕	60
7	2	소금	24
8	4	쇼트닝	48
	185	합계	2220

(2) 혼합

혼합 직전 반죽온도를 맞추기 위한 우유온도를 맞춘다. 쇼트닝을 제외한 재료를 믹서에 넣고 저속으로 약 3~5분간 혼합한다. 반죽이 한 덩어리가 되면 중속으로 4분 정도 혼합하여 클린업단계에 쇼트닝을 넣고 약 7~9분간 혼합한다. 최종반죽온도는 27±1℃를 만든다.

식빵의 식감을 결정하기 위해서는 혼합시간을 줄이거나 늘려 글루텐의 형성 정도를 조절할 필요가 있다.

(3) 1차 발효

발효실 온도 27℃, 상대습도 75%에서 60분 정도 발효한다. 발효 시 발효비닐로 반죽이 마르지 않도록 관리한다. 같은 조건에서 이상적인 발효시간은 90분이 적당하다.

✱ 완성품

✱ 공정

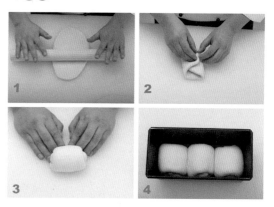

(4) 분할, 둥글리기 및 중간발효

180g으로 분할하고, 반죽의 표면을 매끄럽고 동그랗게 만들어 둥글리기하고 발효비닐 위에 반죽을 놓고 비닐을 덮어 10~15분간 중간발효한다.

(5) 성형 및 패닝

반죽을 손으로 눌러 가스를 빼내고 밀대로 밀어펴 가스빼기를 한다. 넓게 펴진 반죽을 3겹으로 접고 반죽을 원통모양으로 말아 성형하고 식빵 틀에 반죽 3개를 넣고 반죽을 살짝 눌러준다. 성형과정 중 반죽의 표면이 찢어지지 않도록 주의하면서 작업한다.

❋ 실내온도 :   ℃, 밀가루 온도 :   ℃, 사용한 물 온도 :   ℃

혼합시간	1단	분/ 2단	분/ 3단	분	최종반죽온도		℃
반죽의 특성	끈적함 / 건조하고 단단함 / 잘 늘어남 / 탄성이 강함 / 기타(						)

• **중요 포인트**

• **실습 원리**

성공요인	실패요인

• **실패요인 분석 및 개선 방향**

• **공정 및 완제품 사진 첨부**

(6) 2차 발효

발효실 온도 38℃, 상대습도 85%의 발효실에 약 50분간 발효하고, 반죽이 틀 높이보다 1cm 이상 올라오면 발효가 완료된 시점이다.

(7) 굽기

아랫불 온도 190℃, 윗불 온도 165℃의 예열된 오븐에 약 25분간 굽는다. 굽기 중 껍질색의 상태에 따라 팬의 위치를 바꿔준다.

계량	혼합	1차 발효	분할	중간발효	성형	2차 발효	굽기	냉각
7분	20분	60분	10분	10분	10분	50분	25분	30분
27분		97분(1시간 37분)		117분(1시간 57분)		192분(3시간 12분)		222분(3시간 42분)

풀만식빵(Pullman bread)-스트레이트법/기능사

풀만식빵은 샌드위치용 식빵이라고도 불리며, pullman 모양으로 생겨 박스형태의 버스, 열차를 닮아 풀만식빵이라 부른다.

준비	내용
장비	믹서, 발효기, 오븐
소도구	저울, 온도계, 행주, 계량그릇, 발효팬, 발효비닐, 플라스틱 카드, 스크레이퍼, 밀대, 쇼트닝 또는 식용유(틀용), 오븐장갑, 타공팬, 톱칼, 풀만식빵틀, 백노루지

(1) 풀만식빵 배합표

번호	비율(%)	재료명	무게(g)
1	100	강력분	1400
2	58	물	812
3	4	생이스트	56
4	1	제빵개량제	14
5	2	소금	28
6	6	설탕	84
7	4	쇼트닝	56
8	5	달걀	70
9	3	분유	42
	183	합계	2562

(2) 혼합

혼합 직전 반죽온도를 맞추기 위한 물 온도를 맞춘다. 쇼트닝을 제외한 재료를 믹서에 넣고 저속으로 약 3~5분간 혼합한다. 반죽이 한 덩어리가 되면 중속으로 4분 정도 혼합하여 클린업단계에 쇼트닝을 넣고 약 7~9분간 혼합한다. 최종반죽온도는 27±1℃를 만든다.

식빵의 식감을 결정하기 위해서는 혼합시간을 줄이거나 늘려 글루텐의 형성 정도를 조절할 필요가 있다.

(3) 1차 발효

발효실 온도 27℃, 상대습도 75%에서 60분 정도 발효한다. 발효 시 발효비닐로 반죽이 마르지 않도록 관리한다. 같은 조건에서 이상적인 발효시간은 90분이 적당하다.

✷ 완성품

✷ 공정

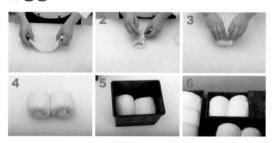

(4) 분할, 둥글리기 및 중간발효

250g으로 분할하고, 반죽의 표면을 매끄럽고 동그랗게 만들어 둥글리기하고 발효비닐 위에 반죽을 놓고 비닐을 덮어 10~15분간 중간발효한다.

(5) 성형 및 패닝

반죽을 손으로 눌러 가스를 빼내고 밀대로 밀어펴 가스빼기를 한다. 넓게 펴진 반죽을 3겹으로 접고 반죽을 원통모양으로 말아 성형한 뒤 식빵 틀에 반죽 2개를 넣고 반죽을 살짝 눌러준다. 성형과정 중 반죽의 표면이 찢어지지 않도록 주의하면서 작업한다.

(6) 2차 발효

발효실 온도 38℃, 상대습도 85%의 발효실에 약 50분간 발효하고, 반죽이 틀 높이보다 1cm 낮게 발효된 상태가 완료된 시점이다. 이때 틀의 뚜껑을 닫아 굽

✳ **실내온도 :**　　　　　　℃, **밀가루 온도 :**　　　　　　℃, **사용한 물 온도 :**　　　　　℃

혼합시간	1단　　분/ 2단　　분/ 3단　　분			최종반죽온도	℃
반죽의 특성	끈적함 / 건조하고 단단함 / 잘 늘어남 / 탄성이 강함 / 기타(　　　　　　　)				

● **중요 포인트**

　

● **실습 원리**

성공요인	실패요인

● **실패요인 분석 및 개선 방향**

● **공정 및 완제품 사진 첨부**

기 준비를 한다.

(7) 굽기

아랫불 온도 190℃, 윗불 온도 180℃의 예열된 오븐에 약 25~30분간 굽는다. 굽기 중 껍질색의 상태에 따라 팬의 위치를 바꿔준다.

계량	혼합	1차 발효	분할	중간발효	성형	2차 발효	굽기	냉각
9분	20분	60분	10분	10분	10분	50분	25분	30분
29분		99분(1시간 39분)		119분(1시간 19분)		194분(3시간 14분)		224분(3시간 44분)

풀만식빵(Pullman bread)–스펀지법

스펀지법은 2번의 혼합과 2번의 발효를 하는 제법으로 기본재료인 밀가루, 물, 이스트 등을 먼저 혼합, 발효하고 다시 남은 재료를 넣어 혼합, 발효하는 방법으로 전통적인 제빵법이며, 품질이 우수하나 시간과 공간이 많이 필요한 방법이다.

준비	내용
장비	믹서, 발효기, 오븐
소도구	저울, 온도계, 행주, 계량그릇, 스펀지 발효통, 발효비닐, 플라스틱 카드, 스크레이퍼, 밀대, 쇼트닝 또는 식용유(틀용), 오븐장갑, 타공팬, 톱칼, 풀만식빵 틀, 백노루지

(1) 풀만식빵 배합표

	번호	비율(%)	재료명	무게(g)
스펀지	1	60	강력분	840
	2	60	물	504
	3	0.5	생이스트	7
	4	1	제빵개량제	14
본반죽	1	40	강력분	560
	2	57	물	294
	3	5	설탕	70
	4	2	소금	28
	5	3	탈지분유	42
	6	4	버터	56
	7	5	달걀	70
	8	2.5	생이스트	49
		180	합계	2,534

(2) 혼합

1) 스펀지 만들기
반죽온도를 맞추기 위해 물 온도를 맞춘다. 저속으로 4~6분 정도 혼합, 24℃의 스펀지를 만든다. 온도 27℃, 상대습도 75%의 발효실에서 3~5시간 정도 발효한다.

2) 본반죽 만들기
스펀지반죽과 나머지 재료를 모두 넣고 저속 5분, 중속으로 10분 정도 혼합한다.
혼합 정도가 과하면 플로어 타임을 늘리고 혼합 정

✱ 완성품

✱ 공정(스펀지 발효)

도가 약하면 플로어 타임을 줄인다.

(3) 플로어 타임
발효실 온도 27℃, 상대습도 75%에서 30분간 플로어 타임을 준다.

(4) 분할, 둥글리기 및 중간발효
250g으로 분할하고, 반죽의 표면을 매끄럽고 동그랗게 만들어 둥글리기하고 발효비닐 위에 반죽을 놓고 비닐을 덮어 10~15분간 중간발효한다.

(5) 성형 및 패닝
반죽을 손으로 눌러 가스를 빼내고 밀대로 밀어펴 가스빼기를 한다. 넓게 펴진 반죽을 3겹으로 접고 반죽을 원통모양으로 말아 성형하고 식빵 틀에 반죽 2개를 넣고 반죽을 살짝 눌러준다. 성형과정 중 반죽의 표면이 찢어지지 않도록 주의하면서 작업한다.

(6) 2차 발효
발효실 온도 38℃, 상대습도 85%의 발효실에 약 50분

✽ 실내온도 :   ℃, 밀가루 온도 :   ℃, 사용한 물 온도 :   ℃

혼합시간	1단	분/ 2단	분/ 3단	분	최종반죽온도		℃
반죽의 특성	끈적함 / 건조하고 단단함 / 잘 늘어남 / 탄성이 강함 / 기타(						)

● 중요 포인트

● 실습 원리

성공요인	실패요인

● 실패요인 분석 및 개선 방향

● 공정 및 완제품 사진 첨부

간 발효하고, 반죽이 틀 높이보다 1cm 낮게 발효된 상태가 완료된 시점이다. 이때 틀의 뚜껑을 닫아 굽기 준비를 한다.

(7) 굽기

아랫불 온도 190℃, 윗불 온도 180℃의 예열된 오븐에 약 25~30분간 굽는다. 굽기 중 껍질색의 상태에 따라 팬의 위치를 바꿔준다.

계량	스펀지 혼합	스펀지 발효	본반죽	플로어 타임	분할	중간발효	성형	2차 발효	굽기	냉각
4분	6분	180분	15분	30분	10분	15분	10분	40분	25분	30분
190분 (3시간 10분)			235분(3시간 55분)		270분(4시간 30분)			335분(5시간 35분)		365분(6시간 05분)

버터톱식빵 (Butter top bread)-스트레이트법/기능사

버터식빵은 일반 식빵과 달리 버터의 사용량을 늘려 샌드위치 개념의 식빵보다는 부드러운 식감을 살려 기호성을 강화시킨 간식용 식빵으로 프랑스의 브리오쉐라는 식빵과 같은 종류이다.

준비	내용
장비	믹서, 발효기, 오븐
소도구	저울, 온도계, 행주, 계량그릇, 발효팬, 발효비닐, 플라스틱 카드, 스크레이퍼, 밀대, 쇼트닝 또는 식용유(틀용), 면도칼(사인칼), 오븐장갑, 타공팬, 톱칼, 식빵 틀, 백노루지 짤주머니

(1) 버터톱식빵 배합표

번호	비율(%)	재료명	무게(g)
1	100	강력분	1200
2	3	탈지분유	36
3	4	생이스트	48
4	1	제빵개량제	12
5	6	설탕	72
6	1.8	소금	≒ 22
7	40	물	480
8	20	달걀	240
9	20	버터	240
	195.8	합계	≒ 2,350
	5	버터(토핑용)	60

(2) 혼합

혼합 직전 반죽온도를 맞추기 위한 물 온도를 맞춘다. 버터를 제외한 재료를 믹서에 넣고 저속으로 약 3~5분간 혼합한다. 반죽이 한 덩어리가 되면 중속으로 3분 혼합하고 클린업단계에서 버터를 2~3회로 나누어 약 15~20분간 혼합한다. 최종반죽온도는 27±1℃를 만든다.

유지가 반죽에 충분히 스며들어야 하기 때문에 반죽 혼합은 충분히 실시한다. 유지가 많은 반죽으로 반죽의 필름막이 잘 형성된 것처럼 착각하게 되므로 혼합을 충분히 해야 한다.

(3) 1차 발효

발효실 온도 27℃, 상대습도 75%에서 50분간 1차 발

✳ 완성품

✳ 공정

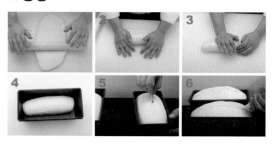

효한다. 발효 시 발효비닐로 반죽이 마르지 않도록 관리한다. 같은 조건에서 이상적인 발효시간은 90분이 적당하다.

(4) 분할, 둥글리기 및 중간발효

460g으로 분할하고, 반죽의 표면을 매끄럽고 동그랗게 만들어 둥글리기하고 발효비닐 위에 반죽을 놓고 비닐을 덮어 10~15분간 중간발효한다.

(5) 성형 및 패닝

반죽을 손으로 눌러 가스를 빼내고 밀대로 밀어펴 긴 타원형 모양으로 가스빼기를 한다. 반죽의 넓이는 식빵 틀보다 넓으면 안 된다. 밀어편 반죽을 뒤집고 한쪽 면부터 단단하게 말아 원통형으로 성형하고 식빵 틀에 반죽을 넣고 반죽의 표면이 찢어지지 않도록 살짝 눌러준다.

✻ **실내온도 :** ℃, **밀가루 온도 :** ℃, **사용한 물 온도 :** ℃

혼합시간	1단 분/ 2단 분/ 3단 분	최종반죽온도	℃
반죽의 특성	끈적함 / 건조하고 단단함 / 잘 늘어남 / 탄성이 강함 / 기타( )		

• **중요 포인트**

• **실습 원리**

성공요인	실패요인

• **실패요인 분석 및 개선 방향**

• **공정 및 완제품 사진 첨부**

(6) 2차 발효

발효실 온도 38℃, 상대습도 85%의 발효실에서 약 40분간 발효하고, 반죽이 틀 높이보다 1cm 정도 낮게 발효되면 발효완료된 상태이므로 반죽 윗면의 중앙을 사인용 칼로 0.3cm 깊이로 자른 뒤 버터를 짜준다.

(7) 굽기

아랫불 온도 190℃, 윗불 온도 170℃의 예열된 오븐에서 약 25~30분간 굽는다. 굽기 중 껍질색의 상태에 따라 팬의 위치를 바꿔준다.

계량	혼합	1차 발효	분할	중간발효	성형	2차 발효	굽기	냉각
9분	20분	50분	5분	15분	10분	40분	25분	30분
29분		84분(1시간 24분)		109분(1시간 49분)		174분(2시간 54분)		204분(3시간 24분)

옥수수식빵(Corn bread)–스트레이트법/기능사

옥수수식빵은 버터식빵과 같이 기호성을 향상시킨 개념의 식빵으로 옥수수분말을 첨가하여 만든다. 멕시코에서는 옥수수분말의 사용량을 높여 플랫(plat bread)브레드로 만든다.

준비	내용
장비	믹서, 발효기, 오븐
소도구	저울, 온도계, 행주, 계량그릇, 발효팬, 발효비닐, 플라스틱 카드, 스크레이퍼, 밀대, 쇼트닝 또는 식용유(틀용), 오븐장갑, 타공팬, 톱칼, 식빵 틀, 백노루지

(1) 옥수수식빵 배합표

번호	비율(%)	재료명	무게(g)
1	80	강력분	960
2	20	옥수수분말	240
3	60	물	720
4	3	생이스트	36
5	1	제빵개량제	12
6	8	설탕	96
7	7	쇼트닝	84
8	3	탈지분유	36
9	5	달걀	60
10	2	소금	24
	189	합계	2268

✱ 완성품

✱ 공정

(2) 혼합

혼합 직전 반죽온도를 맞추기 위한 물 온도를 맞춘다. 쇼트닝을 제외한 재료를 믹서에 넣고 저속으로 약 3~5분간 혼합한다. 반죽이 한 덩어리가 되면 중속으로 4분 정도 혼합하여 클린업단계에 쇼트닝을 넣고 약 7~8분간 혼합한다. 최종반죽온도는 27±1℃를 만든다.

다른 식빵과 비교하여 글루텐의 함량이 적으므로 과혼합(over mixed)하지 않도록 주의한다.

(3) 1차 발효

발효실 온도 27℃, 상대습도 75%에서 60분간 1차 발효하며, 발효 중간에 가스빼기를 실시한다. 발효 시 발효비닐로 반죽이 마르지 않도록 관리한다. 같은 조건에서 이상적인 발효시간은 90분이 적당하다.

(4) 분할, 둥글리기 및 중간발효

180g으로 분할하고, 반죽의 표면을 매끄럽고 동그랗게 만들어 둥글리기하고 발효비닐 위에 반죽을 놓고 비닐을 덮어 10~15분간 중간발효한다.

(5) 성형 및 패닝

반죽을 손으로 눌러 가스를 빼내고 밀대로 밀어펴 가스빼기를 한다. 넓게 펴진 반죽을 3겹으로 접고 반죽을 원통모양으로 말아 성형한 뒤 식빵 틀에 반죽 3개를 넣고 반죽을 살짝 눌러준다. 성형과정 중 반죽의 표면이 찢어지지 않도록 주의하면서 작업한다.

(6) 2차 발효

발효실 온도 38℃, 상대습도 85%의 발효실에 약 50분

✳ **실내온도 :** ℃, **밀가루 온도 :** ℃, **사용한 물 온도 :** ℃

혼합시간	1단 분/ 2단 분/ 3단 분	최종반죽온도	℃
반죽의 특성	끈적함 / 건조하고 단단함 / 잘 늘어남 / 탄성이 강함 / 기타( )		

• **중요 포인트**

• **실습 원리**

성공요인	실패요인

• **실패요인 분석 및 개선 방향**

• **공정 및 완제품 사진 첨부**

간 발효하고, 반죽이 틀 높이보다 1cm 이상 올라오면 발효가 완료된 시점이다.

(7) 굽기

아랫불 온도 180℃, 윗불 온도 160℃의 예열된 오븐에 약 25~30분간 굽는다. 굽기 중 껍질색의 상태에 따라 팬의 위치를 바꿔준다.

계량	혼합	1차 발효	분할	중간발효	성형	2차 발효	굽기	냉각
10분	20분	60분	10분	15분	10분	50분	25분	30분
30분		100분(1시간 40분)		125분(2시간 05분)		180분(3시간)		200분(3시간 20분)

밤식빵(Chestnut bread)-스트레이트법/기능사

밤식빵은 일반식빵과 달리 반죽 속에 밤 다이스를 넣어 성형하고 비스킷을 만들어 반죽 위에 토핑하여 구운 식빵으로 간식개념의 밤맛이 나는 부드럽고 달콤한 식빵이다.

준비	내용
장비	믹서, 발효기, 오븐
소도구	저울, 온도계, 행주, 계량그릇, 발효팬, 발효비닐, 플라스틱 카드, 스크레이퍼, 밀대, 쇼트닝 또는 식용유(틀용), 짤주머니, 납작모양깍지, 고무주걱, 나무주걱, 스프레이, 오븐장갑, 타공팬, 톱칼, 식빵 틀, 백노루지

(1) 밤식빵 배합표

번호	비율(%)	재료명	무게(g)
1	80	강력분	960
2	20	중력분	240
3	4.5	생이스트	54
4	1	제빵개량제	12
5	12	설탕	144
6	2	소금	24
7	3	탈지분유	36
8	52	물	624
9	10	달걀	120
10	8	버터	96
	192.5	합계	2310
11	35	통조림 밤	420

비스킷 토핑물

번호	비율(%)	재료명	무게(g)
1	100	마가린	100
2	60	설탕	60
3	60	달걀	60
4	100	중력분	100
5	2	베이킹파우더	2
6	50	아몬드 슬라이스	50
		합계	372
	372		372

(2) 혼합

혼합 직전 반죽온도를 맞추기 위한 물 온도를 맞춘다. 버터를 제외한 재료를 믹서에 넣고 저속으로 약 3~5분간 혼합한다. 반죽이 한 덩어리가 되면 중속

✹ 완성품

✹ 공정

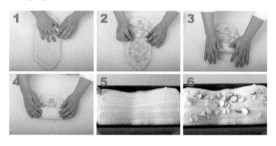

으로 4분 정도 혼합하여 클린업단계에 버터를 넣고 약 7~9분간 혼합한다. 최종반죽온도는 27±1℃를 만든다.

식빵의 식감을 결정하기 위해서는 혼합시간을 줄이거나 늘려 글루텐의 형성 정도를 조절할 필요가 있다.

(3) 1차 발효

발효실 온도 27℃, 상대습도 75%에서 50분간 1차 발효하며, 발효 중간에 가스빼기를 실시한다. 발효 시 발효비닐로 반죽이 마르지 않도록 관리한다. 같은 조건에서 이상적인 발효시간은 90분이 적당하다.

(4) 분할, 둥글리기 및 중간발효

450g으로 분할하고, 반죽의 표면을 매끄럽고 동그랗게 만들어 둥글리기하고 발효비닐 위에 반죽을 놓고

✳ **실내온도 :**   ℃, **밀가루 온도 :**   ℃, **사용한 물 온도 :**   ℃

혼합시간	1단	분/ 2단	분/ 3단	분	최종반죽온도	℃
반죽의 특성	끈적함 / 건조하고 단단함 / 잘 늘어남 / 탄성이 강함 / 기타(					)

• **중요 포인트**

• **실습 원리**

성공요인	실패요인

• **실패요인 분석 및 개선 방향**

비닐을 덮어 10~15분간 중간발효한다.

(5) 성형 및 패닝

반죽을 손으로 눌러 가스를 빼내고 밀대로 밀어펴 긴 타원형 모양으로 가스빼기를 하며 반죽의 넓이는 식빵 틀보다 약간 좁게 밀어편다. 밀어편 반죽을 뒤집어 밤다이스 80g을 올리고 한쪽 면부터 말아 단단한 원통형으로 성형한다. 식빵 틀에 반죽을 넣고 반죽의 표면이 찢어지지 않도록 살짝 눌러준다.

(6) 2차 발효

발효실 온도 38℃, 상대습도 85%의 발효실에 약 40분간 발효하고, 반죽이 틀 높이보다 1cm 정도 낮게 발효되면 발효 완료된 상태이므로 비스킷 토핑을 짜주고 아몬드 슬라이스를 위에 뿌려준다.

(7) 굽기

아랫불 온도 180℃, 윗불 온도 170℃의 예열된 오븐에 약 40분간 굽는다. 굽기 중 껍질색의 상태에 따라 팬의 위치를 바꿔준다.

Tip | **비스킷 토핑 만들기**

마가린, 설탕을 혼합하고, 달걀을 넣어가며 크림법으로 반죽한다. 체 친 중력분과 B.P를 넣고 혼합한 다음 짤주머니에 넣는다.

계량	혼합	1차 발효	분할	중간발효	성형	2차 발효	토핑	굽기	냉각
10분	20분	50분	5분	15분	10분	40분	10분	40분	30분
30분		85분(1시간 25분)		110분(1시간 50분)		200분(3시간 20분)			230분(3시간 50분)

페이스트리 식빵(Pastry pan bread)-스트레이트법

반죽 사이에 롤인(roll-in)유지를 넣어 밀기와 접기를 반복하여 반죽이 약 28겹(유지 포함 55겹) 정도가 되도록 유지를 많이 첨가한 식빵으로 충전물(밤이나 견과류) 등을 넣어 만들기도 한다.

준비	내용
장비	믹서, 발효기, 오븐
소도구	저울, 온도계, 행주, 계량그릇, 타공팬, 발효비닐, 플라스틱 카드, 밀대, 쇼트닝 또는 식용유(틀용), 붓, 자, 재단용 칼, 오븐장갑, 타공팬, 톱칼, 파운드 틀, 백노루지

(1) 페이스트리 식빵 배합표

번호	비율(%)	재료명	무게(g)
1	75	강력분	660
2	25	중력분	220
3	44	물	387
4	6	생이스트	53
5	2	소금	18
6	10	마가린	88
7	15	달걀	132
8	3	탈지분유	26
9	15	설탕	132
10	1	제빵개량제	9
	196	합계	1,725
총반죽의 30%		파이용 마가린	≒ 518

✱ 완성품

✱ 공정

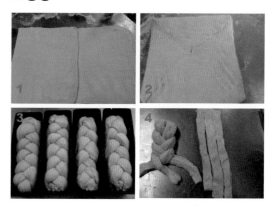

(2) 혼합

혼합 직전 반죽온도를 맞추기 위한 물 온도를 맞춘다. 마가린을 제외한 재료를 믹서에 넣고 저속으로 약 3~5분간 혼합한다. 반죽이 한 덩어리가 되면 마가린을 넣고 중속으로 6분 정도 혼합하고, 최종반죽온도는 20±1℃를 만든다.

(3) 휴지

반죽을 비닐에 싸고 40×40cm 정도로 밀어편 뒤 냉장고에 30분간 냉장휴지한다.

(4) 밀어펴기와 접기

반죽에 파이용 마가린을 잘 싸주고 0.3cm 두께(40cm×100cm 정도)의 반죽으로 일정하게 밀어펴 3겹접기하고 냉장고에 휴지한다.(30분/1회) 반죽을 40cm×90cm 크기로 밀어펴고 3겹접기한 후 냉장고에 휴지한다.(30분/2회) 반죽을 50cm×70cm 크기로 밀어펴고 3겹접기한 다음 냉장고에 휴지한다.(30분/3회)

(5) 성형 및 패닝

반죽을 24cm×60cm 정도로 밀어편 다음 가장자리를 잘라내고, 4cm×30cm의 막대모양 12개를 재단한다. 3개의 반죽을 트위스트형(세 가닥 엮기)으로 성형하고, 파운드팬에 패닝한다.

✽ **실내온도 :** ℃, **밀가루 온도 :** ℃, **사용한 물 온도 :** ℃

혼합시간	1단	분/ 2단	분/ 3단	분	최종반죽온도	℃
반죽의 특성	끈적함 / 건조하고 단단함 / 잘 늘어남 / 탄성이 강함 / 기타( )					

• 중요 포인트

• 실습 원리

성공요인	실패요인

• 실패요인 분석 및 개선 방향

• 공정 및 완제품 사진 첨부

(6) 2차 발효

발효실 온도 35℃, 상대습도 75%의 발효실에 약 40분간 발효하고, 팬 높이보다 1cm 정도 낮게 발효되면 발효완료 시점이다.

(7) 굽기

아랫불 온도 200℃, 윗불 온도 190℃의 예열된 오븐에 약 25~30분간 굽는다. 굽기 중 껍질색의 상태에 따라 팬의 위치를 바꿔준다.

계량	혼합	휴지	밀어펴기 및 성형	2차 발효	굽기	냉각
10분	10분	30분	120분	40분	30분	30분
20분	170분(2시간 50분)			240분(4시간)		270분(4시간 30분)

쌀식빵(Rice bread)-스트레이트법

쌀 소비 촉진 정책에 따라 식빵에 사용하는 밀가루의 일부를 쌀로 대체하여 만든 식빵이다. 품질을 개선하기 위하여 쌀에 활성글루텐 또는 반죽강화제를 첨가한 쌀가루를 주로 넣는다.

준비	내용
장비	믹서, 발효기, 오븐
소도구	저울, 온도계, 행주, 계량그릇, 발효팬, 발효비닐, 플라스틱 카드, 스크레이퍼, 밀대, 쇼트닝 또는 식용유(틀용), 오븐장갑, 타공팬, 톱칼, 식빵 틀, 백노루지

(1) 쌀식빵 배합표

번호	비율(%)	재료명	무게(g)
1	70	강력분	910
2	30	박력쌀가루	390
3	63	물	819
4	4.5	생이스트	52
5	1.8	소금	≒ 23
6	5	쇼트닝	65
7	7	설탕	91
8	4	탈지분유	52
9	2	제빵개량제	26
	192.5	합계	≒ 2428

(2) 혼합

혼합 직전 반죽온도를 맞추기 위한 물 온도를 맞춘다. 쇼트닝을 제외한 재료를 믹서에 넣고 저속으로 약 3~5분간 혼합한다. 반죽이 한 덩어리가 되면 중속으로 4분 정도 혼합하여 클린업단계에 쇼트닝을 넣고 약 6~7분간 혼합한다. 최종반죽온도는 27±1℃를 만든다.

식빵의 식감을 결정하기 위해서는 혼합시간을 줄이거나 늘려 글루텐의 형성 정도를 조절할 필요가 있다.

(3) 1차 발효

발효실 온도 27℃, 상대습도 75%에서 60분간 1차 발효한다. 발효 시 발효비닐로 반죽이 마르지 않도록 관리한다.

✱ 완성품

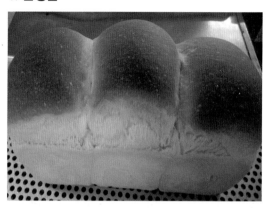

✱ 공정

(4) 분할, 둥글리기 및 중간발효

198g으로 분할하고, 반죽의 표면을 매끄럽고 동그랗게 만들어 둥글리기하고 발효비닐 위에 반죽을 놓고 비닐을 덮어 10~15분간 중간발효한다.

(5) 성형 및 패닝

반죽을 손으로 눌러 가스를 빼내고 밀대로 밀어펴 가스빼기를 한다. 넓게 펴진 반죽을 3겹으로 접고 반죽을 원통모양으로 말아 성형하고 식빵 틀에 반죽 3개를 넣고 반죽을 살짝 눌러준다. 성형과정 중 반죽의 표면이 찢어지지 않도록 주의하면서 작업한다.

(6) 2차 발효

발효실 온도 38℃, 상대습도 85%의 발효실에 약 50분간 발효하고, 반죽이 틀 높이 정도로 올라오면 발효가 완료된 시점이다.

✴ **실내온도 :**   ℃, **밀가루 온도 :**   ℃, **사용한 물 온도 :**   ℃

혼합시간	1단	분/ 2단	분/ 3단	분	최종반죽온도	℃
반죽의 특성	끈적함 / 건조하고 단단함 / 잘 늘어남 / 탄성이 강함 / 기타(				)	

● **중요 포인트**

● **실습 원리**

성공요인	실패요인

● **실패요인 분석 및 개선 방향**

● **공정 및 완제품 사진 첨부**

(7) 굽기

아랫불 온도 190℃, 윗불 온도 180℃의 예열된 오븐에 약 25~30분간 굽는다. 굽기 중 껍질색의 상태에 따라 팬의 위치를 바꿔준다.

계량	혼합	1차 발효	분할	중간발효	성형	2차 발효	굽기	냉각
9분	20분	60분	10분	15분	10분	50분	25분	30분
29분		99분(1시간 39분)		124분(2시간 04분)		199분(3시간 19분)		229분(3시간 49분)

건포도식빵(Raisin bread)–스트레이트법

외국에서는 주로 원통형태(one loaf type)로 만들며, 우리나라는 일반 식빵형태로 만든다. 건포도는 밀가루 대비 50%를 넣어 간식용 식빵으로 만든다.

준비	내용
장비	믹서, 발효기, 오븐
소도구	저울, 온도계, 행주, 계량그릇, 발효팬, 발효비닐, 플라스틱 카드, 스크레이퍼, 밀대, 쇼트닝 또는 식용유(틀용), 오븐장갑, 타공팬, 톱칼, 식빵 틀, 백노루지

(1) 건포도식빵 배합표

번호	비율(%)	재료명	무게(g)
1	100	강력분	1400
2	60	물	840
3	4	생이스트	56
4	1	제빵개량제	14
5	5	설탕	70
6	2	소금	28
7	3	탈지분유	42
8	6	마가린	84
9	5	달걀	70
10	50	건포도	700
	236	합계	3304

(2) 건포도 전처리

건포도 사용량의 약 12%의 물 또는 적포도주를 건포도에 넣고 골고루 섞어 약 24시간 이상 냉장숙성하여 사용한다.(건포도 700 : 물 84)

(3) 혼합

혼합 직전 반죽온도를 맞추기 위한 물 온도를 맞춘다. 마가린과 건포도를 제외한 재료를 믹서에 넣고 저속으로 약 3~5분간 혼합한다. 반죽이 한 덩어리가 되면 중속으로 4분 정도 혼합하여 클린업단계에 마가린을 넣고 약 8~9분간 혼합한다. 반죽이 완성되면 건포도를 넣고 저속과 중속으로 골고루 혼합하고 최종반죽온도 27±1℃를 만든다.

식빵의 식감을 결정하기 위해서는 혼합시간을 줄이거나 늘려 글루텐의 형성 정도를 조절할 필요가 있다.

✳ 완성품

✳ 공정

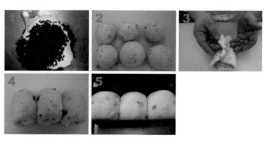

(4) 1차 발효

발효실 온도 27℃, 상대습도 75%에서 60분간 1차 발효한다. 발효 시 발효비닐로 반죽이 마르지 않도록 관리한다.

(5) 분할, 둥글리기 및 중간발효

220g으로 분할하고, 반죽의 표면을 매끄럽고 동그랗게 만들어 둥글리기하고 발효비닐 위에 반죽을 놓고 비닐을 덮어 10~15분간 중간발효한다.

(6) 성형 및 패닝

반죽을 손으로 눌러 가스를 빼내고 밀대로 밀어펴 가스빼기를 한다. 넓게 펴진 반죽을 3겹으로 접고 반죽을 원통모양으로 말아 성형하고 식빵 틀에 반죽 3개를 넣고 반죽을 살짝 눌러준다. 성형과정 중 반죽의 표면이 찢어지지 않도록 주의하면서 작업한다.

✻ **실내온도 :**   ℃, **밀가루 온도 :**   ℃, **사용한 물 온도 :**   ℃

혼합시간	1단	분/ 2단	분/ 3단	분	최종반죽온도	℃
반죽의 특성	끈적함 / 건조하고 단단함 / 잘 늘어남 / 탄성이 강함 / 기타(				)	

● **중요 포인트**

● **실습 원리**

성공요인	실패요인

● **실패요인 분석 및 개선 방향**

● **공정 및 완제품 사진 첨부**

(7) 2차 발효

발효실 온도 38℃, 상대습도 85%의 발효실에 약 50분간 발효하고, 반죽이 틀 높이보다 1cm 정도 높게 올라오면 발효가 완료된 시점이다.

(8) 굽기

아랫불 온도 190℃, 윗불 온도 170℃의 예열된 오븐에 약 30분간 굽는다. 굽기 중 껍질색의 상태에 따라 팬의 위치를 바꿔준다.

계량	혼합	1차 발효	분할	중간발효	성형	2차 발효	굽기	냉각
10분	20분	60분	10분	15분	10분	50분	30분	30분
30분		100분(1시간 40분)		125분(2시간 05분)		205분(3시간 25분)		235분(3시간 55분)

베지터블식빵(Vegetables bread)-스트레이트법

베지터블식빵은 반죽에 각종 채소를 넣어 탄수화물, 단백질, 지방 및 섬유소 등의 영양소가 균형 있게 구성된 식사 대용의 영양 식빵이다.

준비	내용
장비	믹서, 발효기, 오븐
소도구	저울, 온도계, 행주, 계량그릇, 발효팬, 발효비닐, 도마, 식도(칼), 플라스틱 카드, 스크레이퍼, 밀대, 쇼트닝 또는 식용유(틀용), 오븐장갑, 타공팬, 톱칼, 파운드 틀, 백노루지

(1) 베지터블식빵 배합표

번호	비율(%)	재료명	무게(g)
1	100	강력분	1100
2	10	설탕	110
3	2	소금	22
4	4	생이스트	44
5	2	탈지분유	22
6	2	제빵개량제	22
7	12	달걀	132
8	50	우유	550
9	8	버터	88
	190	합계	2,090

충전물

번호	비율(%)	재료명	무게(g)
1	5	케첩	50
2	20	양파	200
3	5	셀러리	50
4	10	당근	100
5	10	햄	100
	50	합계	500
토핑물			
1	30	피자치즈	300
2	10	슬라이스햄	100
3	10	에멘탈치즈	100
4	10	마요네즈	100

(2) 채소 전처리

양파는 채 썰고, 셀러리, 당근, 햄은 5cm 길이로 자른 뒤 채 썬다.

✳ 완성품

✳ 공정

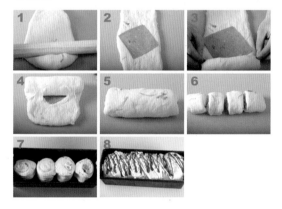

(3) 혼합

혼합 직전 반죽온도를 맞추기 위한 물 온도를 맞춘다. 버터와 충전물를 제외한 재료를 믹서에 넣고 저속으로 약 3~5분간 혼합한다. 반죽이 한 덩어리가 되면 중속으로 4분 정도 혼합하여 클린업단계에 버터를 넣고 약 8~9분간 혼합한다. 반죽이 완성되면 충전물을 넣고 저속과 중속으로 골고루 혼합하고 최종반죽온도 27±1℃를 만든다.

식빵의 식감을 결정하기 위해서는 혼합시간을 줄이거나 늘려 글루텐의 형성 정도를 조절할 필요가 있다.

✻ **실내온도 :**　　　　℃, **밀가루 온도 :**　　　　℃, **사용한 물 온도 :**　　　℃

혼합시간	1단	분/ 2단	분/ 3단	분	최종반죽온도		℃
반죽의 특성	끈적함 / 건조하고 단단함 / 잘 늘어남 / 탄성이 강함 / 기타(						)

* **중요 포인트**

* **실습 원리**

성공요인	실패요인

* **실패요인 분석 및 개선 방향**

* **공정 및 완제품 사진 첨부**

(4) 1차 발효

발효실 온도 27℃, 상대습도 75%에서 50분간 1차 발효한다. 발효 시 발효비닐로 반죽이 마르지 않도록 관리한다.

(5) 분할, 둥글리기 및 중간발효

400g으로 분할하고, 반죽의 표면을 매끄럽고 동그랗게 만들어 둥글리기하고 발효비닐 위에 반죽을 놓고 비닐을 덮어 10~15분간 중간발효한다.

(6) 성형 및 패닝

반죽을 손으로 눌러 가스를 빼내고 밀대로 밀어펴 긴 타원형 모양으로 가스빼기를 하며 반죽의 넓이는 식빵 틀보다 좁게 밀어편다. 밀어편 반죽을 뒤집어 슬라이스 햄을 올리고 한쪽 면부터 단단히 말아 원통형으로 성형한다. 4등분하여 파운드 틀에 잘린 면이 위를 향하도록 패닝한 뒤 살짝 눌러준다.

(7) 2차 발효

발효실 온도 38℃, 상대습도 85%에서 약 40분간 발효하고, 반죽 위에 마요네즈를 사선으로 짜주고 피자치즈와 에멘탈치즈를 골고루 뿌려준다.

(8) 굽기

아랫불 온도 170℃, 윗불 온도 160℃의 예열된 오븐에 약 40분간 굽는다. 굽기 중 껍질색의 상태에 따라 팬의 위치를 바꿔준다.

계량	혼합	1차 발효	분할	중간발효	성형	2차 발효	토핑	굽기
14분	20분	60분	10분	15분	15분	40분	5분	40분
34분		104분(1시간 44분)		134분(2시간 14분)		179분(2시간 59분)		219분(3시간 39분)

통밀빵(Whole wheat bread)–스트레이트법/기능사

통밀빵은 도정하지 않은 밀을 그대로 빻아 만든 밀가루를 이용해서 만든 빵이다. 일반빵과 비교하여 식이섬유와 단백질 및 미네랄이 풍부하여 풍미가 좋으며 건강에 유익한 도움을 주는 빵이다.

준비	내용
장비	믹서, 발효기, 오븐
소도구	저울, 온도계, 행주, 계량그릇, 발효팬, 발효비닐, 플라스틱 카드, 스크레이퍼, 밀대, 쇼트닝 또는 식용유(틀용), 오븐장갑, 타공팬, 톱칼, 파운드틀, 백노루지

(1) 통밀빵 배합표

번호	비율(%)	재료명	무게(g)
1	80	강력분	800
2	20	통밀가루	200
3	64	물	640
4	2.5	생이스트	25
5	1.5	소금	15
6	1.5	몰트액	15
7	3	설탕	30
8	2	탈지분유	20
9	1	제빵개량제	10
10	7	버터	70
	182.5	합계	1825
	20	토핑용(오트밀)	200

(2) 혼합

혼합 직전 반죽온도를 맞추기 위한 물을 준비한다. 쇼트닝을 제외한 재료를 믹서에 넣고 저속으로 약 3~5분간 혼합한다. 반죽이 한 덩어리가 되면 중속으로 4분 정도 혼합하여 클린업단계에 쇼트닝을 넣고 약 10분간 혼합한다. 최종반죽온도는 25±1℃를 만든다.

빵의 식감을 결정하기 위해서는 혼합시간을 줄이거나 늘려 글루텐의 형성 정도를 조절할 필요가 있다.

(3) 1차 발효

발효실 온도 27℃, 상대습도 75%에서 50분간 발효한다.

✱ 완성품

✱ 공정

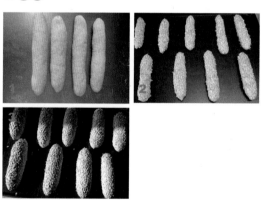

(4) 분할, 둥글리기 및 중간발효

100g으로 분할하고, 둥글리기하면서 반죽의 표면을 매끄럽게 만든 다음 발효비닐 위에 반죽을 놓고 비닐을 덮어 10~15분간 중간발효한다.

(5) 성형 및 패닝

반죽의 가스를 빼주고 22~23cm의 막대모양으로 성형한다. 반죽의 표면에 물칠을 하고 토핑용 오트밀을 묻혀주고 평철판(400×600) 위에 10~12개 정도 알맞은 간격으로 패닝한다.

(6) 2차 발효

발효실 온도 38℃, 상대습도 85%의 발효실에 약 40분

✽ **실내온도 :** ℃, **밀가루 온도 :** ℃, **사용한 물 온도 :** ℃

혼합시간	1단 분/ 2단 분/ 3단 분	최종반죽온도	℃
반죽의 특성	끈적함 / 건조하고 단단함 / 잘 늘어남 / 탄성이 강함 / 기타( )		

• 중요 포인트

• 실습 원리

성공요인	실패요인

• 실패요인 분석 및 개선 방향

• 공정 및 완제품 사진 첨부

간 발효한다.

(7) 굽기

아랫불 온도 190℃, 윗불 온도 200℃의 예열된 오븐에 20분간 굽는다. 굽기 중 껍질색의 상태에 따라 팬의 위치를 바꿔준다.(스팀이 없을 경우 얼음을 넣거나 스프레이로 반죽 위에 물을 분사하고 구워준다.)

계량	혼합	1차 발효	분할	중간발효	성형	2차 발효	굽기	냉각
8분	20분	50분	10분	15분	15분	40분	20분	30분
28분		88분(1시간 28분)		118분(1시간 58분)		178분(2시간 58분)		208분(3시간 38분)

호밀빵(Rye bread)—스트레이트법/기능사

호밀빵은 유럽에서 널리 알려진 빵으로 전통적으로는 밀가루, 호밀가루, 물, 소금 등 단순재료만을 이용하여 만들지만 국내의 경우 소비자의 입맛을 고려하여 쇼트닝, 설탕, 향신료 등을 넣어 기호에 맞게 만든다.

준비	내용
장비	믹서, 발효기, 오븐
소도구	저울, 온도계, 행주, 계량그릇, 발효팬, 발효비닐, 플라스틱 카드, 스크레이퍼, 밀대, 쇼트닝 또는 식용유(틀용), 면도칼(사인칼), 오븐장갑, 타공팬, 톱칼, 평철판, 백노루지

(1) 호밀빵 배합표

번호	비율(%)	재료명	무게(g)
1	70	강력분	770
2	30	호밀가루	330
3	3	생이스트	33
4	1	제빵개량제	11
5	63	물	693
6	2	소금	22
7	3	황설탕	33
8	5	쇼트닝	55
9	2	탈지분유	22
10	2	몰트액	22
	181	합계	1991

(2) 혼합

혼합 직전 반죽온도를 맞추기 위한 물을 준비한다. 쇼트닝을 제외한 재료를 믹서에 넣고 저속으로 약 3~5분간 혼합한다. 반죽이 한 덩어리가 되면 중속으로 4분 정도 혼합하여 클린업단계에 쇼트닝을 넣고 약 10분간 혼합한다. 최종반죽온도는 25±1℃를 만든다.

빵의 식감을 결정하기 위해서는 혼합시간을 줄이거나 늘려 글루텐의 형성 정도를 조절할 필요가 있다.

(3) 1차 발효

발효실 온도 27℃, 상대습도 75%에서 50분간 발효한다.

✱ 완성품

✱ 공정

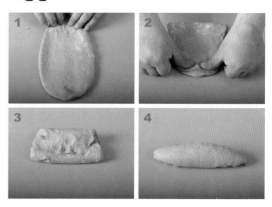

(4) 분할, 둥글리기 및 중간발효

330g으로 분할하고, 둥글리기하면서 반죽의 표면을 매끄럽게 만든 다음 발효비닐 위에 반죽을 놓고 비닐을 덮어 10~15분간 중간발효한다.

(5) 성형 및 패닝

반죽의 가스를 빼주고 3겹접기한 다음 한쪽 방향으로 두 번 더 접어 단단한 타원형의 럭비공모양으로 성형한다. 반죽사인용 칼을 이용하여 가운데를 일자로 칼집을 내거나 두 번 칼집을 낸다.

(6) 2차 발효

발효실 온도 38℃, 상대습도 85%의 발효실에 약 40분

✻ **실내온도 :** ℃, **밀가루 온도 :** ℃, **사용한 물 온도 :** ℃

혼합시간	1단	분/ 2단	분/ 3단	분	최종반죽온도	℃
반죽의 특성	끈적함 / 건조하고 단단함 / 잘 늘어남 / 탄성이 강함 / 기타(					)

• 중요 포인트

• 실습 원리

성공요인	실패요인

• 실패요인 분석 및 개신 방향

• 공정 및 완제품 사진 첨부

간 발효한다.

(7) 굽기

아랫불 온도 160℃, 윗불 온도 200℃의 예열된 오븐에 20분간 굽는다. 굽기 중 껍질색의 상태에 따라 팬의 위치를 바꿔준다.

계량	혼합	1차 발효	분할	중간발효	성형	2차 발효	굽기	냉각
10분	20분	50분	10분	15분	15분	40분	20분	30분
30분		90분(1시간 30분)		120분(2시간)		180분(3시간)		210분(3시간 30분)

베이글[Bagel]-스트레이트법/기능사

고대 유태인들이 먹었던 빵으로 1960년대 미국에서 환자들에게 식사로 투여하던 빵이 대중화되면서 미국의 대표적인 빵이 되었다. 굽기 전 물에 데치는 것이 특징이다.

준비	내용
장비	믹서, 발효기, 오븐, 버너
소도구	저울, 온도계, 행주, 계량그릇, 발효팬, 발효비닐, 플라스틱 카드, 스크레이퍼, 밀대, 쇼트닝 또는 식용유(틀용), 뜰채, 오븐장갑, 타공팬, 톱칼, 평철판, 백노루지

(1) 베이글 배합표

번호	비율(%)	재료명	무게(g)
1	100	강력분	800
2	3	생이스트	24
3	1	제빵개량제	8
4	2	소금	16
5	2	설탕	16
6	60	물	480
7	3	식용유	24
	171	합계	1368

(2) 혼합

혼합 직전 반죽온도를 맞추기 위한 물을 준비한다. 모든 재료를 믹서에 넣고 저속으로 약 3~5분간 혼합한다. 반죽이 한 덩어리가 되면 중속으로 15~20분 정도 혼합한다. 최종반죽온도는 27±1℃를 만든다. 빵의 식감을 결정하기 위해서는 혼합시간을 줄이거나 늘려 글루텐의 형성 정도를 조절할 필요가 있다.

(3) 1차 발효

발효실 온도 27℃, 상대습도 75%에서 50분간 발효한다.

(4) 분할, 둥글리기 및 중간발효

80g으로 분할하고, 둥글리기하면서 반죽의 표면을 매끄럽게 만든 다음 발효비닐 위에 반죽을 놓고 비닐을 덮어 10~15분간 중간발효한다.

✱ 완성품

✱ 공정

(5) 성형 및 패닝

반죽의 가스를 빼준 뒤 25cm 정도의 막대모양으로 성형하고 한쪽 반죽의 끝을 납작하게 만든 뒤 다른 한쪽 반죽을 넣고 비벼 링(Ring)모양으로 성형한다. 나무판 또는 팬에 옥수수가루 또는 세몰리나가루를 덧가루로 뿌리고 패닝한다.

(6) 2차 발효

발효실 온도 35℃, 상대습도 80%의 발효실에 약 20분간 발효한다. 반죽을 데치기 위하여 물을 끓이고 물이 끓으면 반죽을 약 30초~1분간 데쳐 반죽의 껍질을 호화시키고 평철판에 옮겨 반죽의 껍질이 탱탱해

✻ 실내온도 :　　　　　℃, 밀가루 온도 :　　　　　℃, 사용한 물 온도 :　　　　　℃

| 혼합시간 | 1단　　　분/ 2단　　　분/ 3단　　　분 | 최종반죽온도 | ℃ |
| 반죽의 특성 | 끈적함 / 건조하고 단단함 / 잘 늘어남 / 탄성이 강함 / 기타(　　　　　　) | | |

• 중요 포인트

• 실습 원리

성공요인	실패요인

• 실패요인 분석 및 개선 방향

• 공정 및 완제품 사진 첨부

지고 광택이 날 때까지 10~20분간 상온에서 발효(휴지)한다.

(7) 굽기

아랫불 온도 200℃, 윗불 온도 210℃의 예열된 오븐에 15~20분간 굽는다. 굽기 중 껍질색의 상태에 따라 팬의 위치를 바꿔준다.

계량	혼합	1차 발효	분할	중간발효	성형	2차 발효	데치기	굽기
7분	20분	50분	10분	15분	15분	40분	10분	20분
27분		87분(1시간 27분)		117분(1시간 57분)		167분(2시간 47분)		187분(3시간 07분)

바게트(Baguette : 프랑스빵)-스트레이트법

바게트는 막대모양의 빵이라서 바게트라는 이름을 얻게 되었다. 바게트는 19세기에 만들어진 빵으로 호밀빵이나 대형빵 대신 멋진 빵을 매일 먹기 위해 만들어진 막대모양의 빵이다.

준비	내용
장비	믹서, 발효기, 오븐
소도구	저울, 온도계, 행주, 계량그릇, 발효팬, 발효비닐, 플라스틱 카드, 스크레이퍼, 밀대, 쇼트닝 또는 식용유(틀용), 면도칼(사인칼), 오븐장갑, 타공팬, 톱칼, 바게트 틀, 백노루지

(1) 바게트 배합표

번호	비율(%)	재료명	무게(g)
1	100	강력분	1000
2	65	물	650
3	4	생이스트	40
4	1.5	제빵개량제	15
5	2	소금	20
	172.5	합계	1725

(2) 혼합

혼합 직전 반죽온도를 맞추기 위한 물을 준비한다. 모든 재료를 믹서에 넣고 저속으로 약 3~5분간 혼합한다. 반죽이 한 덩어리가 되면 중속으로 15분 정도 혼합한다. 최종반죽온도는 24±1℃를 만든다. 빵의 식감을 결정하기 위해서는 혼합시간을 줄이거나 늘려 글루텐의 형성 정도를 조절할 필요가 있다.

(3) 1차 발효

발효실 온도 27℃, 상대습도 75%에서 50분간 발효한다.

(4) 분할, 둥글리기 및 중간발효

200g으로 분할하고, 둥글리기하면서 반죽의 표면을 매끄럽게 만든 다음 발효비닐 위에 반죽을 놓고 비닐을 덮어 10~15분간 중간발효한다.

(5) 성형 및 패닝

• 밀대 성형 : 반죽을 밀대로 밀어펴 가스빼기하고

✳ 완성품

✳ 공정

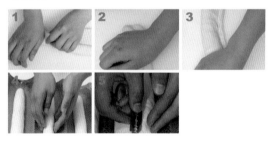

한쪽 방향으로 단단하게 말아 약 30cm 길이로 성형한다

• 손 성형 : 반죽의 가스를 빼주고 반죽을 뒤집어 3겹접기하고 한쪽 방향으로 2번 접어 30cm 길이로 성형한다.

성형이 완료되면 바게트 틀 또는 평철판에 4개씩 패닝한다.

(6) 2차 발효

발효실 온도 35℃, 상대습도 80%의 발효실에 약 50분간 발효한다.

(7) 굽기

면도칼을 이용하여 칼집을 3번 내고 아랫불 온도 200℃, 윗불 온도 210℃의 예열된 오븐에 분무기로 물을 뿌리고 약 15~20분간 굽는다. 굽기 중 껍질색의

✽ **실내온도 :** ℃, **밀가루 온도 :** ℃, **사용한 물 온도 :** ℃

혼합시간	1단 분/ 2단 분/ 3단 분	최종반죽온도	℃
반죽의 특성	끈적함 / 건조하고 단단함 / 잘 늘어남 / 탄성이 강함 / 기타(	)	

• **중요 포인트**

• **실습 원리**

성공요인	실패요인

• **실패요인 분석 및 개선 방향**

• **공정 및 완제품 사진 첨부**

상태에 따라 팬의 위치를 바꿔준다.

계량	혼합	1차 발효	분할	중간발효	성형	2차 발효	굽기	냉각
5분	20분	80분	10분	15분	20분	50분	20분	20분
25분		115분(1시간 55분)		150분(2시간 30분)		220분(3시간 40분)		240분(4시간)

하드롤(Hard roll)-스트레이트법

하드롤은 빵의 껍질이 단단하고 질기며 빵의 내부는 부드러워 식사와 함께 먹는 대표적인 빵으로 빵의 껍질을 단단하게 하기 위해 전란을 사용하지 않고 달걀흰자를 이용한 빵이다.

준비	내용
장비	믹서, 발효기, 오븐(스팀)
소도구	저울, 온도계, 행주, 계량그릇, 발효팬, 발효비닐, 플라스틱 카드, 스크레이퍼, 밀대, 평철판, 면도칼(사인칼), 스프레이 또는 얼음, 오븐장갑, 타공팬, 랙, 톱칼, 백노루지

(1) 하드롤 배합표

번호	비율(%)	재료명	무게(g)
1	100	강력분	1200
2	58	물	696
3	2.5	생이스트	30
4	2	제빵개량제	24
5	2	소금	24
6	2	설탕	24
7	2	쇼트닝	24
8	3	달걀흰자	36
9	1	탈지분유	12
	172.5	합계	2,070

(2) 혼합

혼합 직전 반죽온도를 맞추기 위한 물을 준비한다. 쇼트닝을 제외한 재료를 믹서에 넣고 저속으로 약 3~5분간 혼합한다. 반죽이 한 덩어리가 되면 중속으로 4분 정도 혼합하여 클린업단계에 쇼트닝을 넣고 약 10분간 혼합한다. 최종반죽온도는 24±1℃를 만든다.

빵의 식감을 결정하기 위해서는 혼합시간을 줄이거나 늘려 글루텐의 형성 정도를 조절할 필요가 있다.

(3) 1차 발효

발효실 온도 27℃, 상대습도 75%에서 60분간 발효한다.

✱ 완성품

✱ 공정

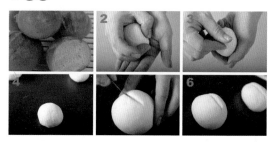

(4) 분할, 둥글리기 및 중간발효

50g으로 분할하고, 둥글리기하면서 반죽의 표면을 매끄럽게 만든 다음 발효비닐 위에 반죽을 놓고 비닐을 덮어 10~15분간 중간발효한다.

(5) 성형 및 패닝

반죽의 가스를 빼주면서 둥글리기하고 반죽의 표면이 탄력적이며 매끄럽게 공모양으로 성형한다. 평철판(400×600) 위에 12~15개 정도 알맞은 간격으로 패닝한다.

(6) 2차 발효

발효실 온도 35℃, 상대습도 80%의 발효실에 약 50분간 발효시키며 반죽의 표면에 수포 같은 것이 생기면 평철판을 살짝 흔들어 반죽이 흔들거리면 사인용 면도칼을 이용하여 반죽에 열십(+)자 모양으로 칼집을

✻ **실내온도 :**   ℃, **밀가루 온도 :**   ℃, **사용한 물 온도 :**   ℃

혼합시간	1단	분/ 2단	분/ 3단	분	최종반죽온도	℃
반죽의 특성	끈적함 / 건조하고 단단함 / 잘 늘어남 / 탄성이 강함 / 기타(				)	

● **중요 포인트**

● **실습 원리**

성공요인	실패요인

● **실패요인 분석 및 개선 방향**

● **공정 및 완제품 사진 첨부**

내준다.

(7) 굽기

아랫불 온도 170℃, 윗불 온도 200℃의 예열된 오븐에 반죽을 넣고 스팀과 함께 25분간 굽는다. 굽기 중 껍질색의 상태에 따라 팬의 위치를 바꿔준다.(스팀이 없을 경우 얼음을 넣거나 스프레이로 반죽 위에 물을 분사하고 구워준다.)

계량	혼합	1차 발효	분할	중간발효	성형	2차 발효	굽기	냉각
9분	20분	60분	10분	15분	10분	50분	25분	30분
29분		99분(1시간 39분)		124분(2시간 04분)		199분(3시간 19분)		229분(3시간 49분)

버터롤(Butter roll)-스트레이트법/기능사

버터롤은 지방 사용량이 많아 식감이 부드러워 간식용 빵이며, 버터의 풍미가 좋고 부드러워 데니시 계열의 크루아상과 모양을 비슷하게 만든 테이블용 식사빵이다.

준비	내용
장비	믹서, 발효기, 오븐(스팀)
소도구	저울, 온도계, 행주, 계량그릇, 발효팬, 발효비닐, 플라스틱 카드, 스크레이퍼, 밀대, 붓, 평철판, 오븐장갑, 타공팬, 랙, 톱칼, 백노루지 광택용 달걀 및 우유

(1) 버터롤 배합표

번호	비율(%)	재료명	무게(g)
1	100	강력분	900
2	10	설탕	90
3	2	소금	18
4	15	버터	135
5	3	탈지분유	27
6	8	달걀	72
7	4	생이스트	36
8	1	제빵개량제	9
9	53	물	477
	196	합계	1,764

❋ 완성품

❋ 공정

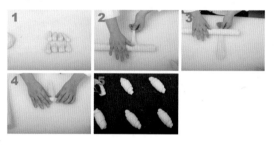

(2) 혼합

혼합 직전 반죽온도를 맞추기 위한 물을 준비한다. 쇼트닝을 제외한 재료를 믹서에 넣고 저속으로 약 3~5분간 혼합한다. 반죽이 한 덩어리가 되면 중속으로 4분 정도 혼합하여 클린업단계에 쇼트닝을 넣고 약 15~20분간 혼합한다. 최종반죽온도는 27±1℃를 만든다.

빵의 식감을 결정하기 위해서는 혼합시간을 줄이거나 늘려 글루텐의 형성 정도를 조절할 필요가 있다.

(3) 1차 발효

발효실 온도 27℃, 상대습도 75%에서 60분간 발효한다.

(4) 분할, 둥글리기 및 중간발효

40g으로 분할하고, 둥글리기하면서 반죽의 표면을 매끄럽게 만든 다음 발효비닐 위에 반죽을 놓고 비닐을 덮어 5분간 휴지하고 원뿔모양으로 만들어 10분간 중간발효한다.

(5) 성형 및 패닝

밀대로 반죽의 가스를 빼주면서 두께 약 3 mm 길이 약 25cm 정도의 직삼각형으로 밀어펴고 크루아상 모양(번데기)으로 성형한다. 평철판(400×600) 위에 알맞은 간격으로 12~15개 정도를 패닝하고 달걀물 또는 광택제를 바른다.

(6) 2차 발효

발효실 온도 38℃, 상대습도 85%의 발효실에 약 40분간 발효시키며 반죽의 표면에 수포 같은 것이 생기고

✽ 실내온도 :　　　　　　 ℃, 밀가루 온도 :　　　　　　 ℃, 사용한 물 온도 :　　　　　 ℃

혼합시간	1단　　　분/ 2단　　　분/ 3단　　　분	최종반죽온도	℃
반죽의 특성	끈적함 / 건조하고 단단함 / 잘 늘어남 / 탄성이 강함 / 기타(　　　　　　　　)		

● 중요 포인트

● 실습 원리

성공요인	실패요인

● 실패요인 분석 및 개선 방향

● 공정 및 완제품 사진 첨부

평철판을 살짝 흔들어 반죽이 흔들거리면 2차 발효완료 시점이다.

(7) 굽기

아랫불 온도 100℃, 윗불 온도 210℃의 예열된 오븐에 약 12분간 굽는다. 굽기 중 껍질색의 상태에 따라 팬의 위치를 바꿔준다.

계량	혼합	1차 발효	분할	중간발효	성형	2차 발효	굽기	냉각
9분	20분	60분	15분	15분	30분	40분	12분	20분
29분		104분(1시간 44분)		149분(2시간 29분)		201분(3시간 21분)		221분(3시간 41분)

햄버거빵(Hamburger bun)-스트레이트법

햄버거빵은 식사대용식의 빵으로 빵 사이에 햄, 고기와 채소 및 드레싱을 넣어 기호에 맞도록 만들어 먹을 수 있는 빵이며 미국의 대표적인 빵으로 알려져 있다.

준비	내용
장비	믹서, 발효기, 오븐(스팀)
소도구	저울, 온도계, 행주, 계량그릇, 발효팬, 발효비닐, 플라스틱 카드, 스크레이퍼, 밀대, 평철판 또는 햄버거빵 팬, 붓, 오븐장갑, 타공팬, 랙, 톱칼, 백 노루지 광택용 달걀 및 우유

(1) 햄버거빵 배합표

번호	비율(%)	재료명	무게(g)
1	70	강력분	700
2	30	중력분	300
3	4	생이스트	40
4	2	제빵개량제	20
5	1.8	소금	18
6	9	마가린	90
7	3	탈지분유	30
8	8	달걀	80
9	48	물	480
10	10	설탕	100
	185.8	합계	1858

(2) 혼합

혼합 직전 반죽온도를 맞추기 위한 물을 준비한다. 쇼트닝을 제외한 재료를 믹서에 넣고 저속으로 약 3~5분간 혼합한다. 반죽이 한 덩어리가 되면 중속으로 4분 정도 혼합하여 클린업단계에 쇼트닝을 넣고 약 14분간 혼합한다. 최종반죽온도는 27±1℃를 만든다.

햄버거빵은 반죽이 팬의 흐름성이 좋아야 하므로 반죽을 충분히 혼합하는 것이 좋다.

(3) 1차 발효

발효실 온도 27℃, 상대습도 75%에서 60분간 발효한다.

✻ 완성품

✻ 공정

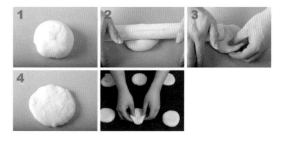

(4) 분할, 둥글리기 및 중간발효

60g으로 분할하고, 둥글리기하면서 반죽의 표면을 매끄럽게 만든 다음 발효비닐 위에 반죽을 놓고 비닐을 덮어 10~15분간 중간발효한다.

(5) 성형 및 패닝

손으로 반죽을 눌러 가스를 빼주고 밀대를 이용하여 직경 8~10cm 정도의 납작한 원형으로 성형한다. 성형된 반죽을 평철판에 알맞은 간격으로 12개씩 배열하고 광택용 달걀물을 바른다.

(6) 2차 발효

발효실 온도 38℃, 상대습도 85%의 발효실에 약 40분간 2차 발효시키며 평철판을 흔들었을 때 반죽이 찰랑거리며 흔들리고 반죽의 표면에 약간의 기포가 보이면 2차 발효완료 시점이다.

✻ **실내온도 :** ℃, **밀가루 온도 :** ℃, **사용한 물 온도 :** ℃

혼합시간	1단 분/ 2단 분/ 3단 분	최종반죽온도	℃
반죽의 특성	끈적함 / 건조하고 단단함 / 잘 늘어남 / 탄성이 강함 / 기타( )		

• **중요 포인트**

• **실습 원리**

성공요인	실패요인

• **실패요인 분석 및 개선 방향**

• **공정 및 완제품 사진 첨부**

(7) 굽기

아랫불 온도 160℃, 윗불 온도 210℃의 예열된 오븐에 약 12분간 굽는다. 굽기 중 껍질색의 상태에 따라 팬의 위치를 바꿔준다.

계량	혼합	1차 발효	분할	중간발효	성형	2차 발효	굽기	냉각
10분	25분	60분	15분	10분	40분	40분	12분	20분
35분		110분(1시간 50분)		160분(2시간 40분)		212분(3시간 32분)		232분(3시간 52분)

플레인 베이글(Plain bagel)-스트레이트법

고대 유태인들이 먹었던 빵으로 1960년대 미국에서 환자들에게 식사로 급여하던 빵이 대중화되면서 미국의 대표적인 빵이 되었다. 굽기 전 반죽을 물에 데쳐 호화하는 것이 특징이다.

준비	내용
장비	믹서, 발효기, 오븐(스팀), 버너
소도구	저울, 온도계, 행주, 계량그릇, 발효팬, 발효비닐, 플라스틱 카드, 스크레이퍼, 밀대, 쇼트닝 또는 식용유(틀용), 뜰채, 오븐장갑, 타공팬, 톱칼, 평철판, 백노루지

(1) 플레인 베이글 배합표

번호	비율(%)	재료명	무게(g)
1	100	강력분	1600
2	3	생이스트	48
3	0.5	제빵개량제	8
4	1.5	소금	24
5	6	설탕	96
6	2	몰트(시럽)	32
7	50	물	800
8	3	옥수수유	48
	166	합계	2,656

보조재료

번호	비율(%)	재료명	무게(g)
1	100	물	2000
2	5	몰트	100
	105	합계	2,100
	10	옥수수분말	100

(2) 혼합

혼합 직전 반죽온도를 맞추기 위한 물을 준비한다. 모든 재료를 믹서에 넣고 저속으로 약 3~5분간 혼합한다. 반죽이 한 덩어리가 되면 중속으로 20~25분 정도 혼합한다. 최종반죽온도는 27±1℃를 만든다. 빵의 식감을 결정하기 위해서는 혼합시간을 줄이거나 늘려 글루텐의 형성 정도를 조절할 필요가 있다.

(3) 1차 발효

발효실 온도 27℃, 상대습도 75%에서 50분간 발효한다.

✳ 완성품

✳ 공정

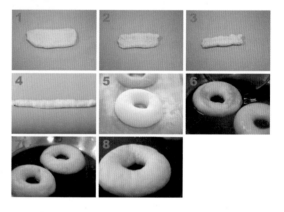

(4) 분할, 둥글리기 및 중간발효

120g으로 분할하고, 둥글리기하면서 반죽의 표면을 매끄럽게 만든 다음 발효비닐 위에 반죽을 놓고 비닐을 덮어 10~15분간 중간발효한다.

(5) 성형 및 패닝

반죽의 가스를 빼주고 25cm 정도의 막대모양으로 성형하고 한쪽 반죽의 끝을 납작하게 만든 뒤 다른 한쪽 반죽을 넣고 비벼 링(Ring)모양으로 성형한다. 나무판 또는 팬에 옥수수가루 또는 세몰리나가루를 덧가루로 뿌리고 패닝한다.

✻ 실내온도 :　　　　　　℃, 밀가루 온도 :　　　　　　℃, 사용한 물 온도 :　　　　　　℃

혼합시간	1단　　분/ 2단　　분/ 3단　　분	최종반죽온도	℃
반죽의 특성	끈적함 / 건조하고 단단함 / 잘 늘어남 / 탄성이 강함 / 기타(　　　　　)		

• 중요 포인트

• 실습 원리

성공요인	실패요인

• 실패요인 분석 및 개선 방향

• 공정 및 완제품 사진 첨부

Tip ▮

데친 후 베이글 반죽에 양귀비씨 또는 참깨 등의 토핑을 묻힌 뒤 2차 발효한다.

(6) 2차 발효

발효실 온도 35℃, 상대습도 80%의 발효실에 약 20분간 발효한다. 반죽을 데치기 위하여 물을 끓이고 물이 끓으면 반죽을 약 30초에서 1분 동안 데쳐 반죽의 껍질을 호화시키고 평철판에 옮겨 반죽의 껍질이 탱탱해지고 광택이 날 때까지 10~20분간 상온에서 발효(휴지)한다.

(7) 굽기

아랫불 온도 200℃, 윗불 온도 210℃의 예열된 오븐에 15~20분간 굽는다. 굽기 중 껍질색의 상태에 따라 팬의 위치를 바꿔준다.

계량	혼합	1차 발효	분할	중간발효	성형	2차 발효	데치기	굽기
6분	30분	50분	10분	15분	15분	40분	10분	20분
36분		96분(1시간 36분)		126분(2시간 06분)		176분(2시간 56분)		196분(3시간 16분)

양파베이글(Union bagel)-스트레이트법

플레인 베이글에 건양파 플레이크를 넣어 변형한 베이글로 미국에서 선풍적인 인기를 끌고 있는 빵이다.

준비	내용
장비	믹서, 발효기, 오븐(스팀), 버너
소도구	저울, 온도계, 행주, 계량그릇, 발효팬, 발효비닐, 플라스틱 카드, 스크레이퍼, 밀대, 쇼트닝 또는 식용유(틀용), 뜰채, 오븐장갑, 타공팬, 톱칼, 평철판, 백노루지

(1) 양파베이글 배합표

번호	비율(%)	재료명	무게(g)
1	100	강력분	1600
2	3	생이스트	48
3	0.5	제빵개량제	8
4	1.5	소금	24
5	6	설탕	96
6	2	몰트(시럽)	32
7	50	물	800
8	3	옥수수유	48
9	8	건조양파	128
	174	합계	2,784

보조재료

번호	비율(%)	재료명	무게(g)
1	100	물	2000
2	5	몰트	100
	105	합계	2,100
	10	옥수수분말	100

(2) 혼합

혼합 직전 반죽온도를 맞추기 위한 물을 준비한다. 건조양파를 제외한 재료를 믹서에 넣고 저속으로 약 3~5분간 혼합한다. 반죽이 한 덩어리가 되면 중속으로 20분 정도 혼합한다. 혼합이 완료되면 건조양파를 넣고 골고루 혼합하여 최종반죽온도 27±1℃를 만든다. 빵의 식감을 결정하기 위해서는 혼합시간을 줄이거나 늘려 글루텐의 형성 정도를 조절할 필요가 있다.

✷ 완성품

✷ 공정

(3) 1차 발효

발효실 온도 27℃, 상대습도 75%에서 50분간 발효한다.

(4) 분할, 둥글리기 및 중간발효

120g으로 분할하고, 둥글리기하면서 반죽의 표면을 매끄럽게 만든 다음 발효비닐 위에 반죽을 놓고 비닐을 덮어 10~15분간 중간발효한다.

(5) 성형 및 패닝

반죽의 가스를 빼주고 25cm 정도의 막대모양으로 성형하고 한쪽 반죽의 끝을 납작하게 만든 뒤 다른 한쪽 반죽을 넣고 비벼 링(Ring)모양으로 성형한다. 나무판 또는 팬에 옥수수가루 또는 세몰리나가루를 덧가루로 뿌리고 패닝한다.

✻ **실내온도 :** ℃, **밀가루 온도 :** ℃, **사용한 물 온도 :** ℃

혼합시간	1단 분/ 2단 분/ 3단 분	최종반죽온도	℃
반죽의 특성	끈적함 / 건조하고 단단함 / 잘 늘어남 / 탄성이 강함 / 기타( )		

• **중요 포인트**

• **실습 원리**

성공요인	실패요인

• **실패요인 분석 및 개선 방향**

• **공정 및 완제품 사진 첨부**

(6) 2차 발효

발효실 온도 35℃, 상대습도 80%의 발효실에 약 20분간 발효한다. 반죽을 데치기 위하여 물을 끓이고 물이 끓으면 반죽을 약 30초에서 1분 동안 데쳐 반죽의 껍질을 호화시키고 평철판에 옮겨 반죽의 껍질이 탱탱해지고 광택이 날 때까지 10~20분간 상온에서 발효(휴지)한다.

(7) 굽기

아랫불 온도 200℃, 윗불 온도 210℃의 예열된 오븐에 15~20분간 굽는다. 굽기 중 껍질색의 상태에 따라 팬의 위치를 바꿔준다.

Tip ┃ **건조양파 만드는 방법**

양파를 8등분하여 실리콘페이퍼에 골고루 펴고 80℃ 정도의 컨벡션 오븐에서 30~60분 정도 구운 뒤 냉동고에 약 2일 이상 냉동 건조시킨다. 냉동된 양파를 상온에서 2일 정도 말려준다.

계량	혼합	1차 발효	분할	중간발효	성형	2차 발효	데치기	굽기
8분	20분	80분	10분	20분	15분	50분	10분	15분
28분		118분(1시간 58분)		153분(2시간 33분)		213분(3시간 33분)		226분(3시간 48분)

호밀베이글(Rye bagel)-스트레이트법

호밀베이글 또한 플레인 베이글을 변형하여 섬유소가 많은 호밀을 넣어 만든 건강식 베이글이다.

준비	내용
장비	믹서, 발효기, 오븐(스팀), 버너
소도구	저울, 온도계, 행주, 계량그릇, 발효팬, 발효비닐, 플라스틱 카드, 스크레이퍼, 밀대, 쇼트닝 또는 식용유(틀용), 뜰채, 오븐장갑, 타공팬, 톱칼, 평철판, 백노루지

(1) 호밀베이글 배합표

번호	비율(%)	재료명	무게(g)
1	80	강력분	1280
2	20	호밀가루	320
3	3	생이스트	48
4	0.5	제빵개량제	8
5	1.5	소금	24
6	6	설탕	96
7	2	몰트	32
8	1	코코아파우더	16
9	1	인스턴트커피	16
10	54	물	864
11	3	식용유	48
	172	합계	2,752

보조재료

번호	비율(%)	재료명	무게(g)
1	100	물	2000
2	5	몰트	100
	105	합계	2,100
	10	옥수수분말	100

(2) 혼합

혼합 직전 반죽온도를 맞추기 위한 물을 준비한다. 모든 재료를 믹서에 넣고 저속으로 약 3~5분간 혼합한다. 반죽이 한 덩어리가 되면 중속으로 20~25분 정도 혼합한다. 최종반죽온도는 27±1℃를 만든다. 빵의 식감을 결정하기 위해서는 혼합시간을 줄이거나 늘려 글루텐의 형성 정도를 조절할 필요가 있다.

(3) 1차 발효

발효실 온도 27℃, 상대습도 75%에서 50분간 발효한다.

✳ 완성품

✳ 공정

(4) 분할, 둥글리기 및 중간발효

120g으로 분할하고, 둥글리기하면서 반죽의 표면을 매끄럽게 만든 다음 발효비닐 위에 반죽을 놓고 비닐을 덮어 10~15분간 중간발효한다.

(5) 성형 및 패닝

반죽의 가스를 빼주고 25cm 정도의 막대모양으로 성형하고 한쪽 반죽의 끝을 납작하게 만든 뒤 다른 한쪽 반죽을 넣고 비벼 링(Ring)모양으로 성형한다. 나무판 또는 팬에 옥수수가루 또는 세몰리나가루를 덧가루로 뿌리고 패닝한다.

✳ 실내온도 :   ℃, 밀가루 온도 :   ℃, 사용한 물 온도 :   ℃

혼합시간	1단 분/ 2단 분/ 3단 분	최종반죽온도	℃
반죽의 특성	끈적함 / 건조하고 단단함 / 잘 늘어남 / 탄성이 강함 / 기타( )		

• **중요 포인트**

• **실습 원리**

성공요인	실패요인

• **실패요인 분석 및 개선 방향**

• **공정 및 완제품 사진 첨부**

Tip ▮

데친 후 베이글 반죽에 양귀비씨 또는 참깨 등의 토핑을 묻힌 뒤 2차 발효한다.

(6) 2차 발효

발효실 온도 35℃, 상대습도 80%의 발효실에 약 20분간 발효한다. 반죽을 데치기 위하여 물을 끓이고 물이 끓으면 반죽을 약 30초에서 1분 동안 데쳐 반죽의 껍질을 호화시키고 평철판에 옮겨 반죽의 껍질이 탱탱해지고 광택이 날 때까지 10~20분간 상온에서 발효(휴지)한다.

(7) 굽기

아랫불 온도 200℃, 윗불 온도 210℃의 예열된 오븐에 15~20분간 굽는다. 굽기 중 껍질색의 상태에 따라 팬의 위치를 바꿔준다.

계량	혼합	1차 발효	분할	중간발효	성형	2차 발효	데치기	굽기
6분	30분	50분	10분	15분	15분	40분	10분	20분
36분		96분(1시간 36분)		126분(2시간 06분)		176분(2시간 56분)		196분(3시간 16분)

블루베리 베이글(Blueberry bagel)-스트레이트법

블루베리 베이글은 건조된 블루베리를 반죽에 첨가하여 만든 베이글로 많은 사람들이 좋아하는 베이글이다.

준비	내용
장비	믹서, 발효기, 오븐(스팀), 버너
소도구	저울, 온도계, 행주, 계량그릇, 발효팬, 발효비닐, 플라스틱 카드, 스크레이퍼, 밀대, 쇼트닝 또는 식용유(틀용), 뜰채, 오븐장갑, 타공팬, 톱칼, 평철판, 백노루지

(1) 블루베리 베이글 배합표

번호	비율(%)	재료명	무게(g)
1	100	강력분	1600
2	3	생이스트	48
3	0.5	제빵개량제	8
4	1.5	소금	24
5	6	설탕	96
6	2	몰트(시럽)	32
7	50	물	800
8	3	옥수수유	48
9	10	건조블루베리	160
	176	합계	2,816

보조재료

번호	비율(%)	재료명	무게(g)
1	100	물	2000
2	5	몰트	100
	105	합계	2,100
	10	옥수수분말	100

(2) 혼합

혼합 직전 반죽온도를 맞추기 위한 물을 준비한다. 건조블루베리를 제외한 재료를 믹서에 넣고 저속으로 약 3~5분간 혼합한다. 반죽이 한 덩어리가 되면 중속으로 20분 정도 혼합한다. 혼합이 완료되면 건조블루베리를 넣고 골고루 혼합하여 최종반죽온도 27±1℃를 만든다. 빵의 식감을 결정하기 위해서는 혼합시간을 줄이거나 늘려 글루텐의 형성 정도를 조절할 필요가 있다.

✽ 완성품

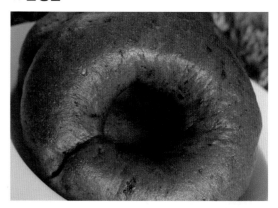

✽ 공정

(3) 1차 발효

발효실 온도 27℃, 상대습도 75%에서 50분간 발효한다.

(4) 분할, 둥글리기 및 중간발효

120g으로 분할하고, 둥글리기하면서 반죽의 표면을 매끄럽게 만든 다음 발효비닐 위에 반죽을 놓고 비닐을 덮어 10~15분간 중간발효한다.

(5) 성형 및 패닝

반죽의 가스를 빼주고 25cm 정도의 막대모양으로 성형하고 한쪽 반죽의 끝을 납작하게 만든 뒤 다른 한쪽 반죽을 넣고 비벼 링(Ring)모양으로 성형한다. 나무판 또는 팬에 옥수수가루 또는 세몰리나가루를 덧가루로 뿌리고 패닝한다.

✽ **실내온도 :**　　　　℃, **밀가루 온도 :**　　　　℃, **사용한 물 온도 :**　　　　℃

혼합시간	1단　　분/ 2단　　분/ 3단　　분	최종반죽온도	℃
반죽의 특성	끈적함 / 건조하고 단단함 / 잘 늘어남 / 탄성이 강함 / 기타(　　　　　)		

• **중요 포인트**

• **실습 원리**

성공요인	실패요인

• **실패요인 분석 및 개선 방향**

• **공정 및 완제품 사진 첨부**

(6) 2차 발효

발효실 온도 35℃, 상대습도 80%의 발효실에 약 20분간 발효한다. 반죽을 데치기 위하여 물을 끓이고 물이 끓으면 반죽을 약 30초에서 1분 동안 데쳐 반죽의 껍질을 호화시키고 평철판에 옮겨 반죽의 껍질이 탱탱해지고 광택이 날 때까지 10~20분간 상온에서 발효(휴지)한다.

(7) 굽기

아랫불 온도 200℃, 윗불 온도 210℃의 예열된 오븐에 15~20분간 굽는다. 굽기 중 껍질색의 상태에 따라 팬의 위치를 바꿔준다.

계량	혼합	1차 발효	분할	중간발효	성형	2차 발효	데치기	굽기
8분	20분	80분	10분	20분	15분	50분	10분	15분
28분		118분(1시간 58분)		153분(2시간 33분)		213분(3시간 33분)		226분(3시간 48분)

통밀베이글(Whole wheat bagel)-스트레이트법

통밀베이글도 플레인 베이글에 통밀을 첨가하여 만든 변형된 베이글로 통밀의 섬유소가 많아 건강에 좋은 빵으로 미국인들이 선호하는 건강식 빵이다.

준비	내용
장비	믹서, 발효기, 오븐(스팀), 버너
소도구	저울, 온도계, 행주, 계량그릇, 발효팬, 발효비닐, 플라스틱 카드, 스크레이퍼, 밀대, 쇼트닝 또는 식용유(틀용), 뜰채, 오븐장갑, 타공팬, 톱칼, 평철판, 백노루지

(1) 통밀베이글 배합표

번호	비율(%)	재료명	무게(g)
1	40	강력분	640
2	60	통밀가루	960
3	3	생이스트	48
4	0.5	제빵개량제	8
5	1.5	소금	24
6	6	설탕	96
7	2	몰트(시럽)	32
8	55	물	880
9	3	옥수수유	48
	171	합계	2,736

보조재료

번호	비율(%)	재료명	무게(g)
1	100	물	2000
2	5	몰트	100
	105	합계	2,100
	10	옥수수분말	100

(2) 혼합

혼합 직전 반죽온도를 맞추기 위한 물을 준비한다. 모든 재료를 믹서에 넣고 저속으로 약 3~5분간 혼합한다. 반죽이 한 덩어리가 되면 중속으로 15분 정도 혼합한다. 최종반죽온도는 27±1℃를 만든다. 빵의 식감을 결정하기 위해서는 혼합시간을 줄이거나 늘려 글루텐의 형성 정도를 조절할 필요가 있다.

✳ 완성품

✳ 공정

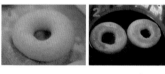 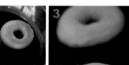

(3) 1차 발효

발효실 온도 27℃, 상대습도 75%에서 40분간 발효한다.

(4) 분할, 둥글리기 및 중간발효

120g으로 분할하고, 둥글리기하면서 반죽의 표면을 매끄럽게 만든 다음 발효비닐 위에 반죽을 놓고 비닐을 덮어 10~15분간 중간발효한다.

(5) 성형 및 패닝

반죽의 가스를 빼주고 25cm 정도의 막대모양으로 성형하고 한쪽 반죽의 끝을 납작하게 만든 뒤 다른 한쪽 반죽을 넣고 비벼 링(Ring)모양으로 성형한다. 나무판 또는 팬에 옥수수가루 또는 세몰리나가루를 덧가루로 뿌리고 패닝한다.

Tip

데친 후 베이글 반죽에 양귀비씨 또는 참깨 등으로 토핑한 뒤 2차 발효한다.

✳ **실내온도 :**   ℃, **밀가루 온도 :**   ℃, **사용한 물 온도 :**   ℃

혼합시간	1단	분/ 2단	분/ 3단	분	최종반죽온도	℃
반죽의 특성	끈적함 / 건조하고 단단함 / 잘 늘어남 / 탄성이 강함 / 기타(				)	

● **중요 포인트**

● **실습 원리**

성공요인	실패요인

● **실패요인 분석 및 개선 방향**

● **공정 및 완제품 사진 첨부**

(6) 2차 발효

발효실 온도 35℃, 상대습도 80%의 발효실에 약 15분간 발효한다. 반죽을 데치기 위하여 물을 끓이고 물이 끓으면 반죽을 약 30초에서 1분 동안 데쳐 반죽의 껍질을 호화시키고 평철판에 옮겨 반죽의 껍질이 탱탱해지고 광택이 날 때까지 10~20분간 상온에서 발효(휴지)한다.

(7) 굽기

아랫불 온도 200℃, 윗불 온도 210℃의 예열된 오븐에 15~20분간 굽는다. 굽기 중 껍질색의 상태에 따라 팬의 위치를 바꿔준다.

계량	혼합	1차 발효	분할	중간발효	성형	2차 발효	데치기	굽기
6분	20분	40분	10분	15분	15분	35분	10분	20분
26분		76분(1시간 16분)		106분(1시간 46분)		146분(2시간 26분)		166분(2시간 46분)

시나몬 레이즌 베이글(Cinnamon raisin bagel)-스트레이트법

미국에서 판매되는 베이글 중 가장 많이 소비되는 베이글로 플레인 베이글의 변형된 제품의 하나이다. 건포도의 당도 때문에 선호도가 가장 높은 빵이다.

준비	내용
장비	믹서, 발효기, 오븐(스팀), 버너
소도구	저울, 온도계, 행주, 계량그릇, 발효팬, 발효비닐, 플라스틱 카드, 스크레이퍼, 밀대, 쇼트닝 또는 식용유(틀용), 뜰채, 오븐장갑, 타공팬, 톱칼, 평철판, 백노루지

(1) 시나몬 레이즌 베이글 배합표

번호	비율(%)	재료명	무게(g)
1	100	강력분	1600
2	3	생이스트	48
3	0.5	제빵개량제	8
4	1.5	소금	24
5	8	설탕	128
6	2	몰트(시럽)	32
7	50	물	800
8	3	옥수수유	48
9	1	계핏가루	16
10	0.5	넛메그	8
11	20	건포도	320
	189.5	합계	3,032

보조재료

번호	비율(%)	재료명	무게(g)
1	100	물	2000
2	5	몰트	100
	105	합계	2,100
	10	옥수수분말	100

(2) 혼합

혼합 직전 반죽온도를 맞추기 위한 물을 준비한다. 건포도를 제외한 재료를 믹서에 넣고 저속으로 약 3~5분간 혼합한다. 반죽이 한 덩어리가 되면 중속으로 20분 정도 혼합한다. 혼합이 완료되면 건포도를 넣고 골고루 혼합하여 최종반죽온도 27±1℃를 만든다. 빵의 식감을 결정하기 위해서는 혼합시간을 줄이거나 늘려 글루텐의 형성 정도를 조절할 필요가 있다.

✱ 완성품

✱ 공정

(3) 1차 발효

발효실 온도 27℃, 상대습도 75%에서 50분간 발효한다.

(4) 분할, 둥글리기 및 중간발효

120g으로 분할하고, 둥글리기하면서 반죽의 표면을 매끄럽게 만든 다음 발효비닐 위에 반죽을 놓고 비닐을 덮어 10~15분간 중간발효한다.

(5) 성형 및 패닝

반죽의 가스를 빼주고 25cm 정도의 막대모양으로 성형하고 한쪽 반죽의 끝을 납작하게 만든 뒤 다른 한쪽 반죽을 넣고 비벼 링(Ring)모양으로 성형한다. 나무판 또는 팬에 옥수수가루 또는 세몰리나가루를 덧가루로 뿌리고 패닝한다.

✻ **실내온도 :**   ℃, **밀가루 온도 :**   ℃, **사용한 물 온도 :**   ℃

혼합시간	1단	분/ 2단	분/ 3단	분	최종반죽온도	℃
반죽의 특성	끈적함 / 건조하고 단단함 / 잘 늘어남 / 탄성이 강함 / 기타( )					

• **중요 포인트**

• **실습 원리**

성공요인	실패요인

• **실패요인 분석 및 개선 방향**

• **공정 및 완제품 사진 첨부**

(6) 2차 발효

발효실 온도 35℃, 상대습도 80%의 발효실에 약 20분간 발효한다. 반죽을 데치기 위하여 물을 끓이고 물이 끓으면 반죽을 약 30초에서 1분 동안 데쳐 반죽의 껍질을 호화시키고 평철판에 옮겨 반죽의 껍질이 탱탱해지고 광택이 날 때까지 10~20분간 상온에서 발효(휴지)한다.

(7) 굽기

아랫불 온도 200℃, 윗불 온도 210℃의 예열된 오븐에 15~20분간 굽는다. 굽기 중 껍질색의 상태에 따라 팬의 위치를 바꿔준다.

계량	혼합	1차 발효	분할	중간발효	성형	2차 발효	데치기	굽기
8분	20분	80분	10분	20분	15분	50분	10분	15분
28분		118분(1시간 58분)		153분(2시간 33분)		213분(3시간 33분)		226분(3시간 48분)

치아바타(자파타)(Ciabatta)–스펀지법

치아바타(자파타)는 슬리퍼를 닮았다고 해서 이름이 붙여진 빵으로 이태리에서 1980년 정도에 만들어졌으며 파니니 샌드위치 등으로 소비되는 식사용 빵이다.

준비	내용
장비	믹서, 발효기, 오븐(스팀)
소도구	저울, 온도계, 행주, 계량그릇, 발효통, 발효비닐, 플라스틱 카드, 스크레이퍼, 밀대, 쇼트닝 또는 식용유(틀용), 오븐장갑, 타공팬, 톱칼, 평철판, 백노루지

(1) Poolish(스펀지반죽) 배합표

번호	비율(%)	재료명	무게(g)	제조방법
1	100	강력분	500	모든 재료를 골고루 혼합한 뒤 반죽의 4배 이상 부피의 플라스틱 용기에 담고 뚜껑을 덮어 상온(27℃)에서 18시간 발효한다.
2	100	물	500	
3	0.2	생이스트	1	
	200.2	합계	1,001	

(2) 치아바타(Ciabatta) 배합표

번호	비율(%)	재료명	무게(g)	제조방법
1	100	Poolish(스펀지)	1000	스펀지가 담긴 플라스틱 용기의 가장자리에 물 500g을 골고루 넣는다. 혼합기에 스펀지와 나머지 건조재료를 넣어 혼합한다 나머지 물 200g은 혼합 완료 시점에 넣어준다.
2	100	강력분	1000	
3	70	물	700	
4	1	이스트	10	
5	2.8	소금	28	
	273.8	합계	2,738	

(3) Poolish(스펀지반죽) 혼합하기

배합표에 제시된 제조방법으로 혼합하고 상온에서 약 18시간 발효한다.

(4) 치아바타 혼합하기

물의 온도는 36℃를 맞추어 500g과 200g 두 개로 나눈다. 200g의 물을 제외한 다른 재료를 혼합기에 넣고 1단에서 5분 정도 혼합한다. 2단으로 9분 정도 혼합한다. 반죽이 단단한 상태가 되면 1단으로 혼합하면서 200g의 물을 천천히 넣으면서 반죽을 완성한다.

✽ 완성품

✽ 공정

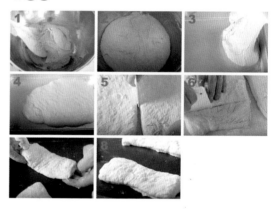

(5) 발효하기

식용유를 플라스틱 발효통에 바르고 반죽을 넣어 1시간 정도 발효한다. 손에 물을 묻혀 반죽을 접어가면서 가스빼기를 실시한다. 다시 1시간 발효하고 손에 물을 묻혀 반죽을 접어주면서 가스를 빼준다. 반죽이 점점 탄력적으로 바뀌게 되며, 필요에 따라 1~2회 정도 가스빼기를 더 할 수 있다.(주의 : 반죽온도는 24℃가 적당하다.)

(6) 성형하기

작업대에 밀가루를 뿌리고 반죽을 뒤집어놓은 후 가스빼기를 하면서 일정한 두께의 사각형으로 반죽을 만든다.

✽ **실내온도 :**   ℃, **밀가루 온도 :**   ℃, **사용한 물 온도 :**   ℃

혼합시간	1단 분/ 2단 분/ 3단 분	최종반죽온도	℃
반죽의 특성	끈적함 / 건조하고 단단함 / 잘 늘어남 / 탄성이 강함 / 기타( )		

• **중요 포인트**

• **실습 원리**

성공요인	실패요인

• **실패요인 분석 및 개선 방향**

• **공정 및 완제품 사진 첨부**

반죽의 가장자리를 스크레이퍼로 잘라내어 일정한 사각형을 만들고 약 10cm×25cm 정도의 크기로 자른다.(크기는 다를 수 있음) 분할된 치아바타 위에 잘라낸 반죽(가장자리)을 반죽 위에 올리고 밀가루를 도포한 대마천 위에 뒤집어 놓는다. 온도 27℃의 발효실에서 30~1시간 동안 발효한다.

(7) 2차 발효
온도 27℃의 발효실에서 30~1시간 동안 발효한다.(발효 시 반죽이 마르지 않도록 발효실 관리에 주의한다.)

(8) 굽기
아랫불 온도 240℃, 윗불 온도 240℃로 예열된 오븐에 넣고 스팀을 약 4~6초간 분사한 뒤 약 20분간 굽는다.

응용 배합표

1. 빈스브레드(Beans bread)

비율(%)	재료명	무게(g)
100	강력분	1000
17	설탕	170
1.5	소금	15
4	생이스트	40
1	제빵개량제	10
10	유산균발효액	100
18	달걀	180
5	우유	50
2	럼주	20
30	물	300
18	버터	180
206.5	합계	2,065

토핑

원재료	비율(%)	무게(g)
강낭콩배기	105	1050

◉ 제조공정

1. 유지를 제외한 재료를 믹싱볼에 넣어 혼합한다
2. 클린업단계에서 유지를 넣고 혼합하여 27℃의 반죽형 성 후기단계의 반죽을 만든다.
3. 온도 27℃, 상대습도 75%의 발효실에서 60분간 1차 발 효한다.
4. 280g으로 분할 후 둥글리기하고 15분간 중간발효한다.
5. 밀대를 이용하여 밀어편 후 강낭콩배기 150g을 깔고 한쪽으로 말아준다.
6. 약 35cm 정도의 길이로 늘려 반으로 잘라 꽈배기 모양으로 꼬아준다.
7. 파이팬에 왕관모양의 링형태로 패닝한다.
8. 온도 38℃, 상대습도 85%의 발효실에서 40분간 2차 발 효한다.
9. 윗불 185℃, 아랫불 160℃의 오븐에서 약 20~25분간 굽 는다.
10. 제품을 냉각한 다음 화이트 혼당을 녹여 윗면에 뿌 려준다.

메모 및 사진첨부

2. 고구마브레드(Sweet potato bread)

비율(%)	재료명	무게(g)
100	강력분	1000
17	설탕	170
1.5	소금	15
4	생이스트	40
1	제빵개량제	10
10	유산균발효액	100
18	달걀	180
5	우유	50
2	럼주	20
30	물	300
18	버터	180
206.5	합계	2,065

고구마 필링

비율(%)	재료명	무게(g)
80	고구마다이스	800
40	커스터드크림	400
120	합계	1,200

◉ 제조공정

1. 유지를 제외한 재료를 믹싱볼에 넣어 혼합한다
2. 클린업단계에서 유지를 넣고 혼합하여 27℃의 반죽형성 후기단계의 반죽을 만든다.
3. 온도 27℃, 상대습도 75%의 발효실에서 60분간 1차 발효한다.
4. 280g으로 분할 후 둥글리기하고 15분간 중간발효한다.
5. 밀대를 이용하여 밀어편 후 고구마 필링 170g을 바르고 한쪽으로 말아준다.
6. 약 35cm 정도의 길이로 늘려 반으로 잘라 꽈배기 모양으로 꼬아준다.
7. 파이팬에 왕관모양의 링형태로 패닝한다.
8. 온도 38℃, 상대습도 85%의 발효실에서 40분간 2차 발효한다.
9. 윗불 185℃, 아랫불 160℃의 오븐에서 약 20~25분간 굽는다.
10. 제품을 냉각한 다음 화이트 혼당을 녹여 윗면에 뿌려준다.

메모 및 사진첨부

3. 호두브레드(Walnut bread)

비율(%)	재료명	무게(g)
100	강력분	1000
10	흑설탕	100
10	버터	100
2	소금	20
4	생이스트	40
1	제빵개량제	10
10	유산균발효액	100
15	달걀	150
30	우유	300
6	크라프트콘	60
10	물	100
20	호두반태	200
218	합계	2,180

◉ 제조공정

1. 유지와 호두반태를 제외한 재료를 믹싱볼에 넣어 혼합한다
2. 클린업단계에서 유지를 넣고 혼합하여 27℃의 반죽형 성후기단계의 반죽을 만든다.
3. 나머지 호두반태를 반죽에 넣고 골고루 혼합한다.
4. 온도 27℃, 상대습도 75%의 발효실에서 60분간 1차 발효한다.
5. 350g으로 분할하고 둥글리기한 다음 10분간 중간발효한다.
6. 럭비공형태로 성형하고 칼집을 2번 낸다.
7. 온도 35℃, 상대습도 85%의 발효실에서 50분간 2차 발효한다.
8. 윗불 180℃, 아랫불 160℃의 오븐에서 약 20분간 굽는다.

메모 및 사진첨부

4. 콤비콘식빵(Combicorn bread)

비율(%)	재료명	무게(g)
100	강력분	1000
1.5	소금	15
7.5	설탕	75
4	생이스트	30
2	분유	20
10	달걀	100
1	제빵개량제	10
14	콤비콘	140
7.5	버터	75
147.5	합계	1,465

◉ 제조공정

1. 유지를 제외한 재료를 믹싱볼에 넣어 혼합한다
2. 클린업단계에서 유지를 넣고 혼합하여 27℃의 반죽형 성중기단계의 반죽을 만든다.
3. 온도 27℃, 상대습도 75%의 발효실에서 60분간 1차 발효한다.
4. 250g으로 분할하고 둥글리기한 다음 10분간 중간발효한다.
5. 식빵으로 성형하고 풀만식빵 틀(소)에 2개 패닝한다.
6. 온도 35℃, 상대습도 85%의 발효실에서 50분간 2차 발효한다.
7. 윗불 160℃, 아랫불 180℃의 오븐에서 약 25분간 굽는다.

메모 및 사진첨부

5. 쑥식빵(Mugwort bread)

비율(%)	재료명	무게(g)
100	강력분	1000
12	설탕	120
10	버터	100
3	분유	30
2	소금	20
3.5	생이스트	35
10	달걀	100
50	물	500
5	쑥가루	50
24	완두콩	240
219.5	합계	2,195

◉ 제조공정

1. 유지와 완두콩을 제외한 재료를 믹싱볼에 넣어 혼합한다

2. 클린업단계에서 유지를 넣고 혼합하여 27℃의 반죽형 성중기단계의 반죽을 만든다.

3. 나머지 완두콩을 반죽에 넣고 골고루 혼합한다.

4. 온도 27℃, 상대습도 75%의 발효실에서 60분간 1차 발효한다.

5. 250g으로 분할하고 둥글리기한 다음 10분간 중간발효한다.

6. 식빵으로 성형하고 풀만식빵 틀(소)에 2개 패닝한다.

7. 온도 35℃, 상대습도 85%의 발효실에서 50분간 2차 발효한다.

8. 윗불 160℃, 아랫불 180℃의 오븐에서 약 25분간 굽는다.

메모 밑 사진첨부

6. 호박빵(Pumpkin bread)

비율(%)	재료명	무게(g)
85	강력분	850
15	호박분	150
20	달걀	200
20	설탕	200
1.8	소금	18
1	제빵개량제	10
4	생이스트	40
2.5	분유	25
16	버터	160
16	호박고지(말린 것)	160
45	물	450
226.3	합계	2,263

화이트 케이크 토핑

비율(%)	재료명	무게(g)
200	달걀흰자	100
100	중력분	50
600	설탕	300
900	합계	450

◉ 제조공정

1. 호박고지는 물에 불려 살짝 데친 다음 사용하기 좋은 크기로 자른다.
2. 유지와 호박고지를 제외한 재료를 믹싱볼에 넣어 혼합한다(호박가루에 따라 흡수율 조정이 필요하다.)
3. 클린업단계에서 유지를 넣고 혼합하여 27℃의 반죽형 성후기단계의 반죽을 만든다.
4. 호박고지를 반죽에 넣고 골고루 혼합한다.
5. 온도 27℃, 상대습도 75%의 발효실에서 60분간 1차 발효한다.
6. 250g으로 분할하고 둥글리기한 다음 10분간 중간발효한다.
7. 호박모양으로 둥글고 납작하게 성형하고 패닝한다.
8. 온도 35℃, 상대습도 85%의 발효실에서 50분간 2차 발효한다.
9. 화이트 케이크 토핑으로 모양을 내서 짜고 윗불 160℃, 아랫불 180℃의 오븐에서 약 20분간 굽는다.

메모 및 사진첨부

7. 잉글리시 머핀(English muffin)/제빵산업기사

비율(%)	재료명	무게(g)
100	강력분	1000
4	설탕	40
1	소금	10
3	생이스트	30
2	제빵개량제	20
6	버터	60
40	물	400
0.5	사과식초	5
176.5	합계	1,765

◉ 제조공정

1. 유지를 제외한 재료를 믹싱볼에 넣어 혼합한다
2. 클린업단계에서 유지를 넣고 혼합하여 27℃의 반죽을 만든다.
3. 반죽형성후기단계보다 좀 더 지나친 상태로 반죽을 늘렸을 때 힘없이 잘 늘어날 때까지 반죽한다.
4. 온도 27℃, 상대습도 75%의 발효실에서 60분간 1차 발효한다.
5. 80g으로 분할하고 둥글리기한 다음 10분간 중간발효 한다.
6. 옥수수가루를 묻혀가며 직경 8cm 정도의 둥글고 납작한 호떡모양으로 성형한다.
7. 온도 35℃, 상대습도 85%의 발효실에서 50분간 2차 발효한다.
8. 팬의 모서리에 2.5cm 정도 높이의 나무토막이나 저울 추를 올려놓는다.
9. 팬 바닥을 깨끗하게 닦고 기름칠한 다음 철판으로 반죽을 눌러준다.
10. 윗불 220℃, 아랫불 200℃의 오븐에서 약 15분간 굽는다.

메모 및 사진첨부

8. 스페클식빵(Speckle bread)

비율(%)	재료명	무게(g)
77	강력분	770
23	스페클	230
6	버터	80
6	설탕	80
2	생이스트	20
1.2	소금	12
25	우유	250
28	물	280
168.2	합계	1,722

◉ 제조공정

1. 유지를 제외한 재료를 믹싱볼에 넣어 혼합한다
2. 클린업단계에서 유지를 넣고 혼합하여 27℃의 반죽형 성중기단계의 반죽을 만든다.
3. 온도 27℃, 상대습도 75%의 발효실에서 60분간 1차 발효한다.
4. 250g으로 분할하고 둥글리기한 다음 10분간 중간발효한다.
5. 식빵으로 성형하고 풀만식빵 틀(소)에 2개 패닝한다.
6. 온도 35℃, 상대습도 85%의 발효실에서 50분간 2차 발효한다.
7. 윗불 160℃, 아랫불 180℃의 오븐에서 약 25분간 굽는다.

메모 및 사진첨부

9. 생크림버터식빵(Dairy cream soft bread)

비율(%)	재료명	무게(g)
80	강력분	800
20	중력분	200
10	설탕	100
16	우유	160
15	달걀	150
10	버터	100
10	생크림	100
3	생이스트	30
2	소금	20
18	물	180
184	합계	1,840

◉ 제조공정

1. 유지를 제외한 재료를 믹싱볼에 넣어 혼합한다
2. 클린업단계에서 유지를 넣고 혼합하여 27℃의 반죽형성중기단계의 반죽을 만든다.
3. 온도 27℃, 상대습도 75%의 발효실에서 60분간 1차 발효한다.
4. 250g으로 분할하고 둥글리기한 다음 10분간 중간발효한다.
5. 25cm 크기의 막대모양으로 성형하고 풀만식빵 틀(소)에 2개 패닝한다.
6. 온도 35℃, 상대습도 85%의 발효실에서 50분간 2차 발효한다.
7. 윗불 160℃, 아랫불 180℃의 오븐에서 약 25분간 굽는다.

메모 및 사진첨부

10. 옥수수보리밥빵

비율(%)	재료명	무게(g)
75	강력분	770
25	보릿가루	230
3	생이스트	30
8	설탕	80
3	분유	30
2	소금	20
67	급수	670
6	쇼트닝	60
8	버터	80
0.6	캐러멜액	6
2	글루텐	20
1.5	제빵개량제	15
20	보리밥	200
10	옥수수(캔)	100
231.1	합계	2,311

◉ 제조공정

1. 유지와 보리밥, 옥수수를 제외한 재료를 믹싱볼에 넣어 혼합한다
2. 클린업단계에서 유지를 넣고 혼합하여 27℃의 반죽형성후기단계의 반죽을 만든다.
3. 나머지 보리밥, 옥수수를 반죽에 넣고 골고루 혼합한다.
4. 온도 27℃, 상대습도 75%의 발효실에서 60분간 1차 발효한다.
5. 250g으로 분할하고 둥글리기한 다음 10분간 중간발효한다.
6. 럭비공형태로 성형하고 칼집을 2번 내주고 팬에 4개 패닝한다.
7. 온도 35℃, 상대습도 85%의 발효실에서 50분간 2차 발효한다.
8. 윗불 200℃, 아랫불 160℃의 오븐에서 약 15분간 굽는다.

메모 및 사진첨부

11. 부시맨 번

비율(%)	재료명	무게(g)
73	강력분	730
17	호밀가루	170
10	중력분	100
2	코코아분말	20
2	커피분말	20
4	생이스트	40
5	흑설탕	50
1.5	소금	15
53	물	530
7	버터	70
174.5	합계	1,745

토핑파우더

비율(%)	재료명	무게(g)
10	옥수수가루	100
5	탈지대두분	50
15	합계	150

◉ 제조공정

1. 유지를 제외한 재료를 믹싱볼에 넣어 혼합한다
2. 클린업단계에서 유지를 넣고 혼합하여 27℃의 반죽형 성후기단계의 반죽을 만든다.
3. 온도 27℃, 상대습도 75%의 발효실에서 60분간 1차 발효한다.
4. 80g으로 분할하고 둥글리기한 다음 10분간 중간발효 한다.
5. 12cm 정도의 길이로 성형하고 토핑파우더를 묻혀 패닝한다.
6. 온도 35℃, 상대습도 85%의 발효실에서 50분간 2차 발효한다.
7. 윗불 200℃, 아랫불 160℃의 오븐에서 약 15분간 굽는다.

단팥빵 (Red bean jam bun)–비상스트레이트법/기능사

단팥빵은 단과자빵에 팥앙금을 넣어 만든 간식용 빵이다. 일본에서 유래된 빵으로 맛과 영양이 풍부한 인기 있는 빵이다.

준비	내용
장비	믹서, 발효기, 오븐(스팀)
소도구	저울, 온도계, 행주, 계량그릇, 발효팬, 발효비닐, 플라스틱 카드, 팽이, 앙금용 헤라, 스크레이퍼, 밀대, 붓, 평철판, 오븐장갑, 타공팬, 랙, 톱칼, 백노루지 광택용 달걀 및 우유

(1) 단팥빵 배합표

번호	비율(%)	재료명	무게(g)
1	100	강력분	900
2	48	물	432
3	7	생이스트	63
4	1	제빵개량제	9
5	2	소금	18
6	16	설탕	144
7	12	마가린	108
8	3	탈지분유	27
9	15	달걀	135
	204	합계	1,836
	150	팥앙금	1350

(2) 혼합

혼합 직전 반죽온도를 맞추기 위한 물을 준비한다. 마가린을 제외한 재료를 믹서에 넣고 저속으로 약 3~5분간 혼합한다. 반죽이 한 덩어리가 되면 중속으로 4분 정도 혼합하여 클린업단계에 마가린을 넣고 약 15~20분간 혼합한다. 최종반죽온도는 30±1℃를 만든다.

빵의 식감을 결정하기 위해서는 혼합시간을 줄이거나 늘려 글루텐의 형성 정도를 조절할 필요가 있다.

(3) 1차 발효

발효실 온도 38℃, 상대습도 85%에서 15~30분간 발효한다.

(4) 분할, 둥글리기 및 중간발효

40g으로 분할하고, 둥글리기하면서 반죽의 표면을

✳ 완성품

✳ 공정

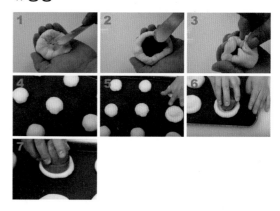

매끄럽게 만든 다음 발효비닐 위에 반죽을 놓고 비닐을 덮어 15분간 중간발효한다.

(5) 성형 및 패닝

반죽의 가스를 손으로 빼주면서 납작하게 만들고, 앙금용 헤라를 이용하여 30g의 통팥앙금을 반죽의 정중앙에 위치하도록 싸준다. 성형된 반죽을 평철판 (400×600) 위에 12개(3×4) 패닝하고 반죽의 가운데를 성형용 팽이를 이용하여 모양을 만들고 광택제 (달걀물)를 골고루 바른다.

(6) 2차 발효

발효실 온도 38℃, 상대습도 85%의 발효실에 약 40분

✳ **실내온도 :** ℃, **밀가루 온도 :** ℃, **사용한 물 온도 :** ℃

혼합시간	1단	분/ 2단	분/ 3단	분	최종반죽온도	℃
반죽의 특성	끈적함 / 건조하고 단단함 / 잘 늘어남 / 탄성이 강함 / 기타( )					

● **중요 포인트**

● **실습 원리**

성공요인	실패요인

● **실패요인 분석 및 개선 방향**

● **공정 및 완제품 사진 첨부**

간 발효시키며 반죽의 표면에 수포 같은 것이 생기고 평철판을 살짝 흔들어 반죽이 흔들거리면 2차 발효완료 시점이다.

(7) 굽기

아랫불 온도 160℃, 윗불 온도 180℃의 예열된 오븐에 약 15분간 굽는다. 굽기 중 껍질색의 상태에 따라 팬의 위치를 바꿔준다.

● 필수적 조치사항 : 1. 혼합시간 25% 증가 / 2. 반죽온도 30℃ / 3. 이스트중량 20~50% 증가
       4. 설탕중량 1% 감소 / 5. 물의 중량 1~3% 증가
● 선택적 조치사항 : 1. 소금중량 0.1~0.5% 감소 / 2. 분유 중량 감소 / 3. 제빵개량제 중량 증가

계량	혼합	1차 발효	분할	중간발효	성형	2차 발효	굽기	냉각
10분	20분	15분	15분	10분	40분	40분	15분	30분
30분		60분(1시간)		110분(1시간 50분)		165분(2시간 45분)		195분(3시간 15분)

브리오슈(Brioche)-스트레이트법

브리오슈는 프랑스의 고급 빵이다. 브리오슈는 발효제품으로 빵이지만 과자로도 불린다. 프랑스는 빵은 제빵점, 과자는 제과점에서 판매하는데 두 곳에서 모두 판매되는 제품이기도 하다.

준비	내용
장비	믹서, 발효기, 오븐(스팀)
소도구	저울, 온도계, 행주, 계량그릇, 발효팬, 발효비닐, 플라스틱 카드, 브리오슈 틀, 스크레이퍼, 붓, 평철판, 오븐장갑, 타공팬, 랙, 톱칼, 백노루지 광택용 달걀 및 우유

(1) 브리오슈 배합표

번호	비율(%)	재료명	무게(g)
1	100	강력분	900
2	1.5	소금	13.5
3	15	설탕	135
4	5	탈지분유	45
5	8	생이스트	72
6	30	물	270
7	30	달걀	270
8	1	브랜디	9
9	20	마가린	180
10	20	버터	180
	230.5	합계	2,074.5

(2) 혼합

혼합 직전 반죽온도를 맞추기 위한 물을 준비한다. 마가린과 버터를 제외한 재료를 믹서에 넣고 저속으로 약 3~5분간 혼합한다. 반죽이 한 덩어리가 되면 중속으로 4분 정도 혼합하여 클린업단계에 마가린과 버터를 2~3회 나누어 넣으면서 약 20~25분간 혼합한다. 최종반죽온도는 25~26±1℃를 만든다.
빵의 식감을 결정하기 위해서는 혼합시간을 줄이거나 늘려 글루텐의 형성 정도를 조절할 필요가 있다.

(3) 1차 발효

발효실 온도 27℃, 상대습도 75%에서 50분간 발효한다.

(4) 분할, 둥글리기 및 중간발효

40g으로 분할하고, 둥글리기하면서 반죽의 표면을

✳ 완성품

✳ 공정

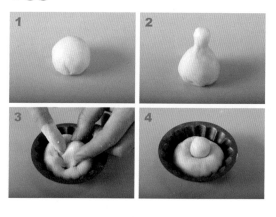

매끄럽게 만든 다음 발효비닐 위에 반죽을 놓고 비닐을 덮어 15분간 중간발효한다.

(5) 성형 및 패닝

• 성형방법 1 : 10g의 반죽을 떼어내 둥글리기하고 나머지 반죽은 둥글리기하여 브리오슈 틀에 넣어 20분간 발효한다. 반죽의 중앙을 손가락으로 눌러 구멍을 내주고 10g 반죽을 송곳모양으로 만들어 넣어 성형을 완료하고 광택제(달걀물)를 발라준다.

• 성형방법 2 : 반죽의 1/5 정도를 손날로 비벼 비대칭 아령모양을 만든다. 작은 반죽을 들어올려 큰 반죽을 틀 속에 넣는다. 몸통을 손가락으로 눌러가면서 머리를 몸통에 넣고 광택제(달걀물)를 발

✳ **실내온도 :**   ℃, **밀가루 온도 :**   ℃, **사용한 물 온도 :**   ℃

혼합시간	1단 분/ 2단 분/ 3단 분	최종반죽온도	℃
반죽의 특성	끈적함 / 건조하고 단단함 / 잘 늘어남 / 탄성이 강함 / 기타( )		

● **중요 포인트**

● **실습 원리**

성공요인	실패요인

● **실패요인 분석 및 개선 방향**

● **공정 및 완제품 사진 첨부**

라준다.

(6) 2차 발효

발효실 온도 36℃, 상대습도 85%의 발효실에 약 40분간 발효시키며 반죽의 표면에 수포 같은 것이 생기고 평철판을 살짝 흔들어 반죽이 흔들거리면 2차 발효완료 시점이다.

(7) 굽기

아랫불 온도 160℃, 윗불 온도 200℃의 예열된 오븐에 약 15분간 굽는다. 굽기 중 껍질색의 상태에 따라 팬의 위치를 바꿔준다.

계량	혼합	1차 발효	분할	중간발효	성형	2차 발효	굽기	냉각
10분	30분	50분	15분	15분	30분	40분	15분	20분
40분		105분(1시간 45분)		150분(2시간 30분)		205분(3시간 25분)		220분(3시간 40분)

스위트롤(Sweet roll)-스트레이트법/기능사

스위트롤은 미국의 시나몬롤과 비슷한 빵으로 반죽을 넓게 펴서 충전용 설탕과 계핏가루를 넣어 만들며, 반죽을 칼로 잘라 여러 가지 모양을 만든다.

준비	내용
장비	믹서, 발효기, 오븐(스팀)
소도구	저울, 온도계, 행주, 계량그릇, 발효팬, 발효비닐, 밀대, 플라스틱 카드, 자, 칼, 스패츌러, 스크레이퍼, 붓, 평철판, 오븐장갑, 타공팬, 랙, 톱칼, 백노루지 광택용 달걀 및 우유

(1) 스위트롤 배합표

번호	비율(%)	재료명	무게(g)
1	100	강력분	900
2	46	물	414
3	5	생이스트	45
4	1	제빵개량제	9
5	2	소금	18
6	20	설탕	180
7	20	쇼트닝	180
8	3	탈지분유	27
9	15	달걀	135
	212	합계	1,908
1	15	충전용 설탕	135
2	1.5	충전용 계핏가루	13.5(14)

(2) 혼합

혼합 직전 반죽온도를 맞추기 위한 물을 준비한다. 쇼트닝을 제외한 재료를 믹서에 넣고 저속으로 약 3~5분간 혼합한다. 반죽이 한 덩어리가 되면 중속으로 4분 정도 혼합하여 클린업단계에 쇼트닝을 넣고 약 15~20분간 혼합한다. 최종반죽온도는 27±1℃를 만든다.

빵의 식감을 결정하기 위해서는 혼합시간을 줄이거나 늘려 글루텐의 형성 정도를 조절할 필요가 있다.

(3) 1차 발효

발효실 온도 27℃, 상대습도 75%에서 50분간 발효한다.

(4) 분할, 둥글리기 및 중간발효

950g으로 분할하고 약 15분간 중간발효한다. 밀대를

✳ 완성품

✳ 공정

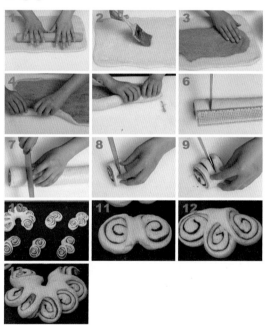

이용하여 반죽을 30cm × 75cm, 두께 0.5cm로 밀어 편다. 밀어편 반죽 위에 물을 살짝 바르고 충전용 설탕과 계핏가루를 골고루 뿌린다.(용해버터가 있으면 물 대신 용해버터를 바르고 작업한다.)

✻ **실내온도 :** ℃, **밀가루 온도 :** ℃, **사용한 물 온도 :** ℃

혼합시간	1단	분/ 2단	분/ 3단	분	최종반죽온도	℃
반죽의 특성	끈적함 / 건조하고 단단함 / 잘 늘어남 / 탄성이 강함 / 기타(				)	

● **중요 포인트**

● **실습 원리**

성공요인	실패요인

● **실패요인 분석 및 개선 방향**

● **공정 및 완제품 사진 첨부**

(5) 성형 및 패닝

- 야자잎형(18개) : 약 4cm로 자르고 반죽의 가운데를 2/3 정도 잘라 서로 1/3을 겹쳐 놓는다.
- 트리플형(12개) : 약 5~6cm로 자르고 3등분으로 나누어 2/3 정도를 자른 후 1/3씩 서로 겹쳐 놓는다.
- 나비형 : 약 4cm로 자르고 가운데 부분을 얇고 둥근 것으로 눌러 반죽의 옆면이 튀어나오게 만든다.

(6) 2차 발효

발효실 온도 36℃, 상대습도 85%의 발효실에 약 40분간 발효시키며 반죽의 표면에 수포 같은 것이 생기고 평철판을 살짝 흔들어 반죽이 흔들거리면 2차 발효완료 시점이다.

(7) 굽기

아랫불 온도 150℃, 윗불 온도 200℃의 예열된 오븐에 약 15분간 굽는다. 굽기 중 껍질색의 상태에 따라 팬의 위치를 바꿔준다.

계량	혼합	1차 발효	분할	중간발효	성형	2차 발효	굽기	냉각
9분	20분	50분	5분	15분	40분	40분	15분	20분
29분		84분(1시간 24분)		139분(2시간 19분)		194분(3시간 14분)		214분(3시간 34분)

단과자빵(트위스트형)[Sweet bun-twist]-스트레이트법/기능사

과자빵은 식사대용식의 빵으로 빵 사이에 여러 가지 충전물을 넣어 만들기도 하고 8자형, 2중 8자형, 안경모양, 동물형태 등 다양한 모양으로 만들기도 한다.

준비	내용
장비	믹서, 발효기, 오븐(스팀)
소도구	저울, 온도계, 행주, 계량그릇, 발효팬, 발효비닐, 플라스틱 카드, 스크레이퍼, 붓, 평철판, 오븐장갑, 타공팬, 랙, 톱칼, 백노루지 광택용 달걀 및 우유

(1) 단과자빵 배합표

번호	비율(%)	재료명	무게(g)
1	100	강력분	900
2	47	물	422
3	4	생이스트	36
4	1	제빵개량제	8
5	2	소금	18
6	12	설탕	108
7	10	쇼트닝	90
8	3	탈지분유	26
9	20	달걀	180
	199	합계	1,788

(2) 혼합

혼합 직전 반죽온도를 맞추기 위한 물을 준비한다. 쇼트닝을 제외한 재료를 믹서에 넣고 저속으로 약 3~5분간 혼합한다. 반죽이 한 덩어리가 되면 중속으로 4분 정도 혼합하여 클린업단계에 쇼트닝을 넣고 약 20~25분간 혼합한다. 최종반죽온도는 27±1℃를 만든다.

빵의 식감을 결정하기 위해서는 혼합시간을 줄이거나 늘려 글루텐의 형성 정도를 조절할 필요가 있다.

(3) 1차 발효

발효실 온도 27℃, 상대습도 75%에서 60분간 발효한다.

(4) 분할, 둥글리기 및 중간발효

50g으로 분할하고, 둥글리기하면서 반죽의 표면을 매끄럽게 만든 다음 발효비닐 위에 반죽을 놓고 비닐

✱ 완성품

✱ 공정

을 덮어 10분간 중간발효한다.

(5) 성형 및 패닝

반죽의 가스를 손으로 빼주면서 약 30cm 정도의 길이로 늘려 사진과 같은 순서로 성형한다.

성형된 반죽을 평철판(400×600) 위에 12개(3×4)씩 패닝하고 광택제(달걀물)를 골고루 바른다.

(6) 2차 발효

발효실 온도 38℃, 상대습도 85%의 발효실에 약 40분간 발효시키며 반죽의 표면에 수포 같은 것이 생기고 평철판을 살짝 흔들어 반죽이 흔들거리면 2차 발효 완료 시점이다.

(7) 굽기

아랫불 온도 100℃, 윗불 온도 210℃의 예열된 오븐에 약 15분간 굽는다. 굽기 중 껍질색의 상태에 따라 팬의 위치를 바꿔준다.

✽ **실내온도 :** ℃, **밀가루 온도 :** ℃, **사용한 물 온도 :** ℃

혼합시간	1단 분/ 2단 분/ 3단 분	최종반죽온도	℃
반죽의 특성	끈적함 / 건조하고 단단함 / 잘 늘어남 / 탄성이 강함 / 기타(		)

• **중요 포인트**

• **실습 원리**

성공요인	실패요인

• **실패요인 분석 및 개선 방향**

• **공정 및 완제품 사진 첨부**

Tip ▌

반죽을 길게 늘릴 때 손으로 반죽을 N 또는 M 방향으로 늘리면 잘 늘어난다.

계량	혼합	1차 발효	분할	중간발효	성형	2차 발효	굽기	냉각
9분	30분	50분	15분	10분	40분	40분	12분	20분
39분		94분(1시간 34분)		144분(2시간 24분)		196분(3시간 16분)		216분(3시간 36분)

단과자빵(크림빵)(Cream bun)–스트레이트법/기능사

크림빵은 조개모양의 단과자빵에 커스터드크림을 넣은 빵으로 성형 시 크림을 넣는 방법과 굽기 완료 후 크림을 넣는 방법이 있다.

준비	내용
장비	믹서, 발효기, 오븐(스팀)
소도구	저울, 온도계, 행주, 계량그릇, 발효팬, 발효비닐, 플라스틱 카드, 스크레이퍼, 밀대, 앙금용 헤라, 붓, 식용유, 평철판, 오븐장갑, 타공팬, 랙, 톱칼, 백노루지 달걀 및 우유

(1) 크림빵 배합표

번호	비율(%)	재료명	무게(g)
1	100	강력분	800
2	53	물	424
3	4	생이스트	32
4	2	제빵개량제	16
5	2	소금	16
6	16	설탕	144
7	12	쇼트닝	96
8	2	탈지분유	16
9	10	달걀	80
	201	합계	1608
	45	커스터드크림	360

(2) 혼합

혼합 직전 반죽온도를 맞추기 위한 물을 준비한다. 쇼트닝을 제외한 재료를 믹서에 넣고 저속으로 약 3~5분간 혼합한다. 반죽이 한 덩어리가 되면 중속으로 4분 정도 혼합하여 클린업단계에 쇼트닝을 넣고 약 20~25분간 혼합한다. 최종반죽온도는 27±1℃를 만든다.

빵의 식감을 결정하기 위해서는 혼합시간을 줄이거나 늘려 글루텐의 형성 정도를 조절할 필요가 있다.

(3) 1차 발효

발효실 온도 27℃, 상대습도 75%에서 50분간 발효한다.

(4) 분할, 둥글리기 및 중간발효

45g으로 분할하고, 둥글리기하면서 반죽의 표면을

✳ **완성품**

✳ **공정**

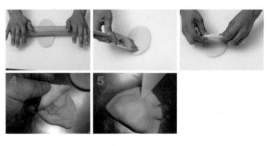

매끄럽게 만든 다음 발효비닐 위에 반죽을 놓고 비닐을 덮어 5분간 휴지하고 타원형으로 둥글려 5분간 중간발효한다.

(5) 성형 및 패닝

1) 타원형의 반죽을 손으로 가스를 빼주고, 밀대를 이용하여 세로 12~15cm, 가로 5cm 정도의 타원형 모양으로 20개를 성형한다. 타원형으로 밀어편 반죽에 크림을 30g 넣고 반죽을 접는다. 반죽이 접힌 부위를 접합하도록 스크레이퍼로 사진과 같이 잘라 모양을 내고 평철판에 10개씩 배열하고 광택제(달걀물)를 바른다.

2) 나머지 반죽은 밀어편 반죽의 윗면을 1~2cm 정도 남겨두고 성형된 반죽을 포개어 놓고 식용유를 바른다. 평철판에 반죽을 반으로 접어 10개씩 배열하고 광택제(달걀물)를 바른다.

✳ **실내온도 :** ℃, **밀가루 온도 :** ℃, **사용한 물 온도 :** ℃

혼합시간	1단 분/ 2단 분/ 3단 분	최종반죽온도	℃
반죽의 특성	끈적함 / 건조하고 단단함 / 잘 늘어남 / 탄성이 강함 / 기타( )		

• 중요 포인트

• 실습 원리

성공요인	실패요인

• 실패요인 분석 및 개선 방향

• 공정 및 완제품 사진 첨부

(6) 2차 발효

발효실 온도 38℃, 상대습도 85%의 발효실에 약 50분간 발효시키며 반죽의 표면에 수포 같은 것이 생기고 평철판을 살짝 흔들어 반죽이 흔들거리면 2차 발효완료 시점이다.

(7) 굽기

아랫불 온도 150℃, 윗불 온도 210℃의 예열된 오븐에 크림이 들어간 반죽은 약 15분간 굽고 크림이 없는 반죽은 8분 정도 굽는다. 굽기 중 껍질색의 상태에 따라 팬의 위치를 바꿔준다.

계량	혼합	1차 발효	분할	중간발효	성형	2차 발효	굽기	냉각
9분	30분	50분	15분	10분	40분	50분	30분	20분
39분		104분(1시간 44분)		154분(2시간 34분)		234분(3시간 54분)		254분(4시간 14분)

크림빵(Cream bun/Emergency sponge dough method)–비상스펀지법

비상스펀지법은 스펀지법으로 빵을 만들 때 급한 주문이나 생산량이 급증했을 때 사용하는 방법으로 시간을 단축시켜 스펀지발효를 하는 방법으로 프랑스의 오톨리시스(autolysis)라는 방법이 비상스펀지법을 변형한 것이다.

준비	내용
장비	믹서, 발효기, 오븐(스팀)
소도구	저울, 온도계, 행주, 계량그릇, 발효팬, 발효비닐, 플라스틱 카드, 스크레이퍼, 밀대, 앙금용 헤라, 붓, 식용유, 평철판, 오븐장갑, 타공팬, 랙, 톱칼, 백노루지 달걀 및 우유

(1) 크림빵 배합표

	번호	비율(%)	재료명	무게(g)
스펀지	1	60	강력분	540
	2	70	물	378
	3	5	생이스트	45
	4	2	제빵개량제	18
본반죽	1	40	강력분	360
	2	2	소금	18
	3	15	설탕	126
	4	2	탈지분유	18
	5	10	달걀	90
	6	12	버터	108
	7	54	물	108
		201	합계	1,809

커스터드크림 배합표

번호	비율(%)	재료명	무게(g)
1	100	우유	1000
2	18	달걀노른자	180
3	26	설탕	260
4	5	박력분	50
5	4	전분	40
6	3	버터	39
7	0.6	바닐라향	6
8	3	브랜디	30
	159.6	합계	1,605

(2) 혼합

1) 스펀지 만들기

스펀지 재료를 8분간 저속혼합, 27℃의 스펀지를 만

✻ 완성품

✻ 공정

든다. 온도 30℃, 상대습도 80%의 발효실에 30분간 발효한다.

2) 본반죽 만들기

발효된 스펀지 반죽에 본반죽의 전 재료를 넣고 30℃의 반죽형성후기단계의 반죽을 만든다.

(3) 플로어 타임

온도 30℃, 상대습도 80%에서 10분 이상 30분 미만으로 플로어 타임을 준다.

(4) 분할, 둥글리기 및 중간발효

45g으로 분할하고, 둥글리기하면서 반죽의 표면을 매끄럽게 만든 다음 발효비닐 위에 반죽을 놓고 비닐을 덮어 5분간 휴지하고 타원형으로 둥글려 5분간 중간발효한다.

✻ **실내온도 :**　　　　　℃, **밀가루 온도 :**　　　　　℃, **사용한 물 온도 :**　　　　　℃

혼합시간	1단	분/ 2단	분/ 3단	분	최종반죽온도	℃
반죽의 특성	끈적함 / 건조하고 단단함 / 잘 늘어남 / 탄성이 강함 / 기타( )					

• **중요 포인트**

• **실습 원리**

성공요인	실패요인

• **실패요인 분석 및 개선 방향**

(5) 성형 및 패닝

타워형의 반죽을 손으로 가스를 빼주고, 밀대를 이용하여 세로 12~15cm, 가로 5cm 정도의 타원형 모양으로 성형한다. 타원형으로 밀어편 반죽에 크림 30g을 넣고 반죽을 접는다. 반죽이 접힌 부위를 접합하도록 스크레이퍼로 사진과 같이 잘라 모양을 내고 평철판에 10개씩 배열하고 광택제(달걀물)를 바른다.

(6) 2차 발효

발효실 온도 38℃, 상대습도 85%의 발효실에 약 50분간 발효시키며 반죽의 표면에 수포 같은 것이 생기고 평철판을 살짝 흔들어 반죽이 흔들거리면 2차 발효완료 시점이다.

(7) 굽기

아랫불 온도 150℃, 윗불 온도 210℃의 예열된 오븐에 크림이 들어간 반죽은 약 15분간 굽고 크림이 없는 반죽은 8분 정도 굽는다. 굽기 중 껍질색의 상태에 따라 팬의 위치를 바꿔준다.

계량	스펀지 혼합	스펀지 발효	본반죽	플로어 타임	분할	중간발효	성형	2차 발효	굽기	크림충전
4분	8분	30분	18분	20분	15분	10분	40분	40분	12분	20분
42분			80분(1시간 20분)		145분(2시간 25분)			197분(3시간 17분)		217분(3시간 37분)

Tip ▌ **커스터드크림 만들기**

우유에 사용할 설탕을 조금 넣어 끓여준다. 나머지 설탕, 체 친 박력분, 바닐라향과 전분에 달걀노른자를 넣어 혼합한다 끓인 우유를 조금씩 넣으면서 섞어준다. 버너에 올려 거품기로 저어주면서 타지 않도록 주의하며 끓여준다. 크림이 되직해지고 끓기 시작하면 버너에서 내려 버터, 브랜디를 넣어 섞어주고 밀봉하여 냉장 보관한다.

단과자빵(소보로빵) Streusel topping bun)−스트레이트법/기능사

소보로빵은 설탕, 버터, 밀가루, 잘게 썬 나무열매 등을 섞어 만든 토핑으로 일반적으로 커피케이크에 토핑하지만, 우리나라는 땅콩버터를 이용하여 단과자빵에 토핑한다.

준비	내용
장비	믹서, 발효기, 오븐(스팀)
소도구	저울, 온도계, 행주, 계량그릇, 발효팬, 발효비닐, 플라스틱 카드, 스크레이퍼, 밀대, 거품기, 나무주걱, 평철판, 오븐장갑, 타공팬, 랙, 톱칼, 백노루지

(1) 소보로빵 배합표

번호	비율(%)	재료명	무게(g)
1	100	강력분	900
2	47	물	423
3	4	생이스트	36
4	1	제빵개량제	9
5	2	소금	18
6	16	설탕	144
7	18	마가린	162
8	2	탈지분유	18
9	15	달걀	135
	205	합계	1,845

소보로 토핑 배합표

번호	비율(%)	재료명	무게(g)
1	100	중력분	420
2	60	설탕	252
3	50	마가린	210
4	15	땅콩버터	63
5	10	달걀	42
6	10	물엿	42
7	3	탈지분유	≒12
8	2	베이킹파우더	≒8
9	1	소금	≒4
	251	합계	≒1,053

(2) 혼합

혼합 직전 반죽온도를 맞추기 위한 물을 준비한다. 마가린을 제외한 재료를 믹서에 넣고 저속으로 약 3~5분간 혼합한다. 반죽이 한 덩어리가 되면 중속으로 4분 정도 혼합하여 클린업단계에 마가린을 넣고 약 20~25분간 혼합한다. 최종반죽온도는 27±1℃를 만든다.

빵의 식감을 결정하기 위해서는 혼합시간을 줄이거나 늘려 글루텐의 형성 정도를 조절할 필요가 있다.

(3) 1차 발효

발효실 온도 27℃, 상대습도 85%에서 50분간 발효한다.

(4) 분할, 둥글리기 및 중간발효

46g으로 분할하고, 둥글리기하면서 반죽의 표면을 매끄럽게 만든 다음 발효비닐 위에 반죽을 놓고 비닐을 덮어 10분간 중간발효한다.

✱ 완성품

✱ 공정

✳ **실내온도 :** ℃, **밀가루 온도 :** ℃, **사용한 물 온도 :** ℃

혼합시간	1단	분 / 2단	분 / 3단	분	최종반죽온도		℃
반죽의 특성	끈적함 / 건조하고 단단함 / 잘 늘어남 / 탄성이 강함 / 기타(						)

• **중요 포인트**

성공요인	실패요인

• **실패요인 분석 및 개선 방향**

(5) 성형 및 패닝

반죽을 다시 둥글리기하고 물에 반죽을 2/3 정도 담근 다음 토핑용 소보로 26g을 반죽 위에 찍어준다. 성형된 소보로 반죽을 평철판에 놓고 손으로 살짝 눌러 모양을 만든다. 성형된 반죽은 평철판에 10개씩 패닝한다.

(6) 2차 발효

발효실 온도 38℃, 상대습도 85%의 발효실에 약 40분간 발효시키며 평철판을 살짝 흔들어 반죽이 흔들거리면 2차 발효완료 시점이다.

(7) 굽기

아랫불 온도 150℃, 윗불 온도 190℃의 예열된 오븐에 약 15분간 굽는다. 굽기 중 껍질색의 상태에 따라 팬의 위치를 바꿔준다.

✳ **공정**

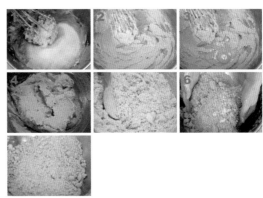

> *Tip* ┃ **소보로 토핑 만들기**

마가린, 땅콩버터, 물엿, 소금, 설탕을 넣고 거품기로 혼합한다. 달걀을 넣으면서 반죽의 색이 밝은 색으로 변하도록 크림을 만들고 체 친 중력분, 탈지분유, B.P 를 넣고 모래알처럼 부수어 토핑을 완성한다.

계량	혼합	1차 발효	분할	중간발효	성형	2차 발효	굽기	냉각
9분	30분	50분	15분	10분	40분	40분	15분	20분
39분		104분(1시간 44분)		154분(2시간 34분)		209분(3시간 29분)		229분(3시간 49분)

더치빵 (Dutch bread)-스트레이트법

더치빵은 네덜란드 사람들이 즐겨 먹는 빵으로 네덜란드 풍의 빵이라는 뜻이다. 원래는 펌퍼니컬을 이용한 sour bread 형태로 우리나라에서는 쌀을 빵 위에 토핑하여 만든다.

준비	내용
장비	믹서, 발효기, 오븐(스팀)
소도구	저울, 온도계, 행주, 계량그릇, 발효팬, 발효비닐, 플라스틱 카드, 스크레이퍼, 거품기, 밀대, 스패츨러, 나무주걱, 평철판, 오븐장갑, 타공팬, 랙, 톱칼, 백노루지

(1) 더치빵 배합표

번호	비율(%)	재료명	무게(g)
1	100	강력분	1100
2	60	물	660
3	3	생이스트	33
4	1	제빵개량제	11
5	1.8	소금	20
6	2	설탕	22
7	3	쇼트닝	33
8	4	탈지분유	44
9	3	달걀흰자	33
	177.8	합계	1,956

토핑물 배합표

번호	비율(%)	재료명	무게(g)
1	100	멥쌀가루	200
2	20	중력분	40
3	2	생이스트	4
4	2	설탕	4
5	2	소금	4
6	85	물	170
7	30	용해마가린	60
	241	합계	482

(2) 혼합

혼합 직전 반죽온도를 맞추기 위한 물을 준비한다. 쇼트닝을 제외한 재료를 믹서에 넣고 저속으로 약 3~5분간 혼합한다. 반죽이 한 덩어리가 되면 중속으

✱ 완성품

✱ 공정

로 4분 정도 혼합하여 클린업단계에 쇼트닝을 넣고 약 15~20분간 혼합한다. 최종반죽온도는 27±1℃를 만든다.

빵의 식감을 결정하기 위해서는 혼합시간을 줄이거나 늘려 글루텐의 형성 정도를 조절할 필요가 있다.

(3) 1차 발효

발효실 온도 27℃, 상대습도 85%에서 50분간 발효한다.

(4) 분할, 둥글리기 및 중간발효

300g으로 분할하고, 둥글리기하면서 반죽의 표면을 매끄럽게 만든 다음 발효비닐 위에 반죽을 놓고 비닐을 덮어 15분간 중간발효한다.

(5) 성형 및 패닝

밀대를 이용하여 반죽을 타원형 모양으로 밀어펴고 25cm 정도 길이의 봉상형태로 성형한다.

평철판에 성형한 반죽 3개를 패닝한다.

반죽을 다시 둥글리기하고 물에 반죽을 2/3 정도 담

✽ **실내온도 :** 　　　℃, **밀가루 온도 :** 　　　℃, **사용한 물 온도 :** 　　　℃

혼합시간	1단　　분/ 2단　　분/ 3단　　분	최종반죽온도	℃
반죽의 특성	끈적함 / 건조하고 단단함 / 잘 늘어남 / 탄성이 강함 / 기타(　　　　　)		

● **중요 포인트**

성공요인	실패요인

● **실패요인 분석 및 개선 방향**

근 다음 토핑용 소보로 26g을 반죽 위에 찍어준다. 성형된 소보로 반죽을 평철판에 놓고 손으로 살짝 눌러 모양을 만든다. 성형된 반죽은 평철판에 10개씩 패닝한다.

(6) 2차 발효

발효실 온도 38℃, 상대습도 85%의 발효실에 약 40분간 발효시키며 평철판을 살짝 흔들어 반죽이 흔들거리면 2차 발효완료 시점이다. 발효된 멥쌀토핑을 스패츨러를 이용하여 반죽 위에 골고루 발라준다.

(7) 굽기

아랫불 온도 160℃, 윗불 온도 190℃의 예열된 오븐에 약 30분간 굽는다. 굽기 중 껍질색의 상태에 따라 팬의 위치를 바꿔준다.

Tip ▌ 토핑 만들기

용해마가린을 제외한 모든 재료를 골고루 혼합하고 발효실에서 60분간 발효한다. 발효가 끝나면 용해버터를 넣고 혼합하여 스패츨러 또는 붓을 이용하여 반죽 위에 토핑한다.

✽ **공정**

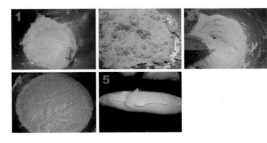

계량	혼합	1차 발효	분할	중간발효	성형	2차 발효	굽기	냉각
9분	20분	50분	10분	15분	15분	40분	30분	20분
29분		89분(1시간 29분)		119분(1시간 59분)		189분(3시간 09분)		209분(3시간 29분)

모카빵(Mocha bread)-스트레이트법

빵반죽에 모카커피를 넣어 만든 반죽에 비스킷을 토핑하는 빵으로 커피의 향과 비스킷의 고소함을 함께 즐길 수 있는 빵이다.

준비	내용
장비	믹서, 발효기, 오븐, 버너
소도구	온도계, 행주, 저울, 그릇, 나무판, 스크레이퍼, 카드, 밀대, 붓, 평철판, 스프레드용 오일, 오일행주, 오븐장갑, 타공팬, 랙, 톱칼, 포장지

(1) 모카빵 배합표

번호	비율(%)	재료명	무게(g)
1	100	강력분	850
2	45	물	≒ 382
3	5	생이스트	≒ 42
4	1	제빵개량제	≒ 8
5	2	소금	≒ 17
6	15	설탕	≒ 128
7	12	버터	102
8	3	탈지분유	≒ 26
9	10	달걀	85
10	1.5	커피(분말)	≒ 12
11	15	건포도	≒ 128
	209.5	합계	≒ 1780

토핑물 배합표

번호	비율(%)	재료명	무게(g)
1	100	박력분	350
2	20	버터	70
3	40	설탕	140
4	24	달걀	84
5	1.5	베이킹파우더	≒ 5
6	12	우유	42
7	0.6	소금	≒ 2
	198.1	합계	≒ 693

(2) 혼합

혼합 직전 반죽온도를 맞추기 위한 물을 준비한다. 건포도와 버터를 제외한 재료를 믹서에 넣고 저속으로 약 3~5분간 혼합한다. 반죽이 한 덩어리가 되면 중속으로 4분 정도 혼합하여 클린업단계에 버터를

❋ 완성품

❋ 공정

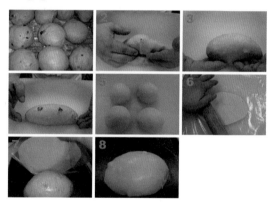

넣고 약 15~20분간 혼합한다. 반죽이 완료되면 건포도를 넣고 골고루 혼합하며, 최종반죽온도는 27±1℃를 만든다.

빵의 식감을 결정하기 위해서는 혼합시간을 줄이거나 늘려 글루텐의 형성 정도를 조절할 필요가 있다.

(3) 1차 발효

발효실 온도 27℃, 상대습도 85%에서 50분간 발효한다.

(4) 분할, 둥글리기 및 중간발효

250g으로 분할하고, 둥글리기하면서 반죽의 표면을 매끄럽게 만든 다음 발효비닐 위에 반죽을 놓고 비닐을 덮어 10분간 중간발효한다.

✻ **실내온도 :** ℃, **밀가루 온도 :** ℃, **사용한 물 온도 :** ℃

혼합시간	1단 분/ 2단 분/ 3단 분	최종반죽온도	℃
반죽의 특성	끈적함 / 건조하고 단단함 / 잘 늘어남 / 탄성이 강함 / 기타( )		

● **중요 포인트**

성공요인	실패요인

● **실패요인 분석 및 개선 방향**

(5) 성형 및 패닝

밀대를 이용하여 반죽을 밀어펴고 20cm 정도 길이의 타원형(고구마) 모양으로 성형한다.
평철판에 성형한 반죽을 4~5개 패닝한다.

(6) 2차 발효

발효실 온도 38℃, 상대습도 85%의 발효실에 약 20분간 발효하고 충전용 비스킷 100g을 타원형으로 얇게 밀어펴고 발효된 반죽을 골고루 싸준다. 성형이 완성되면 다시 발효실에서 20분간 2차 발효한다. 평철판을 살짝 흔들어 반죽이 흔들거리면 2차 발효완료 시점이다.

(7) 굽기

아랫불 온도 160℃, 윗불 온도 180℃의 예열된 오븐에 약 20~25분간 굽는다. 굽기 중 껍질색의 상태에 따라 팬의 위치를 바꿔준다.

> *Tip* ▌ **토핑 만들기**
>
> 버터, 소금, 설탕을 골고루 혼합하고 달걀을 조금씩 넣어 크림화한다. 체 친 박력분과 B.P를 골고루 섞고, 우유를 넣어 되기 조절을 한다.

✻ **공정**

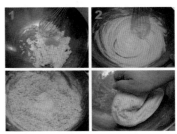

계량	혼합	1차 발효	분할	중간발효	성형	2차 발효	굽기	냉각
11분	20분	50분	10분	10분	20분	50분	25분	20분
31분		91분(1시간 31분)		121분(2시간 01분)		196분(3시간 16분)		216분(3시간 36분)

손반죽 브리오슈(Brioche)-스트레이트법

브리오슈는 프랑스의 고급 빵으로 발효제품임에 도 과자로도 불리는 빵이다. 프랑스에서 빵은 제빵점 (Boulangerie), 과자는 제과점(Pâtisserie)에서 판매하는 데 브리오슈는 두 곳 모두에서 판매된다.

준비	내용
장비	믹서, 발효기, 오븐(스팀)
소도구	저울, 온도계, 행주, 계량그릇, 발효팬, 발효비닐, 플라스틱 카드, 브리오슈 틀, 스크레이퍼, 붓, 평 철판, 오븐장갑, 타공팬, 랙, 톱칼, 백노루지 광택 용 달걀 및 우유

(1) 브리오슈 배합표

번호	비율(%)	재료명	무게(g)
1	100	강력분	300
2	2	소금	6
3	12	설탕	36
4	4	생이스트	12
5	55	달걀	165
6	50	버터	150
7	1	제빵개량제	3
	224	합계	672

(2) 혼합

유지를 제외한 재료를 테이블 바닥에 놓고 분화구를 만들어 달걀을 넣어 한 덩어리로 만든다. 혼합이 잘 되도록 반죽을 잘라 붙여 매끈한 상태로 만든 다음 버터를 조금씩 넣어 혼합하면서 반죽을 테이블 바닥 에 던져 공기가 투입되도록 하여 25℃의 반죽을 만 든다.

(3) 1차 발효

발효실 온도 27℃, 상대습도 75%에서 120분간 발효 하여 가스빼기한 다음 90분간 냉장고에서 1차 발효 한다.

(4) 분할, 둥글리기 및 중간발효

55g으로 분할하고, 둥글리기하면서 반죽의 표면을 매끄럽게 만든 다음 발효비닐 위에 반죽을 놓고 비닐 을 덮어 15분간 중간발효한다.

✱ 완성품

✱ 공정

(5) 성형 및 패닝

- 성형방법 1 : 10g의 반죽을 떼어내 둥글리기하고 나머지 반죽은 둥글리기하여 브리오슈 틀에 넣어 20분간 발효한다. 반죽의 중앙을 손가락으로 눌러 구멍을 내주고 10g 반죽을 송곳모양으로 만들어 넣어 성형을 완료하고 광택제(달걀물)를 발라준다.
- 성형방법 2 : 반죽의 1/5 정도를 손날로 비벼 비대 칭 아령모양을 만든다. 작은 반죽을 들어올려 큰 반죽을 틀 속에 넣는다. 몸통을 손가락으로 눌러 가면서 머리를 몸통에 넣고 광택제(달걀물)를 발 라준다.

(6) 2차 발효

발효실 온도 30℃, 상대습도 80%의 발효실에 약 90~120분간 발효시키며 반죽의 표면에 수포 같은 것 이 생기고 평철판을 살짝 흔들어 반죽이 흔들거리면

✳ **실내온도 :**   ℃, **밀가루 온도 :**   ℃, **사용한 물 온도 :**   ℃

혼합시간	1단	분/ 2단	분/ 3단	분	최종반죽온도	℃
반죽의 특성	끈적함 / 건조하고 단단함 / 잘 늘어남 / 탄성이 강함 / 기타(					)

● **중요 포인트**

● **실습 원리**

성공요인	실패요인

● **실패요인 분석 및 개선 방향**

● **공정 및 완제품 사진 첨부**

2차 발효완료 시점이다.

(7) 굽기

아랫불 온도 220℃, 윗불 온도 220℃의 예열된 오븐에 약 15분간 굽는다. 굽기 중 껍질색의 상태에 따라 팬의 위치를 바꿔준다.

계량	혼합	1차 발효	분할	중간발효	성형	2차 발효	굽기	냉각
7분	30분	210분	15분	20분	20분	120분	15분	20분
37분		262분(4시간 22분)		302분(5시간 02분)		437분(7시간 17분)		457분(7시간 37분)

화이트 크림번(White cream bun)-스트레이트법

화이트 크림번은 부드러운 반죽을 만들고 전분을 반죽에 토핑하여 색이 나지 않도록 구워낸 하얀 색상의 제품으로 다양한 크림을 속에 넣어 먹는 빵이다.

준비	내용
장비	믹서, 발효기, 오븐(스팀)
소도구	저울, 온도계, 행주, 계량그릇, 발효팬, 발효비닐, 플라스틱 카드, 짤주머니, 스크레이퍼, 평철판, 오븐장갑, 타공팬, 랙, 톱칼, 백노루지

(1) 화이트 크림번 배합표

번호	비율(%)	재료명	무게(g)
1	90	강력분	900
2	10	박력분	100
3	5	설탕	50
4	1	소금	10
5	3	생이스트	30
6	5	탈지분유	50
7	1	제빵개량제	10
8	15	달걀	150
9	20	우유	200
10	25	물	250
11	10	버터	100
	185	합계	1,850
	20	전분	200

✳ **완성품**

✳ **공정**

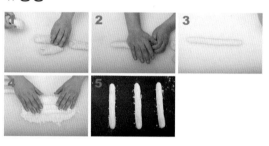

(2) 혼합

혼합 직전 반죽온도를 맞추기 위한 물을 준비한다. 버터를 제외한 재료를 믹서에 넣고 저속으로 약 3~5분간 혼합한다. 반죽이 한 덩어리가 되면 중속으로 4분 정도 혼합하여 클린업단계에 버터를 넣고 약 20~25분간 혼합한다. 최종반죽온도는 27±1℃를 만든다.

빵의 식감을 결정하기 위해서는 혼합시간을 줄이거나 늘려 글루텐의 형성 정도를 조절할 필요가 있다.

(3) 1차 발효

발효실 온도 27℃, 상대습도 75%에서 60분간 발효한다.

(4) 분할, 둥글리기 및 중간발효

80g으로 분할하고, 둥글리기하면서 반죽의 표면을 매끄럽게 만든 다음 발효비닐 위에 반죽을 놓고 비닐을 덮어 10분간 중간발효한다.

(5) 성형 및 패닝

반죽의 가스를 손으로 빼주면서 약 30cm 정도의 막대모양으로 성형하고 전분을 반죽에 골고루 묻혀 팬에 적당한 간격으로 패닝한다.

(6) 2차 발효

발효실 온도 38℃, 상대습도 85%의 발효실에 약 50분간 발효시키며 평철판을 살짝 흔들어 반죽이 흔들거리면 2차 발효완료 시점이다.

✱ **실내온도 :** ℃, **밀가루 온도 :** ℃, **사용한 물 온도 :** ℃

혼합시간	1단	분/ 2단	분/ 3단	분	최종반죽온도		℃
반죽의 특성	끈적함 / 건조하고 단단함 / 잘 늘어남 / 탄성이 강함 / 기타( )						

● **중요 포인트**

● **실습 원리**

성공요인	실패요인

● **실패요인 분석 및 개선 방향**

● **공정 및 완제품 사진 첨부**

(7) 굽기

아랫불 온도 100℃, 윗불 온도 160℃의 예열된 오븐에 약 5~10분간 굽는다. 굽기 중 껍질색이 나면 종이를 한 장 덮어준다.

(8) 마무리

냉각된 빵의 옆면이나 윗면을 갈라 생크림 또는 다양한 크림을 골고루 넣어준다.

계량	혼합	1차 발효	분할	중간발효	성형	2차 발효	굽기	냉각
11분	30분	60분	10분	10분	15분	50분	10분	20분
41분		111분(1시간 51분)		136분(2시간 16분)		196분(3시간 16분)		216분(3시간 36분)

호두건포도빵(Walnut raisin bread)–스트레이트법

호두건포도빵은 부드러운 소프트 바게트에 건포도와 호두를 넣어 영양과 맛을 겸비한 최고의 간식용 빵으로 빵속에 각종 크림을 발라 먹을 수 있다.

준비	내용
장비	믹서, 발효기, 오븐(스팀)
소도구	저울, 온도계, 행주, 계량그릇, 발효팬, 발효비닐, 플라스틱 카드, 면도칼(사인용), 스크레이퍼, 평철판, 오븐장갑, 타공팬, 랙, 톱칼, 백노루지

(1) 호두건포도빵 배합표

번호	비율(%)	재료명	무게(g)
1	100	강력분	1000
2	6	설탕	60
3	2	소금	20
4	1	제빵개량제	10
5	3.5	생이스트	35
6	5	달걀	50
7	25	우유	250
8	35	물	350
9	10	버터	100
10	20	건포도	200
11	20	호두	200
	227.5	합계	2,275
	20	강력분	200

(2) 혼합

혼합 직전 반죽온도를 맞추기 위한 물을 준비한다. 건포도, 호두와 버터를 제외한 재료를 믹서에 넣고 저속으로 약 3~5분간 혼합한다. 반죽이 한 덩어리가 되면 중속으로 4분 정도 혼합하여 클린업단계에 버터를 넣고 약 20~25분간 혼합한다. 혼합이 완료되면 건포도와 호두를 넣고 골고루 혼합하고 최종반죽온도 27±1℃의 반죽을 만든다.

빵의 식감을 결정하기 위해서는 혼합시간을 줄이거나 늘려 글루텐의 형성 정도를 조절할 필요가 있다.

(3) 1차 발효

발효실 온도 27℃, 상대습도 75%에서 60분간 발효한다.

✳ 완성품

✳ 공정

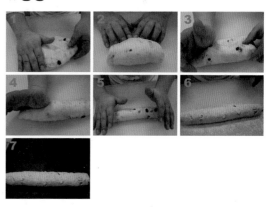

(4) 분할, 둥글리기 및 중간발효

250g으로 분할하고, 둥글리기하면서 반죽의 표면을 매끄럽게 만든 다음 발효비닐 위에 반죽을 놓고 비닐을 덮어 10분간 중간발효한다.

(5) 성형 및 패닝

반죽의 가스를 손으로 빼주면서 약 35cm 정도의 막대모양으로 성형하고 밀가루를 반죽에 골고루 묻혀 팬에 적당한 간격으로 4~5개씩 패닝한다.

(6) 2차 발효

발효실 온도 38℃, 상대습도 85%의 발효실에 약 50분간 발효시키며 평철판을 살짝 흔들어 반죽이 흔들거리면 2차 발효완료 시점이다.

✴ 실내온도 :   ℃, 밀가루 온도 :   ℃, 사용한 물 온도 :   ℃

혼합시간	1단 분/ 2단 분/ 3단 분	최종반죽온도	℃
반죽의 특성	끈적함 / 건조하고 단단함 / 잘 늘어남 / 탄성이 강함 / 기타( )		

• 중요 포인트

• 실습 원리

성공요인	실패요인

• 실패요인 분석 및 개선 방향

• 공정 및 완제품 사진 첨부

(7) 굽기

굽기 전 반죽의 윗면에 칼집을 사선으로 3번 내준다. 아랫불 온도 150℃, 윗불 온도 180℃의 예열된 오븐에 약 20~25 분간 굽는다. 굽기 중 껍질색의 상태에 따라 팬의 위치를 바꿔준다.

(8) 마무리

냉각된 빵의 옆면이나 윗면을 갈라 생크림 또는 다양한 크림을 골고루 넣어준다.

계량	혼합	1차 발효	분할	중간발효	성형	2차 발효	굽기	냉각
11분	30분	60분	10분	10분	10분	50분	25분	20분
41분		111분(1시간 51분)		131분(2시간 11분)		206분(3시간 26분)		226분(3시간 46분)

검은콩 크림빵(Black soy bean cream bread)–스트레이트법

검은콩을 이용하여 만든 빵으로 검은콩을 삶아 반죽에 넣어 고소함을 살린 건강빵이다. 검은콩크림이 들어간 쫄깃한 빵이다.

준비	내용
장비	믹서, 발효기, 오븐(스팀)
소도구	저울, 온도계, 행주, 계량그릇, 발효팬, 발효비닐, 플라스틱 카드, 면도칼(사인용), 스크레이퍼, 평철판, 오븐장갑, 타공팬, 랙, 톱칼, 백노루지

(1) 검은콩 크림빵 배합표

번호	비율(%)	재료명	무게(g)
1	100	강력분	1000
2	5	대두가루	50
3	14	설탕	140
4	2	소금	20
5	4	생이스트	40
6	1	제빵개량제	10
7	72	검은콩우유	720
8	15	버터	150
9	25	검은콩(당절임)	250
	238	합계	2,380
	20	강력분	200

(1) 검은콩크림 배합표

번호	비율(%)	재료명	무게(g)
1	30	버터	300
2	10	검은콩(곱게 간 것)	100
3	20	슈거파우더	200
4	50	커스터드크림	500
5	0.2	소금	2
	110.2	합계	1,102

(2) 혼합

버터, 검은콩을 제외한 재료를 믹싱볼에 넣어 혼합한다. 반죽이 한 덩어리가 되면 중속으로 혼합한다. 클린업단계에 버터를 넣고 혼합하여 27℃의 반죽형성 후기단계의 반죽을 만든 다음 삶은 검은콩을 넣고 저속으로 골고루 혼합한다.

(3) 1차 발효

온도 27℃, 상대습도 75%에서 50분간 1차 발효한다.

✳ 완성품

✳ 공정

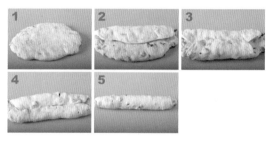

(4) 분할, 둥글리기 및 중간발효

250g으로 분할하고 둥글리기한 후 15분간 중간발효한다.

(5) 성형 및 패닝

약 25cm 정도의 막대형태로 성형하고 밀가루를 반죽에 골고루 묻혀 팬에 적당한 간격으로 패닝한다.

(6) 2차 발효

온도 38℃, 상대습도 85%의 발효실에 약 50분간 2차 발효시킨다.

(7) 굽기

반죽 윗면에 사인용 칼을 이용하여 칼집을 사선으로 3번 정도 내준다. 아랫불 150℃, 윗불 180℃의 예열된 오븐에 약 20분간 굽는다. 굽기 중 껍질색이 나지 않도록 주의한다.

❋ **실내온도 :** ℃, **밀가루 온도 :** ℃, **사용한 물 온도 :** ℃

혼합시간	1단 분/ 2단 분/ 3단 분	최종반죽온도	℃
반죽의 특성	끈적함 / 건조하고 단단함 / 잘 늘어남 / 탄성이 강함 / 기타( )		

● **중요 포인트**

● **실습 원리**

성공요인	실패요인

● **실패요인 분석 및 개선 방향**

● **공정 및 완제품 사진 첨부**

(8) 마무리

냉각된 빵에 검은콩크림을 골고루 넣어준다.

계량	혼합	1차 발효	분할	중간발효	성형	2차 발효	굽기	냉각
9분	20분	60분	15분	10분	40분	40분	15분	20분
29분		104분(1시간 44분)		154분(2시간 34분)		209분(3시간 29분)		229분(3시간 55분)

Tip ▌ **당절임 검은콩**

24시간 불린 검은콩 300g에 설탕 120g, 물 350g 을 냄비에 넣고 중불로 끓인다. 검은콩이 완전히 삶아지면 체에 당액을 제거하고 냉각한다.

Tip ▌ **검은콩크림 만드는 법**

삶은 검은콩 80g에 우유 50g을 믹서에 넣고 곱게 갈아 사용한다. 버터를 포마드화하고 갈아낸 검은콩을 넣고 혼합하면서 슈거파우더를 혼합한다. 단 오버런이 많이 발생되지 않도록 주의한다. 커스터드크림을 버터크림에 넣고 골고루 혼합하여 크림을 만든다.

응용 배합표

1. 찰떡 바게트(Glutinous cake bageutte)

비율(%)	재료명	무게(g)
90	강력분	900
10	크라프트콘	100
3	설탕	30
1.8	소금	18
4	생이스트	40
1	제빵개량제	10
65	물	650
174.8	합계	1,748

찰떡 충전물

비율(%)	재료명	무게(g)
42	찹쌀가루	420
13	설탕	130
0.5	소금	5
40	물	400
8	완두콩배기	80
103.5	합계	1,035

◉ 제조공정

1. 전 재료를 믹싱볼에 넣고 혼합하여 27℃의 반죽형성중기단계의 반죽을 만든다.
2. 온도 27℃, 상대습도 75%의 발효실에서 50분간 1차 발효한다.
3. 200g으로 분할하고 둥글리기한 다음 10분간 중간발효한다.
4. 반죽을 밀어펴고 충전용 찰떡 120g을 반죽에 바르고 반죽을 한쪽 방향으로 말아 30cm 길이로 만들어 패닝한다.
5. 온도 38℃, 상대습도 85%의 발효실에서 40분간 2차 발효한다.
6. 굽기 전 반죽의 윗면에 칼집을 4번 내준다.
7. 윗불 200℃, 아랫불 160℃의 오븐에서 스팀을 넣고 약 20분간 굽는다.

메모 및 사진첨부

2. 브리오슈 쉬스(Brioche suisses)

비율(%)	재료명	무게(g)
75	강력분	750
25	중력분	250
2	소금	20
10	설탕	100
60	달걀	600
3	생이스트	30
50	버터	500
225	합계	2,250

충전물

비율(%)	재료명	무게(g)
25	커스터드크림	250
25	건포도	250
15	믹스드필	150
8	럼	80
73	합계	730

◉ 전처리

1. 건포도, 믹스드필은 럼에 담가둔 후 물기를 제거하여 사용한다.
2. 커스터드크림을 만들어 놓는다.

◉ 제조공정

1. 유지를 제외한 재료를 믹싱볼에 넣어 혼합하고 클린업 단계에서 유지를 넣는다.
2. 27℃의 반죽형성후기단계의 반죽을 만든다.
3. 온도 27℃, 상대습도 75%에서 60분간 1차 발효하고 냉장고에서 1시간 발효한다.
4. 420g으로 분할하고 20분간 중간발효한다.
5. 반죽을 밀대로 밀어펴고 커스터드크림을 발라준다. 그 위에 건포도와 믹스드필을 적당량 뿌려준 후 둥글게 말아준다. 둥글게 말린 반죽을 4등분하고 파운드 틀에 올려준다.
6. 온도 35℃, 상대습도 85%의 발효실에서 50분간 2차 발효한다.
7. 달걀물칠을 하고 윗불 220℃, 아랫불 150℃의 오븐에 굽는다. 반죽의 색상이 갈색으로 변하면 윗불을 160℃로 낮춰준다
8. 구워낸 제품에 화이트 혼당을 발라주고 아몬드 슬라이스를 뿌린다.

메모 및 사진첨부

3. 초코롤브레드(Chocolate roll bread)

비율(%)	재료명	무게(g)
100	강력분	1000
35	설탕	350
3	생이스트	30
1	레시틴	10
15	마가린	150
10	버터	100
1.4	소금	14
35	달걀	350
0.1	바닐라향	1
30	우유	300
3	탈지분유	30
233.5	합계	2,335

토핑크림

비율(%)	재료명	무게(g)
15	박력분	82.5
9	설탕	49.5
18	달걀	99
15	버터	82.5
3	물	16.5
60	합계	330

◉ **전처리**

토핑크림 : 크림법으로 제조한다.

◉ **제조공정**

1. 유지를 제외한 재료를 믹싱볼에 넣어 혼합한다
2. 클린업단계에서 유지를 넣고 혼합하여 27℃의 반죽형 성후기단계의 반죽을 만든다.
3. 온도 27℃, 상대습도 75%의 발효실에서 90분간 1차 발효한다.
4. 300g으로 분할 후 둥글리기하고 20분간 중간발효한다.
5. 초코칩 25g을 반죽에 말아 넣고 원형으로 모양을 잡아 패닝한다.
6. 온도 35℃, 상대습도 85%의 발효실에서 60분간 2차 발효한다.
7. 크림을 짤주머니에 담아 반죽 위에 나선형으로 짜준 후, 초코칩 5g을 뿌려준다.
8. 윗불 200℃, 아랫불 150℃의 오븐에 약 20~30분간 굽는다.

메모 및 사진첨부

4. 쑥앙금빵(Mugwort jam bread)

비율(%)	재료명	무게(g)
75	강력분	750
25	쑥가루	250
15	물	150
4	생이스트	40
1	소금	10
20	설탕	200
15	버터	150
20	달걀	200
1	제빵개량제	10
15	우유	150
15	물	150
206	합계	2,060

쑥앙금충전물

비율(%)	재료명	무게(g)
180	쑥앙금	1800
20	밤다이스	200
합계	200	2,000

◉ **전처리**

쑥앙금과 밤다이스를 혼합한다.

◉ **제조공정**

1. 유지를 제외한 재료를 믹싱볼에 넣어 혼합한다
2. 클린업단계에서 유지를 넣고 혼합하여 27℃의 반죽형 성후기단계의 반죽을 만든다.
3. 온도 27℃, 상대습도 75%의 발효실에서 60분간 1차 발효한다.
4. 60g으로 분할 후 둥글리기하고 10분간 중간발효한다.
5. 쑥앙금 충전물 60g을 반죽에 싸준다.
6. 온도 35℃, 상대습도 85%의 발효실에서 50분간 2차 발효한다.
7. 윗불 190℃, 아랫불 170℃의 오븐에 약 15분간 굽는다.

메모 및 사진첨부

5. 밀크번(Milk bun)

비율(%)	재료명	무게(g)
100	강력분	1000
12	설탕	120
12	버터	120
2	소금	20
3	생이스트	30
5	분유	50
1	제빵개량제	10
10	달걀	100
50	물	500
20	발효반죽	200
215	합계	2,150

◉ **제조공정**

1. 유지를 제외한 재료를 믹싱볼에 넣어 혼합한다
2. 클린업단계에서 유지를 넣고 혼합하여 27℃의 반죽형 성후기단계의 반죽을 만든다.
3. 온도 27℃, 상대습도 75%의 발효실에서 60분간 1차 발효한다.
4. 150g으로 분할 후 둥글리기하고 10분간 중간발효한다.
5. 15cm 길이의 봉형태로 길게 밀어준 후 철판에 10개씩 패닝한다.
6. 반죽에 달걀물칠을 하고 칼로 4번 칼집을 내준다.
7. 온도 35℃, 상대습도 85%의 발효실에서 60분간 2차 발효한다.
8. 윗불 200℃, 아랫불 180℃의 오븐에 약 15분간 굽는다.

메모 및 사진첨부

6. 모닝소프트롤(Morning soft roll)

비율(%)	재료명	무게(g)
8	설탕	80
21	버터	210
1.8	소금	18
3	분유	30
1.8	B.P	18
14	달걀	140
4	생이스트	40
57	강력분	570
43	중력분	430
45	물	450
198.6	합계	1,986

◉ 제조공정

1. 유지를 제외한 재료를 믹싱볼에 넣어 혼합한다

2. 클린업단계에서 유지를 넣고 혼합하여 27℃의 반죽형 성후기단계의 반죽을 만든다.

3. 온도 27℃, 상대습도 75%의 발효실에서 60분간 1차 발효한다.

4. 18g으로 분할 후 둥글리기하고 10분간 중간발효한다.

5. 녹인 버터를 묻힌 후, 옥수수가루를 묻혀서 패닝한다.

6. 온도 35℃, 상대습도 85%의 발효실에서 40분간 2차 발효한다.

7. 윗불 220℃, 아랫불 120℃의 오븐에 스팀을 준 후 약 8분간 굽는다.

메모 및 사진첨부

7. 세미하드롤(Semihard roll)(치즈, 밤, 열대과일)

비율(%)	재료명	무게(g)
100	강력분	1000
4	설탕	40
1	드라이이스트	10
6	쇼트닝	60
4	탈지분유	40
2	소금	20
1.5	제빵개량제	15
64	물	640
182.5	합계	1,825

◉ 제조공정

1. 유지를 제외한 재료를 믹싱볼에 넣어 혼합한다
2. 클린업단계에서 유지를 넣고 혼합하여 27℃의 반죽형 성후기단계의 반죽을 만든다.
3. 온도 27℃, 상대습도 75%의 발효실에서 60분간 1차 발효한다.
4. 300g으로 분할 후 둥글리기하고 20분간 중간발효한다.
5. 치즈 : 피자치즈 40g을 반죽에 말아넣고 타원형으로 성형한다.
   밤 : 밤 50g을 반죽에 말아넣고 타원형으로 모양을 잡는다.
   열대과일 : 술에 담근 열대과일 40g을 말아 넣고 길게 밀어서 도넛모양으로 성형한다.
6. 온도 35℃, 상대습도 85%의 발효실에서 60분간 2차 발효한다.
7. 윗불 220℃, 아랫불 150℃의 오븐에 스팀을 준 후 20~30분간 굽는다.
8. 열대과일 제품에만 녹지 않는 분당을 뿌려준다.

memo 메모 및 사진첨부

8. 모닝타임(Morning time)

비율(%)	재료명	무게(g)
100	강력분	1000
28	설탕	280
1.8	소금	18
5	생이스트	50
32	버터	320
27	전란	270
3	분유	30
0.5	오렌지향	5
1.5	제빵개량제	15
25	건포도	250
9	황란	90
25	물	250
257.8	합계	2,578

토핑

비율(%)	재료명	무게(g)
100	박력분	300
27	식용유	81
83	물	249
1.5	소금	4.5
22	설탕	66
233.5	합계	700.5

◉ 제조공정

1. 유지를 제외한 재료를 믹싱볼에 넣어 혼합한다
2. 클린업단계에서 유지를 넣고 혼합하여 27℃의 반죽형 성후기단계의 반죽을 만든다.
3. 온도 27℃, 상대습도 75%의 발효실에서 60분간 1차 발효한다.
4. 60g으로 분할 후 둥글리기하고 25분간 중간발효한다.
5. 반죽을 다시 둥글리기하고 팬에 12개씩 패닝한다.
6. 온도 35℃, 상대습도 85%에서 60분간 2차 발효한다.
7. 달걀물칠한 후 열십자로 토핑물을 짜준다.
8. 윗불 200℃, 아랫불 190℃의 오븐 스팀을 주고 약 15분간 굽는다.

메모 및 사진첨부

9. 초콜릿칩 브리오슈(Chocolate chip brioche)

비율(%)	재료명	무게(g)
100	강력분	1000
12	설탕	120
65·	달걀	650
4	생이스트	40
2	소금	20
40	버터	400
25	초콜릿칩	250
248	합계	2,480

◉ 제조공정

1. 버터와 초콜릿칩을 제외한 재료를 믹싱볼에 넣어 혼합한다
2. 클린업단계에서 버터를 나누어 넣은 뒤 혼합하고 27℃의 반죽형성후기단계의 반죽을 만든다.
3. 초콜릿칩을 넣고 골고루 혼합한다.
4. 온도 27℃, 상대습도 75%의 발효실에서 120분간 1차 발효한다.
5. 가스빼기를 실시하고 냉장고에서 90분 정도 휴지한다.(2일까지 보관 가능하다.)
6. 200g으로 분할 후 둥글리기하고 20분간 중간발효한다.
7. 반죽을 링모양으로 성형하고 패닝한다.
8. 온도 30℃, 상대습도 80%에서 90분간 2차 발효한다.
9. 윗불 170℃, 아랫불 170℃의 오븐에서 20분간 굽는다.

메모 및 사진첨부

10. 통밀크림빵(Whole wheat cream bread)

비율(%)	재료명	무게(g)
50	통밀가루	500
50	강력분	500
4	생이스트	40
20	달걀	200
40	물	400
20	버터	200
2	소금	20
5	설탕	50
191	합계	1,910

헤이즐넛크림

비율(%)	재료명	무게(g)
12	달걀흰자	120
15	흑설탕	150
5	버터	50
20	커스터드크림	200
15	헤이즐넛분말	150
67	합계	670

◉ 전처리

헤이즐넛크림 만드는 방법
1. 달걀흰자와 흑설탕으로 머랭을 만든다.
2. 헤이즐넛분말을 혼합하고 커스터드크림을 혼합한다.
3. 녹인 버터를 2에 골고루 혼합한다.

◉ 제조공정

1. 유지를 제외한 전 재료를 믹싱볼에 넣어 혼합한다
2. 반죽이 한 덩어리(클린업)가 되면 유지를 넣어 혼합한다
3. 반죽형성후기단계까지 반죽한다.
4. 온도 27℃, 상대습도 75%의 발효실에서 60분간 1차 발효한다.
5. 250g으로 분할 후 둥글리기하고 10분간 중간발효한다.
6. 럭비공 모양으로 성형한다.
7. 온도 35℃, 상대습도 85%의 발효실에서 50분간 2차 발효한다.
8. 윗불 180℃, 아랫불 150℃의 오븐에 약 15~20분간 굽는다.
9. 구워낸 빵을 냉각하고 반을 잘라 아에 있는 크림을 짜준다.

memo 메모 밎 사진첨부

11. 멜론빵

비율(%)	재료명	무게(g)
80.00	강력분	800
20.00	박력분	200
18.00	설탕	180
1.50	소금	15
4.00	분유	40
4.00	이스트	40
18.00	전란	180
42.00	물	420
14.00	버터	140
201.5	합계	2,015

멜론피

비율(%)	재료명	무게(g)
25.00	버터	125
60.00	설탕	300
25.00	달걀	125
8.00	물	40
1.00	멜론내추럴	5
100.00	박력분	500
0.60	베이킹파우더	3
219.6	합계	1,098

커스터드크림

비율(%)	재료명	무게(g)
100.00	우유	1000
	바닐라빈	1개
20.00	설탕	200
16.00	황란	160
10.00	박력분	100
5.00	버터	50
2.50	멜론시럽	25
153.5	합계	1,536

◉ 제조공정

1. 전 재료를 믹싱볼에 넣고 혼합하여 27℃의 반죽형성최종단계의 반죽을 만든다.
2. 온도 27℃, 상대습도 75%의 발효실에서 50분간 1차 발효한다.
3. 45g으로 분할하고 둥글리기한 다음 10분간 중간발효한다.
4. 커스터드크림 30g을 충전한 뒤 멜론피를 밀어편 후 10cm 틀로 찍어서 올려 설탕을 묻히고 격자무늬를 낸 후 패닝한다.
5. 온도 38℃, 상대습도 75%의 발효실에서 50분간 2차 발효한다.
6. 윗불 190℃, 아랫불 160℃의 오븐에서 약 12~13분간 굽는다.

메모 및 사진첨부

12. 모카빵

비율(%)	재료명	무게(g)
100.00	강력분	1000
5.00	인스턴트커피	50
2.50	소금	25
12.00	설탕	120
3.00	생이스트	30
27.00	물	270
30.00	우유	300
15.00	유산균발효액	150
35.00	버터	350
50.00	초콜릿칩	500
279.5	합계	2,795

아파레유(충전물)

비율(%)	재료명	무게(g)
160.00	아몬드 슬라이스	96
30.00	물	18
50.00	설탕	30
160.00	달걀흰자	96
100.00	박력분	60
500	합계	300

◉ **제조공정**

1. 전 재료를 믹싱볼에 넣고 혼합하여 27℃의 반죽형성중 기단계의 반죽을 만든다.
2. 온도 27℃, 상대습도 75%의 발효실에서 60분간 1차 발효한다.
3. 120g으로 분할하고 둥글리기한 다음 20~30분간 중간 발효한다.
4. 25cm 정도의 길이로 만들어 패닝한다.
5. 온도 38℃, 상대습도 85%의 발효실에서 50~60분간 2차 발효한다.
6. 굽기 전 충전물을 발효완료된 반죽 위에 올려준다.
7. 윗불 210℃, 아랫불 210℃의 오븐에서 스팀을 넣고 약 20분간 굽는다.

메모 및 사진첨부

13. 모카크림빵

비율(%)	재료명	무게(g)
100.00	강력분	1000
13.00	설탕	130
1.00	소금	10
3.50	이스트	35
1.00	분유	10
25.00	전란	250
1.50	커피분말	15
36.00	물	360
15.00	버터	150
1.00	제빵개량제	10
197	합계	1,970

버터크림 충전물

비율(%)	재료명	무게(g)
100.00	버터	600
15.00	설탕 A	90
7.00	물	42
14.00	달걀흰자	84
7.00	설탕 B	42
0.20	소금	1.2
143.2	합계	859.2
30	크랜베리	180
30	호두(전처리)	180
346.4	합계	2,078.4

스트로이젤 토핑

비율(%)	재료명	무게(g)
42.00	설탕	252
30.00	버터	180
20.00	아몬드프랄린	120
100.00	박력분	600
1.25	베이킹파우더	7.5
1.60	베이킹소다	9.6
25.00	달걀	150
219.85	합계	1,319.1

◉ 제조공정

1. 전 재료를 믹싱볼에 넣고 혼합하여 27℃의 반죽형성중 기단계의 반죽을 만든다.
2. 온도 27℃, 상대습도 75%의 발효실에서 50분간 1차 발효한다.
3. 60g으로 분할하고 둥글리기한 다음 10분간 중간발효한다.
4. 반죽을 15cm 길이로 성형하고 달걀물을 바른 다음 스트로이젤 토핑을 묻혀주고 패닝한다.
5. 온도 38℃, 상대습도 85%의 발효실에서 40분간 2차 발효한다.
6. 윗불 200℃, 아랫불 160℃의 오븐에서 스팀을 넣고 약 12분간 굽는다.
7. 냉각 후 슬라이스하고 호두(구운 것), 크랜베리(전처리)를 넣고 버터크림으로 샌드한다.

메모 및 사진첨부

14. 스노우 볼

비율(%)	재료명	무게(g)
80.00	강력분	800
20.00	박력분	200
1.60	드라이이스트	16
1.80	소금	18
3.20	설탕	32
3.20	쇼트닝	32
64.00	물	640
173.8	합계	1,738

우유크림

비율(%)	재료명	무게(g)
100.00	우유	1000
15.00	생크림	150
1.20	바닐라빈	12
22.00	설탕	220
8.00	박력분	80
18.00	달걀흰자	180
5.00	버터	50
1.60	레몬즙	16
170.8	합계	1,708

◉ 제조공정

1. 쇼트닝을 제외한 재료를 믹서에 넣고 클린업단계에 쇼트닝을 혼합하여 27℃의 반죽형성중기단계의 반죽을 만든다.
2. 온도 27℃, 상대습도 75%의 발효실에서 50분간 1차 발효한다.
3. 60g으로 분할하고 둥글리기한 다음 10분간 중간발효한다.
4. 반죽을 둥글리기하고 전분을 골고루 묻혀 패닝한다.
5. 온도 32℃, 상대습도 80%의 발효실에서 40분간 2차 발효한다.
6. 윗불 200℃, 아랫불 150℃의 오븐에서 약 8~12분간 굽는다.
7. 냉각 후 우유크림을 짤주머니에 담아 빵의 옆면에 짜준다.

메모 및 사진첨부

15. 영떡

비율(%)	재료명	무게(g)
100.00	찹쌀가루(방앗간)	500
12.00	설탕	60
1.60	베이킹파우더	8
0.80	베이킹소다	4
0.60	소금	3
50.00	우유	250
12.00	호두	60
12.00	밤	60
12.00	완두배기	60
12.00	팥배기	60
213	합계	1,065

◉ 제조공정

1. 모든 재료를 주걱으로 골고루 혼합한다.
2. 직경 10cm, 높이 2.5cm의 링 틀에 반죽을 패닝한다.
3. 윗불 180℃, 아랫불 170℃의 오븐에서 약 35~40분간 굽는다.

메모 및 사진첨부

데니시 페이스트리(Danish pastry)-스트레이트법

데니시 페이스트리는 반죽에 가소성의 범위가 높은 유지를 사용하여 밀어펴고 접는 방법을 반복하여 빵에 층을 만들어 굽는 빵으로 식사대용 및 간식으로 인기가 높은 제품이다.

준비	내용
장비	믹서, 발효기, 오븐
소도구	저울, 온도계, 행주, 계량그릇, 타공팬, 발효비닐, 플라스틱 카드, 밀대, 붓, 자, 재단용 칼, 오븐장갑, 톱칼, 파운드 틀, 백노루지 달걀광택제

(1) 데니시 페이스트리 배합표

번호	비율(%)	재료명	무게(g)
1	80	강력분	720
2	20	박력분	180
3	45	물	405
4	5	생이스트	45
5	2	소금	18
6	15	설탕	135
7	10	마가린	90
8	3	탈지분유	27
9	15	달걀	135
	195	합계	1,755
총 반죽의 30%		롤인 유지	526.5

(2) 혼합

혼합 직전 반죽온도를 맞추기 위한 물 온도를 맞춘다. 마가린을 제외한 재료를 믹서에 넣고 저속으로 약 3~5분간 혼합한다. 반죽이 한 덩어리가 되면 마가린을 넣고 중속으로 6분 정도 혼합하고, 최종반죽온도는 20±1℃를 만든다.

(3) 휴지

반죽을 비닐에 싸고 40 × 40cm 정도로 밀어펴고 냉장고에 30분간 냉장휴지한다.

(4) 밀어펴기와 접기

반죽에 파이용 마가린을 잘 싸주고 0.3cm 두께(40cm × 100cm 정도)의 반죽으로 일정하게 밀어펴 3겹접기하고 냉장고에 휴지한다.(30분/1회) 반죽을 40cm × 90cm 크기로 밀어펴고 3겹접기한 후 냉장

✱ 완성품

✱ 공정

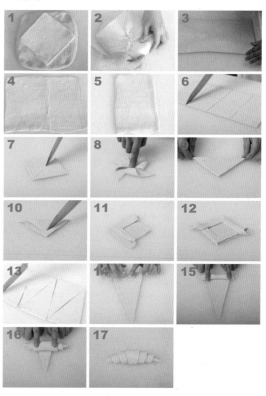

고에 휴지한다.(30분/2회) 반죽을 50cm × 70cm 크기로 밀어펴고 3겹접기한 다음 냉장고에 휴지한다.(30분/3회)

✽ 실내온도 :   ℃, 밀가루 온도 :   ℃, 사용한 물 온도 :   ℃

혼합시간	1단 분/ 2단 분/ 3단 분	최종반죽온도	℃
반죽의 특성	끈적함 / 건조하고 단단함 / 잘 늘어남 / 탄성이 강함 / 기타(		)

• **중요 포인트**

• **실습 원리**

성공요인	실패요인

• **실패요인 분석 및 개선 방향**

• **공정 및 완제품 사진 첨부**

(5) 성형 및 패닝

- 초승달형 : 반죽을 0.4cm의 두께로 밀어펴고, 가로 12cm, 세로 22cm의 직삼각형 모양으로 자르고 반죽의 넓은 변을 말아 초승달 모양으로 만든다.
- 바람개비형 : 두께 0.5cm, 가로 10cm, 세로 10cm의 정사각형으로 자르고, 반죽의 중앙부터 네 모서리를 자르고 바람개비 모양으로 성형한다.
- 달팽이형 : 두께 1~1.5cm로 밀어편 후 가로 1.5cm, 세로 30~35cm의 긴 막대모양으로 자르고, 꼬아서 느슨하게 말아 성형한다.

(6) 2차 발효

발효실 온도 35℃, 상대습도 80%의 발효실에 약 40분간 2차 발효한다.

(7) 굽기

아랫불 190℃, 윗불 190℃의 예열된 오븐에 약 15~20분간 굽는다. 굽기 중 껍질색의 상태에 따라 팬의 위치를 바꿔준다.

계량	혼합	휴지	밀어펴기 및 성형	2차 발효	굽기	냉각
9분	10분	30분	100분	40분	20분	20분
19분			149분(2시간 29분)		209분(3시간 29분)	229분(3시간 49분)

크루아상 (Croissants/Pâte levée feuilletée)

크루아상은 오스만제국이 오스트리아 침략 시 지하터널을 파는 전술로 승승장구하였으나 제빵사에 의해 전술을 알게 되어 공로로 만들게 한 빵이다. 18세기 마리 앙투아네트가 프랑스의 루이 16세와 결혼하여 프랑스에 전해지게 되어 지금은 프랑스의 대표 빵 중 하나가 되었다.

준비	내용
장비	믹서, 발효기, 오븐
소도구	저울, 온도계, 행주, 계량그릇, 타공팬, 발효비닐, 플라스틱 카드, 밀대, 붓, 자, 재단용 칼, 오븐장갑, 톱칼, 파운드 틀, 백노루지 달걀광택제

(1) 크루아상 배합표

번호	비율(%)	재료명	무게(g)
1	80	강력분	800
2	20	중력분	200
3	2	소금	20
4	3	생이스트	30
5	2	탈지분유	20
6	10	설탕	100
7	1	몰트	10
8	10	G2B 유산균발효액	100
9	47	급수	470
	175	합계	1750
10	50	롤인버터	500

• 충전용 버터는 총반죽의 약 30%를 사용함

Tip ▌ 모양에 따른 분류

초승달 페이스트리 Croissant
초콜릿 페이스트리 Pain au Chocolat
건포도 페이스트리 Pain aux raisins
안경모양 초콜릿 페이스트리 Lunettes aux chocolat
메달모양의 페이스트리 Médaillon
밧줄모양의 페이스트리 Torsade

(2) 혼합

T.B = 72, 제조방법 = S.P

혼합 직전 반죽온도를 맞추기 위한 물 온도를 맞춘다. 전 재료를 믹서에 넣고 저속으로 약 3~5분간 혼합한다. 반죽이 한 덩어리가 되면 중속으로 5~7분 정도 혼합하고, 최종반죽온도는 25±1℃를 만든다.

✻ 완성품

✻ 공정

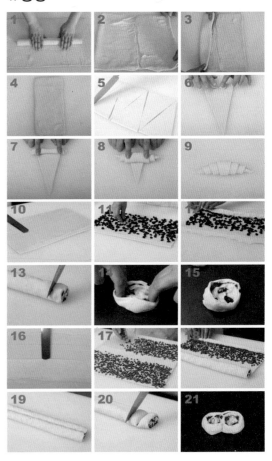

✻ **실내온도 :** ℃, **밀가루 온도 :** ℃, **사용한 물 온도 :** ℃

혼합시간	1단 분/ 2단 분/ 3단 분	최종반죽온도	℃
반죽의 특성	끈적함 / 건조하고 단단함 / 잘 늘어남 / 탄성이 강함 / 기타( )		

● **중요 포인트**

성공요인	실패요인

● **실패요인 분석 및 개선 방향**

(3) 1차 발효 및 휴지

반죽을 430g의 4개로 분할하고 둥글리기한 다음 발효비닐로 반죽이 마르지 않도록 발효실 온도 27℃, 상대습도 75%에서 45분간 1차 발효한다. 발효된 반죽을 가스빼기하고 냉장고에 45분간 냉장휴지한다.

(4) 밀어펴기와 접기

반죽에 100~120g의 롤인버터(또는 AOP 발효버터)를 잘 싸주고 두께 0.3cm(가로 25cm×60cm 정도)의 반죽으로 일정하게 밀어펴 3겹 접기하고 냉장고에 휴지한다.(30분/3회) 반죽을 30cm×60cm 크기로 밀어펴고 3겹접기한 후 냉장고에 휴지한다.(30분/2회) 반죽을 30cm×60cm 크기로 밀어펴고 3겹접기한 다음 냉장고에 휴지한다.(30분/3회)
● 반죽 접기는 4절 1회 → 3절 1회 또는 3절 1회 → 4절 1회, 3절 3회 등 다양한 접기를 통해 제작할 수 있다.

(5) 성형 및 패닝

3절 3회 접기된 반죽을 26cm×62cm 크기로 밀어펴고, 12cm×25cm의 직삼각형으로 재단한다. 하나의 반죽무게가 약 65g이 되면 넓은 쪽부터 말아 번데기 모양의 크루아상을 만든다. 평철판에 10개씩 패닝하고 달걀물을 바른다.

(6) 2차 발효

발효실 온도 27℃, 상대습도 75%의 발효실에 약 1시간 45분~2시간 동안 2차 발효한다.

(7) 굽기

아랫불 온도 220℃, 윗불 온도 220℃의 예열된 오븐에 약 12~15분간 굽는다. 굽기 중 껍질색의 상태에 따라 팬의 위치를 바꿔준다.

계량	혼합	1차 발효 및 휴지	밀어펴기 및 성형	2차 발효	굽기	냉각
9분	10분	90분	40분	120분	20분	20분
19분		149분(2시간 29분)		284분(4시간 44분)		304분(5시간 4분)

■ 빵 오 쇼콜라(Pain au Chocolat/초콜릿 페이스트리)
3절 3회 접기된 반죽을 30cm×50cm 크기로 밀어펴고, 10cm×12.5cm의 직사각형으로 재단한다. 하나의 반죽무게는 55~60g, 반죽의 중앙에 2cm 간격을 두고 스틱초콜릿 2개를 놓고 양쪽으로 접어 성형을 마무리한다. 평철판에 12개를 패닝하고 광택용 달걀을 바른다.

■ 빵 오 헤장(Pain au Raisin/건포도 페이스트리)
3절 3회 접기된 반죽을 30cm×42cm 크기로 밀어펴고, 커스터드크림을 얇게 바르고 건포도를 골고루 뿌리고 반죽을 말아 36cm 길이의 원통형으로 늘려서 성형한다. 성형된 원통을 3cm 간격으로 자르고 평철판에 10개씩 패닝하고 반죽의 중앙을 누르면서 넓게 펴준다. 광택용 달걀은 페이스트리의 옆면을 바른다.

■ 계피 데니시 페이스트리
3절 2회 접기된 반죽을 21cm×36cm 크기로 밀어펴고, 아몬드 계피크림을 반죽의 중앙에 짜주고 반죽의 양쪽을 가운데로 덮어준다. 성형된 반죽을 6cm 간격으로 자르고 평철판에 10개씩 패닝하여 광택용 달걀을 골고루 바른다.(반죽중량 60g, 내용물 45g)

(1) 아몬드 계피크림 배합표

번호	비율(%)	재료명	무게(g)
1	120	아몬드파우더	240
2	60	설탕	120
3	100	버터	200
4	85	달걀	170
5	7	계핏가루	14
6	7	중력분	14
	379	합계	758

■ 배 데니시 페이스트리
3절 2회 접기된 반죽을 21cm×36cm×2mm 크기로 밀어펴고, 아몬드크림을 반죽의 중앙에 짜주고 배 다이스를 골고루 올린 다음 반죽의 양쪽을 가운데로 덮어준다. 성형된 반죽을 6cm 간격으로 자르고 평철판에 10개씩 패닝하여 광택용 달걀을 골고루 바른다.(반죽중량 60g, 내용물 45g)

아몬드크림 배합표

번호	비율(%)	재료명	무게(g)
1	120	아몬드파우더	240
2	60	설탕	120
3	100	버터	200
4	85	달걀	170
	365	합계	730

■ 크림 데니시 페이스트리
3절 2회 접기된 반죽을 12cm×12cm×2mm 크기로 자르고, 반죽의 모서리를 가운데로 접고 눌러서 모양을 만든다. 중앙에 커스터드크림을 짜준다. 성형된 반죽을 평철판에 10개씩 패닝하고 광택용 달걀을 골고루 바른다.(반죽중량 65g, 커스터드크림 25g)

■ 살구 데니시 페이스트리
3절 2회 접기된 반죽을 11cm×11cm×3mm 크기로 자르고, 반죽을 삼각형으로 접어 꼭지점에서 2cm 정도 남기고 칼집을 낸다. 반죽을 서로 교차하여 모양을 만들고, 중앙에 커스터드크림 25g을 짠 다음 그 위에 살구 반쪽을 올려준다. 성형된 반죽을 평철판에 10개씩 패닝하고 광택용 달걀을 골고루 바른다.(반죽중량 65g, 커스터드크림 25g)

■ 크림치즈 데니시 페이스트리
3절 3회 접기된 반죽을 11cm×40cm×3mm 크기로 자르고, 크림치즈 내용물을 반죽의 중앙에 짜주고 반죽의 양쪽을 가운데로 덮어준다. 성형된 반죽을 4cm 간격으로 자르고 평철판에 20개씩 패닝하여 광택용 달걀을 골고루 바른다.(반죽중량 20g, 내용물 15g)
크림치즈 내용물 : 크림치즈 100g+설탕 8g을 혼합하여 크림을 만든다.

■ 밤롤 데니시 페이스트리
3절 3회 접기된 반죽을 12cm×12cm×3mm 크기로 자르고, 밤다이스 50g을 말고 반으로 자른 다음 소보로 50g을 찍어서 종이파운드 틀에 패닝한다. 2차 발효가 끝나면 아몬드콩피 50g을 짜준다.
아몬드콩피(토핑) : 설탕 260g+흰자 140g을 골고루 혼합한다. 여기에 박력분 100g, 아몬드분말 80g을 넣어 골고루 혼합한다.

■ 소시지피자 데니시 페이스트리
3절 3회 접기된 반죽을 12cm×12cm×3mm 크기로 자르고, 프랑크소시지 2개를 말고 가위로 이삭모양으로 자른다. 2차 발효가 끝나면 피자토핑 50g을 올리고 케첩을 짜준다.
피자토핑 : 양파 100g, 피망 15g, 슬라이스햄 75g, 맛살 70g, 캔 옥수수 60g, 양송이버섯 60g, 피자치즈 250g, 마요네즈 80g을 골고루 혼합한다.

MEMO

씬 & 크리스피 스타일 피자(Thin & crispy style pizza)-오버나이트법

피자는 이탈리아의 대표적인 음식으로 알려져 있으며 미국으로 건너가 대중적인 인기를 얻으면서 여러 가지 다양한 재료를 반죽 위에 올려 만든다.

준비	내용
장비	믹서, 발효기, 오븐, 버너
소도구	온도계, 행주, 저울, 그릇, 알루미늄 발효팬, 스크레이퍼, 카드, 밀대, 붓, Docker, 피자팬, 스프레드용 오일, 오일행주, 오븐장갑, 피자로더(삽), 랙, 칼(피자 커팅), 프라이팬, 냄비

(1) 피자도우 배합표

번호	비율(%)	재료명	무게(g)
1	100	강력분	1200
2	1.5	생이스트	18
3	1.5	소금	18
4	8	식용유	96
5	45	물(10~12℃)	540
	156	합계	1,872

피자토핑(2개용)

번호	비율(%)	재료명	무게(g)
1	20	양파	120
2	20	햄	120
3	20	피망	120
4	20	양송이	120
5	100	피자치즈	600
	180	합계	1,080

피자소스

번호	비율(%)	재료명	무게(g)
1	70	토마토 페이스트	210
2	30	토마토소스	90
3	5	마늘	15
4	1	소금	3
5	1	오레가노	3
6	10	식용유	30
7	50	물	150
	167	합계	501

✱ 성형완료

✱ 공정

Tip | 소스 만들기

프라이팬에 식용유를 두르고 갈아놓은 마늘을 넣고 볶는다. 물을 제외한 나머지 재료를 넣고 볶아준 다음 물을 넣고 적당한 되기가 될 때까지 가열한다.

(2) 혼합

믹싱볼에 물(10~12℃)과 생이스트를 넣고 혼합한 뒤 나머지 재료를 모두 넣고 스파이럴 믹서에서 저속으로 10분간 혼합한다.(반죽온도 24±2℃)

(3) 저온숙성(발효)

300g으로 분할하고 반죽을 둥글리기하여 알루미늄 브레드박스에 8~10개를 넣고 밀봉하여 4℃의 냉장고에 24~48시간 저온숙성(발효)한다.

✳ **실내온도 :**   ℃, **밀가루 온도 :**   ℃, **사용한 물 온도 :**   ℃

혼합시간	1단 분/ 2단 분/ 3단 분	최종반죽온도	℃
반죽의 특성	끈적함 / 건조하고 단단함 / 잘 늘어남 / 탄성이 강함 / 기타( )		

• **중요 포인트**

• **실습 원리**

성공요인	실패요인

• **실패요인 분석 및 개선 방향**

• **공정 및 완제품 사진 첨부**

(4) 성형 및 패닝

저온숙성(발효)이 완료된 반죽을 30cm 정도의 원형으로 밀어펴고 docker로 반죽에 구멍을 뚫어주고 스크린에 패닝한다. 패닝된 스크린은 냉장고에 보관하고 내놓기 직전에 꺼내서 토핑한다.

(5) 피자 토핑하기

반죽 위에 피자소스 80g 정도를 골고루 바르고 밑치즈 10~20g 정도를 뿌리고 양파, 햄, 피망과 피자치즈를 골고루 토핑한다.

(6) 굽기

윗불 248℃, 아랫불 240℃를 정도의 오븐에 약 5~10분간 굽는다. 껍질이 완전히 익고 치즈가 녹아 흐르는 상태가 되어야 한다.

계량	혼합	분할	저온숙성	성형	토핑	굽기
6분	10분	10분	24시간	20분	10분	10분
16분		1,466분(24시간 26분)		1,496분(24시간 56분)		1,562분(25시간 06분)

뉴욕스타일 피자(New York style pizza)–오버나이트법

미국의 뉴욕스타일 피자는 일반 피자와 달리 흡수율이 높은 반죽을 이용하는 피자로 씬 & 크리스피 피자와 달리 오일을 발라 이탈리아의 대표적인 음식으로 알려져 있으며 미국으로 건너가 대중적인 인기를 얻으면서 다양한 재료를 반죽 위에 올려 만든다.

준비	내용
장비	믹서, 발효기, 오븐, 버너
소도구	온도계, 행주, 저울, 그릇, 알루미늄 발효팬, 스크레이퍼, 카드, 밀대, 붓, Docker, 피자팬, 스프레드용 오일, 오일행주, 오븐장갑, 피자로더(삽), 랙, 칼(피자커팅), 프라이팬, 냄비

(1) 피자도우 배합표

번호	비율(%)	재료명	무게(g)
1	100	강력분	1000
2	1.5	생이스트	10
3	2	설탕	20
4	2	소금	20
5	3	올리브오일	30
6	58	물	580
	166.5	합계	1,660

피자소스

번호	비율(%)	재료명	무게(g)
1	100	토마토	150
2	40	토마토 페이스트	60
3	20	당근	30
4	20	양파	30
5	20	올리브유	30
6	8	피망	12
7	8	마늘	12
8	8	셀러리	12
9	2	소금	3
10	20	할라피뇨	30
11	0.6	바질	0.9
12	100	물	150
	346.6	합계	519.9

✻ 완성품

✻ 공정

피자 토핑

번호	비율(%)	재료명	무게(g)
1	80	피자치즈	800
2	8	페퍼로니	80
3	6	비프토핑	60
4	6	포크토핑	60
5	7	청피망	70
6	10	양파	100
7	7	양송이버섯	70
8	10	햄	100
9	5	블랙올리브	50
	139	합계	1,390

Tip ▌ 소스 만들기와 토핑하기

피자소스의 전 재료를 프라이팬에 넣고 끓을 때까지 볶아준다. 피자소스를 반죽 위에 골고루 발라주고 밑치즈를 골고루 뿌린 후 페퍼로니를 골고루 올리고 윗치즈를 올려준다.

✳ **실내온도 :** ℃, **밀가루 온도 :** ℃, **사용한 물 온도 :** ℃

혼합시간	1단	분/ 2단	분/ 3단	분	최종반죽온도		℃
반죽의 특성	끈적함 / 건조하고 단단함 / 잘 늘어남 / 탄성이 강함 / 기타(					)	

• **중요 포인트**

• **실습 원리**

성공요인	실패요인

• **실패요인 분석 및 개선 방향**

• **공정 및 완제품 사진 첨부**

(2) 혼합
믹싱볼에 물(10~12℃)과 생이스트를 넣고 혼합한 뒤 나머지 재료를 모두 넣고 스파이럴 믹서에서 저속으로 5분간 혼합하고 중속으로 약 2~3분간 혼합한다.(반죽온도 24±2℃)

(3) 저온숙성(발효)
250g으로 분할하여 반죽을 둥글리기하고 식용유를 붓으로 반죽에 골고루 바른 뒤 알루미늄 브레드박스에 8~10개를 넣고 밀봉하여 4℃의 냉장고에 24~48시간 저온숙성(발효)한다.

(4) 성형 및 패닝
저온숙성(발효)이 완료된 반죽에 옥수수분말을 덧가루로 사용하여 손으로 반죽을 납작한 원형으로 눌러준다. 납작한 반죽은 핸드토싱방법(hand-tossing method)으로 30cm 정도로 늘려준다. 반죽의 중앙부위를 docker로 구멍을 뚫어 성형한다.

(5) 피자 토핑하기
반죽 위에 피자소스를 60~80g 정도 골고루 바른 뒤 밑치즈 10~20g 정도를 뿌린다. 준비된 재료를 골고루 토핑한 후 피자치즈를 골고루 올린다.

(6) 굽기
윗불 248℃, 아랫불 240℃ 정도의 오븐에 약 10~12분간 굽는다. 껍질이 완전히 익고 치즈가 녹아 흐르는 상태가 되어야 한다.

계량	혼합	분할	1차 발효	성형	휴지	굽기
6분	12분	10분	24시간	20분	10분	15분
18분		1,468분(24시간 28분)		1,498분(24시간 58분)		1,513분(25시간 13분)

페퍼로니피자(Peperoni pizza)-스트레이트법

페퍼로니는 고기로 만든 건조소시지의 일종으로 이탈리아 계열의 미국식 살라미이다.

(1) 피자도우 배합표

번호	비율(%)	재료명	무게(g)
1	100	중력분	1000
2	1.5	생이스트	15
3	5	설탕	50
4	2	소금	20
5	8	올리브오일	80
6	45	물	450
	161.5	합계	1,615

피자 토핑

번호	비율(%)	재료명	무게(g)
1	80	밑치즈	640
2	20	페퍼로니	160
3	20	윗치즈	160
	120	합계	960

피자소스

번호	비율(%)	재료명	무게(g)
1	70	토마토 페이스트	210
2	30	토마토소스	90
3	5	마늘	15
4	1	소금	3
5	1	오레가노	3
6	10	식용유	30
7	50	물	150
	167	합계	501

(2) 혼합

믹싱볼에 물(10~12℃)과 생이스트를 넣고 혼합한 뒤 나머지 재료를 모두 넣고 스파이럴 믹서에서 저속으로 5분간 혼합하고 중속으로 약 2~3분간 혼합한다.(반죽온도 24±2℃)

(3) 저온숙성(발효)

250g으로 분할하여 반죽을 둥글리기하고 알루미늄

✳ 완성품

✳ 공정

브레드박스에 8~10개를 넣고 밀봉하여 4℃의 냉장고에 24~48시간 저온숙성(발효)한다.

(4) 성형 및 패닝

저온숙성(발효)이 완료된 반죽에 옥수수분말을 덧가루로 사용하여 손으로 반죽을 납작한 원형으로 눌러준다. 납작한 반죽은 핸드토싱방법(hand-tossing method)으로 30cm 정도로 늘려준다. 반죽의 중앙 부위를 docker로 구멍을 뚫어 성형한다.

(5) 피자 토핑하기

반죽 위에 피자소스 60~80g 정도를 골고루 바르고

✵ **실내온도 :**   ℃, **밀가루 온도 :**   ℃, **사용한 물 온도 :**   ℃

혼합시간	1단	분/ 2단	분/ 3단	분	최종반죽온도	℃
반죽의 특성	끈적함 / 건조하고 단단함 / 잘 늘어남 / 탄성이 강함 / 기타( )					

• **중요 포인트**

• **실습 원리**

성공요인	실패요인

• **실패요인 분석 및 개선 방향**

• **공정 및 완제품 사진 첨부**

밑치즈 10~20g 정도를 뿌린다. 준비된 재료를 골고루 토핑한 후 피자치즈를 골고루 올린다.

(6) 굽기

윗불 248℃, 아랫불 240℃ 정도의 오븐에 약 10~12분간 굽는다. 껍질이 완전히 익고 치즈가 녹아 흐르는 상태가 되어야 한다.

계량	혼합	분할	1차 발효	성형	휴지	굽기
6분	12분	10분	24시간	20분	10분	15분
18분		1,468분(24시간 28분)		1,498분(24시간 58분)		1,513분(25시간 13분)

감자 크러스트피자(Potato crust pizza)-스트레이트법

피자 크러스트의 가장자리에 스트링치즈를 넣어 만든 피자이다. 각종 채소와 구운 감자를 함께 토핑하여 담백한 맛으로 최근 사랑받는 피자이다.

준비	내용
장비	믹서, 발효기, 오븐, 버너
소도구	온도계, 행주, 저울, 그릇, 알루미늄 발효팬, 스크레이퍼, 카드, 밀대, 붓, Docker, 피자팬, 스프레드용 오일, 오일행주, 오븐장갑, 피자로더(삽), 랙, 칼(피자 커팅), 프라이팬, 냄비

(1) 크러스트 도우 배합표

번호	비율(%)	재료명	무게(g)
1	100	중력분	1000
2	3	생이스트	30
3	2	설탕	20
4	2	소금	20
5	4	올리브오일	40
6	43	물	430
	154	합계	1,540

피자소스

번호	비율(%)	재료명	무게(g)
1	70	토마토 페이스트	210
2	30	토마토소스	90
3	5	마늘	15
4	1	소금	3
5	1	오레가노	3
6	10	식용유	30
7	50	물	150
	167	합계	501

피자 토핑

번호	비율(%)	재료명	무게(g)
1	25	밑치즈	175
2	25	베이컨	175
3	40	감자조각(1/8)	280(8ea)
4	8	블랙올리브	56
5	18	양파	126
6	15	옥수수(whole)	105
7	18	양송이버섯	126

✻ 완성품

✻ 공정

8	75	윗치즈	525
9	30	스트링치즈	210(20ea)
10	10	마요네즈	70
	264	합계	1,848

(2) 혼합

믹싱볼에 물(10~12℃)과 생이스트를 넣고 혼합한 뒤 나머지 재료를 모두 넣고 스파이럴 믹서에서 저속으로 5분간 혼합하고 중속으로 약 2~3분간 혼합한다. (반죽온도 24±2℃)

(3) 저온숙성(발효)

250g으로 분할하고 반죽을 둥글리기하여 알루미늄 브레드박스에 8~10개를 넣고 밀봉하여 4℃의 냉장고에 24~48시간 저온숙성(발효)한다.

✳ **실내온도 :** ℃, **밀가루 온도 :** ℃, **사용한 물 온도 :** ℃

혼합시간	1단	분/ 2단	분/ 3단	분	최종반죽온도	℃
반죽의 특성	끈적함 / 건조하고 단단함 / 잘 늘어남 / 탄성이 강함 / 기타(					)

• **중요 포인트**

• **실습 원리**

성공요인	실패요인

• **실패요인 분석 및 개선 방향**

• **공정 및 완제품 사진 첨부**

(4) 성형 및 패닝

숙성된 반죽을 30cm 크기의 원형으로 만들고 docker로 반죽을 밀어준 뒤 패닝한다. 스트링치즈 4개를 반죽의 가장자리에 올리고 반죽으로 싸면서 테두리를 만들어준다. 패닝된 반죽에 뚜껑을 덮어 냉장보관한다.

(5) 피자 토핑하기

반죽 위에 피자소스 60~80g 정도를 골고루 바르고 밑치즈 10~20g 정도를 뿌린 뒤 준비된 재료를 골고루 토핑한 후 피자치즈를 골고루 올린다.

(6) 굽기

윗불 248℃, 아랫불 240℃ 정도의 오븐에 약 10~12분간 굽는다. 껍질이 완전히 익고 치즈가 녹아 흐르는 상태가 되어야 한다. 그 위에 마요네즈를 짜준다.

계량	혼합	분할	1차 발효	성형	휴지	굽기
6분	12분	10분	50분	20분	10분	15분
18분		78분(1시간 18분)		108분(1시간 48분)		123분(2시간 03분)

• 감자 전처리 : 감자는 살짝 삶아 8등분한 뒤 프라이팬에 버터를 충분히 두르고 볶아준다. 그 위에 통후추를 갈아서 골고루 뿌려준다.

소시지빵(Sausage cooked bun)–스트레이트법/기능사

빵반죽에 소시지를 넣어 가위로 잘라 넓게 편 반죽에 각종 채소를 넣어 만든 우리나라의 대표적인 조리빵이다.

준비	내용
장비	믹서, 발효기, 오븐, 버너
소도구	온도계, 행주, 저울, 그릇, 나무판, 스크레이퍼, 카드, 밀대, 붓, 가위, 짤주머니, 평철판, 스프레드용 오일, 오일행주, 오븐장갑, 타공팬, 랙, 백노루지

(1) 소시지빵 배합표

번호	비율(%)	재료명	무게(g)
1	80	강력분	560
2	20	중력분	140
3	2	소금	14
4	4	생이스트	28
5	5	탈지분유	34
6	1	제빵개량제	6
7	5	달걀	34
8	11	설탕	76
9	52	물	364
10	9	마가린	62
	189	합계	1,318

토핑물 배합표

번호	비율(%)	재료명	무게(g)
1	100	프랑크소시지	480
2	72	양파	336
3	34	마요네즈	158
4	22	피자치즈	102
5	24	케첩	112
	252	합계	1188

(2) 혼합

혼합 직전 반죽온도를 맞추기 위한 물을 준비한다. 버터를 제외한 재료를 믹서에 넣고 저속으로 약 3~5분간 혼합한다. 반죽이 한 덩어리가 되면 중속으로 4분 정도 혼합하여 클린업단계에 버터를 넣고 약 12~15분간 혼합한다. 최종반죽온도는 27±1℃를 만든다.

✷ 완성품

✷ 공정

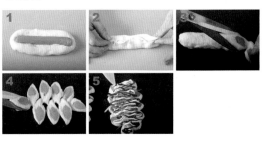

빵의 식감을 결정하기 위해서는 혼합시간을 줄이거나 늘려 글루텐의 형성 정도를 조절할 필요가 있다.

(3) 1차 발효

발효실 온도 27℃, 상대습도 75%에서 60분간 발효한다.

(4) 분할, 둥글리기 및 중간발효

70g으로 분할하고, 둥글리기하면서 반죽의 표면을 매끄럽게 만든 다음 발효비닐 위에 반죽을 놓고 비닐을 덮어 10분간 중간발효한다.

(5) 성형 및 패닝

반죽에 프랑크소시지를 넣고 팬에 8개씩 패닝한다. 소시지를 가위로 자르며 갈비모양으로 펼쳐준다.(낙엽모양, 꽃잎모양)

토핑용 양파와 당근은 채 썰고 피자치즈와 마요네즈,

✳ **실내온도 :**   ℃, **밀가루 온도 :**   ℃, **사용한 물 온도 :**   ℃

혼합시간	1단	분/ 2단	분/ 3단	분	최종반죽온도	℃
반죽의 특성	끈적함 / 건조하고 단단함 / 잘 늘어남 / 탄성이 강함 / 기타(				)	

• 중요 포인트

• 실습 원리

성공요인	실패요인

• 실패요인 분석 및 개선 방향

• 공정 및 완제품 사진 첨부

케첩을 골고루 혼합한다.

(6) 2차 발효

발효실 온도 38℃, 상대습도 85%의 발효실에 약 40분간 발효시키며 반죽 위에 토핑 20g을 올리고 마요네즈와 케첩을 지그재그로 짜준다.

(7) 굽기

아랫불 온도 100℃, 윗불 온도 190℃의 예열된 오븐에 약 10~15분간 굽는다. 굽기 중 껍질색의 상태에 따라 팬의 위치를 바꿔준다.

계량	혼합	1차 발효	분할	중간발효	성형	2차 발효	굽기	냉각
10분	20분	60분	15분	10분	40분	40분	15분	20분
30분		105분(1시간 45분)		155분(2시간 35분)		210분(3시간 30분)		230분(3시간 50분)

건강빵 샌드위치(Well-being sandwich)

오트밀에 비피더스 유산균발효액을 이용하여 만든 건강빵으로 식이섬유와 유산균발효액이 풍부해 건강에 이로운 빵이다. 건강빵에 각종 채소를 넣어 만든 샌드위치이다.

준비	내용
장비	믹서, 발효기, 오븐, 버너
소도구 및 준비물	온도계, 행주, 저울, 그릇, 나무판, 스크레이퍼, 카드, 밀대, 평철판, 오븐장갑, 타공팬, 랙, 톱칼, 소독용 알코올, 분무기, 스프레드용 주걱, 가위, 포장지, 칼, 도마, 베이킹소다

(1) 건강빵 배합표

번호	비율(%)	재료명	무게(g)
1	70	강력분	700
2	30	오트밀	300
3	3.5	생이스트	35
4	2	소금	20
5	1	제빵개량제	10
6	10	비피더스발효액	100
7	4	버터	40
8	50	우유	500
	170.5	합계	1,705

토핑(1개용)

번호	비율(%)	재료명	개수(EA)
1	50	양상추	200
2	100	슬라이스햄	400
3	15	피클(슬라이스)	60
4	50	토마토(슬라이스)	200
5	40	마요네즈	160
	255	합계	

머스터드 버터소스(1개용)

번호	비율(%)	재료명	무게(g)
1	100	마요네즈	50
2	200	버터	100
3	200	머스터드소스	100
	500	합계	250

❋ 완성품

❋ 공정

(2) 건강빵 만들기
호밀빵 만드는 방법을 참조

(3) 샌드위치 소스 만들기
수저를 이용하여 버터를 포마드상태로 만들고 마요네즈와 머스터드소스를 골고루 혼합한다. 거품이 일어나지 않도록 주의해야 한다.

(4)
양상추는 낱장으로 잘라 깨끗이 씻어주고 물 1L에 베이킹소다 10g 정도를 넣은 얼음물에 양상추를 약 20분간 담가 놓는다.

(5) 샌드위치 만들기
테이블을 깨끗이 닦고 70% 알코올을 뿌려 소독한다. 슬라이스된 건강빵을 테이블에 깔고 빵 위에 머스터

✳ **실내온도 :** ℃, **밀가루 온도 :** ℃, **사용한 물 온도 :** ℃

혼합시간	1단 분/ 2단 분/ 3단 분	최종반죽온도	℃
반죽의 특성	끈적함 / 건조하고 단단함 / 잘 늘어남 / 탄성이 강함 / 기타( )		

● **중요 포인트**

● **실습 원리**

성공요인	실패요인

● **실패요인 분석 및 개선 방향**

● **공정 및 완제품 사진 첨부**

드 버터소스를 바른다. 전처리된 양상추를 빵 위에 깔고 슬라이스햄과 피클 2개를 가지런히 놓는다. 토마토를 올려 마요네즈를 짜주고 소스 바른 식빵으로 덮는다.

● 일반적으로 샌드위치는 냉장고에서 8시간 정도 보관이 적당하다. 8시간 이후에는 폐기하는 것이 바람직하다.

베이글 샌드위치(Bagels sandwich)

유태인들이 즐겨 먹었던 베이글을 이용하여 만든 샌드위치로 각종 채소와 햄, 치즈를 곁들여 균형 잡힌 영양식이다.

준비	내용
소도구 및 준비물	행주, 저울, 그릇, 종이, 소독용 알코올, 분무기, 스프레드용 주걱, 가위, 포장지, 칼, 도마, 베이킹소다, 전자레인지, 소금, 후추

(1) 배합표(3개용)

번호	재료명	사용량	
1	베이글	3	ea
2	허니머스터드	24	g
3	로메인상추	3	slice
4	양상추	60	g
5	오이피클	12	slice
6	홍피망	6	slice
7	토마토	3	slice
8	슬라이스 햄	6	ea
9	슬라이스 치즈	3	ea

어니언 크림치즈드레싱(3개용)

번호	비율(%)	재료명	무게(g)
1	100	크림치즈	80
2	40	생크림	32
3	30	양파	24
		합계	136

(2) 베이글빵 만들기

플레인 베이글빵 만드는 방법을 참조

(3) 베이글 샌드위치 소스 만들기

양파는 깨끗이 씻어서 잘게 다진다.
생크림은 전자레인지에 약 30초간 살균해서 냉각해 준다.
수저를 이용하여 냉장된 크림치즈를 부드럽게 만들고 살균한 생크림을 넣어 혼합한다. 다진 양파를 넣어 골고루 혼합한다.

✽ 완성품

✽ 공정

(4)
양상추와 로메인상추는 낱장으로 잘라 깨끗이 씻어주고 물 1L에 베이킹소다 10g 정도를 넣은 얼음물에 양상추와 홍피망, 토마토를 약 20분간 담가 놓는다. 토마토는 슬라이스하고 약간의 소금과 후추를 뿌린 뒤 물기를 제거해 준다.

(5) 샌드위치 만들기

테이블을 깨끗이 닦고 70% 알코올을 뿌려 소독한다. 플레인 베이글을 반으로 자르고 허니머스터드를 바른다. 로메인상추 1장, 양상추 20g을 깔고 오이피클 슬라이스 4개, 홍피망 슬라이스 2장을 올린다. 햄 2장을 얹고 어니언 크림치즈드레싱 25g을 뿌린 다음 치즈를 올리고 베이글을 덮어 마무리한다.
마무리된 베이글을 2등분하여 포장한다.

※ **실내온도 :**   ℃, **밀가루 온도 :**   ℃, **사용한 물 온도 :**   ℃

혼합시간	1단 분/ 2단 분/ 3단 분	최종반죽온도	℃
반죽의 특성	끈적함 / 건조하고 단단함 / 잘 늘어남 / 탄성이 강함 / 기타( )		

• **중요 포인트**

• **실습 원리**

성공요인	실패요인

• **실패요인 분석 및 개선 방향**

• **공정 및 완제품 사진 첨부**

• 일반적으로 샌드위치는 냉장고에서 8시간 정도 보관이 적당하다. 8시간 이후에는 폐기하는 것이 바람직하다.

치킨브리또(Chicken burrito)

브리또는 토르티야에 콩이나 고기 등을 넣어 만든 멕시코 음식으로 전병 같은 커다란 밀떡에 각종 채소와 고기를 넣어 사각형으로 접어서 먹는 멕시코 전통음식이다.

준비	내용
소도구	온도계, 행주, 저울, 그릇, 나무판, 스크레이퍼, 카드, 밀대, 평철판, 오븐장갑, 타공팬, 랙, 프라이팬, 행주, 저울, 그릇, 나무판, 소독용 알코올, 분무기, 스프레드용 주걱, 가위, 포장지, 칼, 도마

(1) 토핑

번호	비율(%)	재료명	무게(g)
1		토르티야	10장
2	50	닭가슴살	500
3	10	양상추	100
4	20	양배추 절인 것	200
5	15	당근	150
6	15	양파	150
7	15	청피망	150
8	10	데리야끼소스	100
9	10	마요네즈	100
10	0.5	참깨	5
	145.5	합계	1,455

(2) 토르티야 만드는 법

특수빵의 토르티야 만드는 방법을 참조

(3) 양상추와 양배추는 낱장으로 잘라 깨끗이 씻어준다. 물 1L에 베이킹소다 10g 정도를 넣은 얼음물에 양상추와 청피망을 약 20분간 담가 놓는다. 양배추는 얇게 채 썬다.

(4) 식초 100g, 물 100g을 프라이팬에 넣어 끓이고 냉각한다. 냉각된 식초물에 설탕 20g과 약간의 소금을 넣는다. 씻어낸 양배추채를 잠기지 않을 정도로 담가 절여 놓는다.

(5) 닭가슴살을 로스팅하고 고깃결에 맞도록 길게 자른다.

(6) 양상추, 청피망, 양파, 당근을 채 썰어 놓는다.

✻ 완성품

✻ 공정

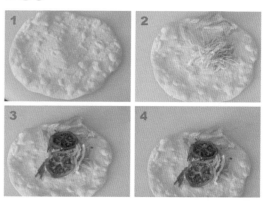

(7) 샌드위치 만들기

테이블을 깨끗이 닦고 70% 알코올을 뿌려 소독한다.
토르티야를 깔고 채 썬 양상추 10g, 양배추 20g을 올린다. 당근, 양파, 청피망을 각각 15g씩 올리고 닭가슴살 50g을 올린다.
데리야끼소스와 마요네즈를 닭가슴살 위에 사선으로 짜준다.
바닥과 옆면을 접어 봉한 뒤 포장한다.

비프브리또(Beef burrito)

브리또는 토르티야에 콩이나 고기 등을 넣어 만든 멕시코 음식으로 전병 같은 커다란 밀떡에 각종 채소와 고기를 넣어 사각형으로 접어서 먹는 멕시코 전통음식이다.

준비	내용
장비	믹서, 발효기, 오븐, 버너
소도구	온도계, 행주, 저울, 그릇, 나무판, 스크레이퍼, 카드, 밀대, 평철판, 오븐장갑, 타공팬, 랙, 프라이팬, 행주, 저울, 그릇, 나무판, 소독용 알코올, 소스용 주걱, 가위, 포장지, 칼, 도마

(1) 토핑

번호	비율(%)	재료명	무게(g)
1		옥수수토르티야	10장
2	60	소고기	600
3	10	양상추	100
4	20	양배추 절인 것	200
5	15	당근	150
6	15	토마토	150
7	15	양파	150
8	15	청피망	150
9	10	데리야끼소스	100
10	0.5	참깨	5
	160.5	합계	1,605

(2) 토르티야 만드는 법

특수빵의 옥수수 토르티야 만드는 방법을 참조

(3) 양상추와 양배추는 낱장으로 잘라 깨끗이 씻어준다. 물 1L에 베이킹소다 10g 정도를 넣은 얼음물에 양상추와 청피망을 약 20분간 담가 놓는다. 양배추는 얇게 채 썬다.

(4) 식초 100g, 물 100g을 프라이팬에 넣어 끓인 뒤 냉각한다. 냉각된 식초물에 설탕 20g과 약간의 소금을 넣는다. 씻어낸 양배추채를 잠기지 않을 정도로 담가 절여 놓는다.

(5) 소고기를 로스팅하고 고깃결에 맞도록 길게 자른다.

(6) 양상추, 청피망, 양파, 당근을 채 썰어 놓는다.

✳ **완성품**

✳ **공정**

(7) 샌드위치 만들기

테이블을 깨끗이 닦고 70% 알코올을 뿌려 소독한다. 토르티야를 깔고 채 친 양상추 10g, 양배추 20g을 올린다. 당근, 양파, 청피망, 토마토를 각각 15g 올리고 소고기 60g을 올린다.

데리야끼소스를 소고기 위에 사선으로 짜주고 참깨를 뿌려준다.

바닥과 옆면을 접어 봉한 뒤 포장한다.

응용 배합표

1. 고구마피자(Sweet potato pizza)

도우

비율(%)	재료명	무게(g)
100	강력분	1000
3	생이스트	30
2	설탕	20
2	소금	20
4	올리브오일	40
43	물	430
154	합계	1,540

토핑

비율(%)	재료명	무게(g)
60	피자소스	60
20	밑치즈	20
20	햄	20
5	블랙올리브	5
10	불고기	10
5	페퍼로니	5
5	청피망	5
10	양파	10
5	포크토핑	5
10	양송이버섯	10
15	비프토핑	15
5	옥수수 캔	5
80	윗치즈	80
30	스트링치즈	30
50	고구마무스	50
330	합계	330

◉ 전처리

1. 10인치 피자(200g) 1개 기준
2. 캔 옥수수는 수분 제거 후 사용한다.

◉ 제조공정

1. 믹싱볼에 미지근한 물과 생이스트를 넣어 혼합하고 나머지 재료를 넣고 1단에서 12분간 혼합한다.
2. 반죽을 200g으로 분할하고 둥글리기하여 30분간 휴지한다.
3. 반죽을 밀어편 후 패닝하고 docker를 이용하여 반죽에 구멍을 내준다.
4. 피자팬에 뚜껑을 덮어 2~4℃ 정도의 냉장고에 보관하며 필요시 꺼내어 사용한다.
5. 스트링치즈를 반죽의 가장자리에 넣고 봉합한 다음 고구마무스를 짜준다.
6. 반죽 바닥에 피자소스와 마요네즈를 이용한 베샤멜소스를 골고루 바르고 밑치즈를 골고루 뿌린다.
7. 페퍼로니를 올리고 채소토핑과 고기토핑을 올린 다음 고구마무스를 피자빵의 중간과 안쪽에 두 번 짜준다.
8. 윗치즈를 골고루 뿌리고 고구마무스의 띠가 제대로 보이도록 주의한다.
9. 블랙올리브를 올리고 예열된 오븐에 굽는다.(220℃)

메모 및 사진첨부

2. 모차렐라치즈 피자(Mozzarella cheese pizza)

토핑

비율(%)	재료명	무게(g)
30	피자소스	60
100	윗치즈	200
130	합계	260

◉ 주의사항

1. 10인치 피자(250g) 1개 기준
2. 치즈 외에 들어가는 토핑이 없으므로 피자소스와 치즈는 다른 피자보다 많이 넣어준다.

◉ 제조공정

1. 피자도우는 씬 & 크리스피 스타일 피자 참조
2. 반죽을 200g으로 분할하고 저온발효한다.
3. 반죽을 밀어편 후 패닝하고 docker를 이용하여 반죽에 구멍을 내준다.
4. 피자팬에 뚜껑을 덮어 2~4℃ 정도의 냉장고에 보관하며 필요시 꺼내어 사용한다.
5. 반죽에 치즈를 살짝 뿌리고 피자소스를 골고루 바른 다음 윗치즈를 골고루 뿌린다.
6. 예열된 오븐에 굽는다.(248℃)

메모 및 사진첨부

3. 바비큐피자(BBQ pizza)

토핑

비율(%)	재료명	무게(g)
20	밑치즈	20
10	햄	10
5	블랙올리브	5
20	BBQ치킨	20
5	페퍼로니	5
5	청피망	5
10	양파	10
5	포크토핑	5
10	양송이버섯	10
5	비프토핑	5
50	피자소스	50
40	BBQ소스	40
80	윗치즈	80
265	합계	265

◉ **주의사항**

1. 10인치 피자(200g) 1개 기준

◉ **제조공정**

1. 피자도우는 씬 & 크리스피 스타일 피자 참조
2. 반죽을 200g으로 분할하고 저온발효한다.
3. 반죽을 밀어편 후 패닝하고 docker를 이용하여 반죽에 구멍을 내준다.
4. 피자팬에 뚜껑을 덮어 2~4℃ 정도의 냉장고에 보관하며 필요시 꺼내어 사용한다.
5. 반죽에 피자소스와 BBQ소스를 골고루 바르고 밑치즈를 골고루 뿌린다.
6. 페퍼로니를 올리고 채소 토핑과 고기 토핑을 올린 다음 윗치즈를 골고루 뿌린다.
7. 블랙올리브를 올리고 예열된 오븐에 굽는다.(220℃)
8. 다 익은 피자 위에 BBQ치킨을 올린다.

memo 메모 및 사진첨부

4. 파인애플 피자(Pineapple pizza)

토핑

비율(%)	재료명	무게(g)
50	피자소스	50
20	밑치즈	20
120	파인애플	120
15	옥수수 캔	15
80	윗치즈	80
285	합계	285

◉ 주의사항

1. 10인치 피자(220g) 2개 기준
2. 캔 옥수수는 수분을 제거한 후 사용한다.
3. 파인애플은 적당한 크기로 잘라 수분을 제거한다.

◉ 제조공정

1. 피자도우는 뉴욕스타일 피자 참조
2. 반죽을 200g으로 분할하고 저온발효한다.
3. 반죽을 밀어편 후 패닝하고 docker를 이용하여 반죽에 구멍을 내준다.
4. 피자팬의 뚜껑을 덮어 2~4℃ 정도의 냉장고에 보관하며 필요시 꺼내어 사용한다.
5. 반죽에 피자소스를 골고루 바르고 밑치즈를 골고루 뿌린 다음 파인애플과 옥수수를 올려준다.
6. 반죽에 피자소스를 골고루 바르고 윗치즈를 골고루 뿌린다.
7. 예열된 오븐에 굽는다.(220℃)

메모 및 사진첩부

5. 해물피자(Seafood pizza)

토핑

비율(%)	재료명	무게(g)
60	피자소스	60
20	밑치즈	20
5	양송이버섯	5
5	블랙올리브	5
20	깐쇼새우	20
20	오징어	20
10	청피망	10
10	양파	10
10	옥수수 캔	10
80	윗치즈	80
20	마리네이드 L	20
30	스트링치즈	30
290	합계	290

◉ 주의사항

1. 10인치 피자(200g) 1개 기준
2. 오징어의 내장을 빼고 껍질을 벗긴 후 몸통은 링으로 자르고 다른 부위는 다이스로 썰어 분리한다.

3. 깐쇼새우도 깨끗이 씻어 끓는 물에 소금으로 간을 맞춘 뒤 오징어와 새우를 데친다.
4. 팬에 기름을 두르고 데친 새우와 오징어를 볶다가 마리네이드 L을 정량 넣어 볶아준다. (마리네이드 L이 없으면 화이트 와인을 조금 넣어도 좋다.)
5. 옥수수는 수분을 제거한다.

◉ 제조공정

1. 피자도우는 뉴욕스타일 피자 참조
2. 반죽을 200g으로 분할하고 저온발효한다.
3. 반죽을 밀어편 후 패닝하고 docker를 이용하여 반죽에 구멍을 내준다.
4. 스트링치즈를 반죽의 가장자리에 넣고 봉합한 다음 피자팬의 뚜껑을 덮어 2~4℃ 정도의 냉장고에 보관하며 필요시 꺼내어 사용한다.
5. 반죽에 피자소스를 골고루 바르고 밑치즈를 골고루 뿌린 다음 채소 토핑과 전처리한 해산물 토핑을 올려준다.
6. 윗치즈를 골고루 뿌리고 안의 내용이 제대로 보이도록 한다.
7. 블랙올리브를 올리고 예열된 오븐에 굽는다.(220℃)

메모 및 사진첨부

6. 모닝빵 샌드위치

토핑

비율(%)	재료명	무게(g)
	모닝빵	4개
100	양배추	100
20	오이	20
10	당근	10
10	슬라이스치즈	10
10	피클	10
20	마요네즈	20
2	소금	2
0.2	후추	0.2
50	삶은 감자	50
222.2	합계	222.2

소스

비율(%)	재료명	무게(g)
100	마요네즈	40
60	토마토케첩	24
40	머스터드소스	16
10	식용유	4
210	합계	84

◉ 전처리

1. 양배추, 오이, 당근은 깨끗이 세척하고 약 4~5cm 길이로 채 썰어 놓는다.
2. 채소를 소금 2g으로 버무리고 약 3시간 정도 절여준다.
3. 절인 채소는 살짝 헹궈 물기를 뺀 다음 사용한다.
4. 감자는 미리 삶아 놓는다.
5. 소스는 모두 골고루 혼합한다.

◉ 제조공정

1. 모닝빵을 슬라이스하고 소스를 빵 안쪽에 골고루 바른다.
2. 모든 채소와 체에 내린 감자를 골고루 버무린 다음 간을 맞춰준다.
3. 빵 위에 약 50g 정도의 채소 속을 넣고 빵으로 덮어준다.

메모 및 사진첨부

7. 모둠 샌드위치

토핑

비율(%)	재료명	무게(g)
	식빵	4개
40	양상추	40
40	양배추	40
10	적채	10
10	당근	10
20	오이	20
100	삶은 달걀	100
50	맛살	50
50	햄	50
20	마요네즈	20
10	머스터드소스	10
350	합계	340

소스

비율(%)	재료명	무게(g)
100	마요네즈	40
0.1	후추	0.4
50	머스터드소스	20
5	식용유	2
155.1	합계	62.4

◉ 전처리

1. 오이와 양상추를 제외한 모든 채소는 채 썰어 놓는다.
2. 오이는 어슷썰기로 썰고 맛살과 햄은 2cm 정도의 다이스로 만든다.
3. 삶은 달걀은 체로 내려 으깨어 놓는다.
4. 소스는 모두 골고루 혼합한다.

◉ 제조공정

1. 식빵의 한쪽 면에 시럽을 바르고 오븐에 살짝 그을려 색상을 내준다.
2. 다른 쪽 면에 소스를 바르고 양상추를 올려놓는다.
3. 양배추, 적채, 당근, 오이, 삶은 달걀, 맛살, 햄은 마요네즈와 머스터드소스를 넣어 간을 맞춘 뒤 골고루 혼합한다.
4. 샌드위치 속을 식빵 위에 150g 정도 올리고 어슷썰기 한 오이를 위에 2개 올린다.
5. 양배추로 오이를 덮고 식빵을 덮어 용도에 맞게 자른다.

메모 및 사진첨부

8. 바게트 샌드위치

배합비

비율(%)	재료명	무게(g)
	바게트	1개
15	양상추	45
30	사과	90
40	슬라이스햄	120
15	베이컨	45
10	치즈	30
110	합계	330
20	토마토케첩	60
20	머스터드소스	60

크림치즈 소스

비율(%)	재료명	무게(g)
20	버터	20
40	크림치즈	40
5	설탕	5
35	마요네즈	35
100	합계	100

◉ 전처리

1. 양상추는 깨끗이 씻어 빵에 맞게 잘라 사용한다.
2. 사과는 0.5cm의 슬라이스로 자른다.
3. 치즈는 삼각형으로 잘라 놓는다.

◉ 크림치즈 소스 제조공정

1. 버터, 크림치즈와 설탕은 크림화하여 포마드상태로 만든다.
2. 포마드된 크림소스에 마요네즈를 넣어 골고루 혼합한다.

◉ 제조공정

1. 바게트를 슬라이스하고 빵 속에 크림치즈 소스를 골고루 바른다.
2. 양상추를 골고루 깔아주고 머스터드소스를 짜준 다음 슬라이스 햄을 올려준다.
3. 슬라이스 햄 위에 사과를 올리고 치즈를 그 위에 올린다.
4. 치즈 위에 토마토케첩을 짜고 바게트를 덮은 뒤 랩으로 싸준다.

메모 및 사진첨부

9. 뉴욕스타일 핫도그(Hot Dog)

배합비

비율(%)	재료명	무게(g)
	핫도그빵	1개
	소시지	1개
60	양파	60
20	오이피클	20
15	머스터드소스	15
5	토마토케첩	5
100	합계	100

크림치즈 소스

비율(%)	재료명	무게(g)
20	버터	20
40	크림치즈	40
5	설탕	5
35	마요네즈	35
100	합계	100

◉ **전처리**

1. 핫도그빵은 햄버거빵의 배합을 참조한다.
2. 양파는 약 0.5cm 크기의 다이스로 만든다.
3. 오이피클도 양파의 크기로 chopping한다.
4. 소시지는 살짝 데쳐 따뜻하게 준비한다.

◉ **제조공정**

1. 핫도그를 반으로 슬라이스하고 따듯하게 데워진 소시지를 넣고 양파, 오이피클, 머스터드소스와 케첩을 골고루 섞은 속을 골고루 넣어준다.

메모 및 사진첨부

10. 핫도그(튀김)

배합비

비율(%)	재료명	무게(g)
90	박력분	450
10	강력분	50
1.5	소금	7.5
3	베이킹파우더	15
4	카레	20
0.8	조미료	4
0.5	후추	2.5
15	양파	75
15	당근	75
10	달걀	50
70	물	350
219.8	합계	1,099

소스

재료명	개수
소시지	50
나무젓가락	50
합계	100

◉ **전처리**

1. 당근은 잘게 다져 놓고 양파는 당근보다 2배 정도 크게 다진다.
2. 소시지는 살짝 데쳐 놓는다.

◉ **제조공정**

1. 달걀과 소금을 풀어 놓고 물과 함께 혼합한다.
2. 믹싱볼에 모든 재료를 넣고 비터를 이용하여 골고루 혼합한다.
3. 혼합이 완료되면 냉장고에 약 1시간 정도 휴지시킨다.
4. 나무젓가락에 데친 소시지를 끼우고 휴지된 반죽에 소시지를 0.5cm 두께로 씌워 175℃의 기름에 튀긴다.

메모 및 사진첨부

MEMO

빵도넛(Yeast doughnut)—스트레이트법/기능사

도넛의 대표적인 제품은 링 도넛으로 짧은 시간에 잘 익도록 튀겨내야 한다. 따라서 도넛이 기름에 빨리 잘 튀겨지도록 도넛의 가운데를 뚫어 튀긴다. 국내에는 꽈배기 도넛이 대표적이며 반죽을 꼬아서 만든다.

준비	내용
장비	믹서, 발효기, 오븐(스팀)
소도구	저울, 온도계, 행주, 계량그릇, 발효팬, 발효비닐, 플라스틱 카드, 스크레이퍼, 나무판, 고무장갑, 면장갑, 건지게, 타공팬, 랙, 톱칼, 백노루지 스크린(도넛용)

(1) 빵도넛 배합표

번호	비율(%)	재료명	무게(g)
1	80	강력분	880
2	20	박력분	220
3	10	설탕	110
4	12	쇼트닝	132
5	1.5	소금	16.5
6	3	탈지분유	33
7	5	생이스트	55
8	1	제빵개량제	11
9	0.2	바닐라향	2.2
10	15	달걀	165
11	46	물	506
12	0.3	넛메그	3.3
	194	합계	2,134

(2) 혼합

혼합 직전 반죽온도를 맞추기 위한 물을 준비한다. 쇼트닝을 제외한 재료를 믹서에 넣고 저속으로 약 3~5분간 혼합한다. 반죽이 한 덩어리가 되면 중속으로 4분 정도 혼합하여 클린업단계에 쇼트닝을 넣고 약 10~15분간 혼합하여 최종반죽온도 27±1℃의 반죽을 만든다.

도넛의 식감을 결정하기 위해서는 혼합시간을 줄이거나 늘려 글루텐의 형성 정도를 조절할 필요가 있다.

(3) 1차 발효

발효실 온도 27℃, 상대습도 75%에서 40분간 발효한다.

❋ 완성품

❋ 공정

(4) 분할, 둥글리기 및 중간발효

46g으로 분할하고, 둥글리기하면서 반죽의 표면을 매끄럽게 만든 다음 발효비닐 위에 반죽을 놓고 비닐을 덮어 10분간 중간발효한다.

(5) 성형 및 패닝

꽈배기 도넛 : 반죽을 손으로 밀어 25cm 정도 길이로 만들고 꽈배기 모양으로 꼬아준다.

* 반죽을 반으로 접으면서 꽈배기 모양으로 성형한다.(8자형, 트위스트형은 단과자빵 성형을 참조)

(6) 2차 발효

발효실 온도 35℃, 상대습도 80%의 발효실에 약 30~40분간 발효시키며 1.8~2배 정도 커지고 평철판을 살짝 흔들어 반죽이 흔들거리면 2차 발효완료 시점이다.

✳ **실내온도 :**   ℃, **밀가루 온도 :**   ℃, **사용한 물 온도 :**   ℃

혼합시간	1단	분/ 2단	분/ 3단	분	최종반죽온도	℃
반죽의 특성	끈적함 / 건조하고 단단함 / 잘 늘어남 / 탄성이 강함 / 기타( )					

• **중요 포인트**

• **실습 원리**

성공요인	실패요인

• **실패요인 분석 및 개선 방향**

• **공정 및 완제품 사진 첨부**

(7) 튀김

약 180~190℃ 정도로 기름을 예열하고 도넛을 상온에서 약 10분간 건조시켜 표면의 수분을 제거한다. 튀김기름에 반죽을 넣고 약 1~2분 정도 튀겨낸다. 껍질은 황금갈색이고 옆면의 스컹크라인이 연한 색으로 구분되어야 하며 속이 잘 익어야 한다.

스컹크라인 : 튀김면 사이의 하얀 줄무늬로 도넛을 평가할 때 선명한 줄무늬를 스컹크라인이라고 한다. 스컹크라인이 선명할수록 제품의 품질이 뛰어나다.

계량	혼합	1차 발효	분할	중간발효	성형	2차 발효	튀김	냉각
12분	20분	40분	20분	10분	20분	40분	10분	20분
32분		92분(1시간 32분)		122분(2시간 02분)		172분(2시간 52분)		192분(3시간 12분)

찹쌀꽈배기도넛(Glutinous rice twist doughnut)—스트레이트법

준비	내용
장비	믹서, 발효기, 오븐(스팀)
소도구	저울, 온도계, 행주, 계량그릇, 발효팬, 발효비닐, 플라스틱 카드, 스크레이퍼, 나무판, 고무장갑, 면장갑, 건지게, 타공팬, 랙, 톱칼, 백노루지 스크린(도넛용)

(1) 찹쌀꽈배기도넛 배합표

번호	비율(%)	재료명	무게(g)
1	30	찹쌀가루	300
2	70	강력분	700
3	16	설탕	160
4	10	쇼트닝	100
5	2	소금	18
6	1	베이킹파우더	10
7	4	생이스트	40
8	18	달걀	180
9	26	물	260
	176.8	합계	1768

※ 일반 건조찹쌀가루는 물의 사용량을 12% 더 증량하여 사용해야 함(본 배합은 방앗간용 찹쌀가루를 이용한 것임)

(2) 혼합

혼합 직전 반죽온도를 맞추기 위한 물을 준비한다. 쇼트닝을 제외한 재료를 믹서에 넣고 저속으로 약 3~5분간 혼합한다. 반죽이 한 덩어리가 되면 중속으로 4분 정도 혼합하여 클린업단계에 쇼트닝을 넣고 약 10~15분간 혼합하여 최종반죽온도 27±1℃의 반죽을 만든다.

빵의 식감을 결정하기 위해서는 혼합시간을 줄이거나 늘려 글루텐의 형성 정도를 조절할 필요가 있다.

(3) 1차 발효

발효실 온도 27℃, 상대습도 75%에서 40분간 발효한다.

(4) 분할, 둥글리기 및 중간발효

60g으로 분할하고, 둥글리기하면서 반죽의 표면을 매끄럽게 만든 다음 발효비닐 위에 반죽을 놓고 비닐을 덮어 10분간 중간발효한다.

❋ 완성품

❋ 공정

(5) 성형 및 패닝

반죽을 손으로 밀어 25cm 정도 길이로 만들고 반죽을 반으로 접으면서 꽈배기 모양으로 성형한다.

(6) 2차 발효

발효실 온도 35℃, 상대습도 80%의 발효실에 약 30~40분간 발효시키며 1.5~1.8배 정도 커지고 평철판을 살짝 흔들어 반죽이 흔들거리면 2차 발효완료 시점이다.

(7) 튀김

약 180~190℃ 정도로 기름을 예열하고 도넛을 상온에서 약 10분간 건조시켜 표면의 수분을 제거한다.

❊ **실내온도 :** ℃, **밀가루 온도 :** ℃, **사용한 물 온도 :** ℃

혼합시간	1단	분/ 2단	분/ 3단	분	최종반죽온도		℃
반죽의 특성	끈적함 / 건조하고 단단함 / 잘 늘어남 / 탄성이 강함 / 기타(						)

• 중요 포인트

• 실습 원리

성공요인	실패요인

• 실패요인 분석 및 개선 방향

• 공정 및 완제품 사진 첨부

튀김기름에 반죽을 넣고 약 1~2분 정도 튀겨낸다. 껍질은 황금갈색이고 옆면의 스컹크라인이 연한 색으로 구분되어야 하며 속이 잘 익어야 한다.

(8) 마무리
튀겨진 꽈배기에 설탕 5g을 토핑한다.

스컹크라인 : 튀김면 사이의 하얀 줄무늬로 도넛을 평가할 때 선명한 줄무늬를 스컹크라인이라고 한다. 스컹크라인이 선명할수록 제품의 품질이 뛰어나다.

계량	혼합	1차 발효	분할	중간발효	성형	2차 발효	튀김	냉각
9분	20분	40분	15분	10분	20분	40분	10분	20분
29분		84분(1시간 24분)		114분(1시간 54분)		164분(2시간 44분)		184분(3시간 04분)

옥수수꽈배기도넛 (Corn twist doughnut)-스트레이트법

준비	내용
장비	믹서, 발효기, 오븐(스팀)
소도구	저울, 온도계, 행주, 계량그릇, 발효팬, 발효비닐, 플라스틱 카드, 스크레이퍼, 나무판, 고무장갑, 면장갑, 건지게, 타공팬, 랙, 톱칼, 백노루지 스크린(도넛용)

(1) 옥수수꽈배기도넛 배합표

번호	비율(%)	재료명	무게(g)
1	80	강력분	800
2	20	옥분	200
3	10	설탕	100
4	1.5	소금	15
5	1	제빵개량제	10
6	3	생이스트	30
7	8	쇼트닝	80
8	12	달걀	120
9	20	우유	200
10	32	물	320
11	15	옥수수 캔	150
	202.5	합계	2,025

토핑물 배합표

번호	비율(%)	재료명	무게(g)
1	26	딸기잼	260
2	60	크림	600
	86	합계	860

(2) 혼합

혼합 직전 반죽온도를 맞추기 위한 물을 준비한다. 쇼트닝을 제외한 재료를 믹서에 넣고 저속으로 약 3~5분간 혼합한다. 반죽이 한 덩어리가 되면 중속으로 4분 정도 혼합하여 클린업단계에 쇼트닝을 넣고 약 10~15분간 혼합하여 최종반죽온도 27±1℃의 반죽을 만든다.

빵의 식감을 결정하기 위해서는 혼합시간을 줄이거나 늘려 글루텐의 형성 정도를 조절할 필요가 있다.

(3) 1차 발효

발효실 온도 27℃, 상대습도 75%에서 40분간 발효한다.

✳ 완성품

✳ 공정

(4) 분할, 둥글리기 및 중간발효

60g으로 분할하고, 둥글리기하면서 반죽의 표면을 매끄럽게 만든 다음 발효비닐 위에 반죽을 놓고 비닐을 덮어 10분간 중간발효한다.

(5) 성형 및 패닝

반죽을 손으로 밀어 25cm 정도 길이로 만들고 반죽을 반으로 접으면서 꽈배기 모양으로 성형한다.

(6) 2차 발효

발효실 온도 35℃, 상대습도 80%의 발효실에 약 30~40분간 발효시키며 1.5~1.8배 정도 커지고 평철판을 살짝 흔들어 반죽이 흔들거리면 2차 발효완료 시점이다.

(7) 튀김

약 180~190℃ 정도로 기름을 예열하고 도넛을 상온

✻ **실내온도 :**   ℃, **밀가루 온도 :**   ℃, **사용한 물 온도 :**   ℃

혼합시간	1단 분/ 2단 분/ 3단 분	최종반죽온도	℃
반죽의 특성	끈적함 / 건조하고 단단함 / 잘 늘어남 / 탄성이 강함 / 기타( )		

• **중요 포인트**

• **실습 원리**

성공요인	실패요인

• **실패요인 분석 및 개선 방향**

• **공정 및 완제품 사진 첨부**

에서 약 10분간 건조시켜 표면의 수분을 제거한다. 튀김기름에 반죽을 넣고 약 1~2분 정도 튀겨낸다. 껍질은 황금갈색이고 옆면의 스컹크라인이 연한 색으로 구분되어야 하며 속이 잘 익어야 한다.

(8) 마무리

튀겨진 꽈배기에 딸기잼을 바르고 크럼(crumb)을 묻혀준다.

스컹크라인 : 튀김면 사이의 하얀 줄무늬로 도넛을 평가할 때 선명한 줄무늬가 있으면 품질을 보장할 수 있어 스컹크라인이라고 함

계량	혼합	1차 발효	분할	중간발효	성형	2차 발효	튀김	냉각
11분	20분	40분	15분	10분	20분	40분	10분	20분
31분		86분(1시간 26분)		116분(1시간 56분)		166분(2시간 46분)		186분(3시간 06분)

팥도넛(Red bean jam doughnut)-스트레이트법

준비	내용
장비	믹서, 발효기, 오븐(스팀)
소도구	저울, 온도계, 행주, 계량그릇, 발효팬, 발효비닐, 플라스틱 카드, 스크레이퍼, 앙금용 헤라, 나무판, 고무장갑, 면장갑, 건지게, 타공팬, 랙, 톱칼, 백노루지 스크린(도넛용)

(1) 팥도넛 배합표

번호	비율(%)	재료명	무게(g)
1	100	강력분	1000
2	3	생이스트	30
3	15	설탕	150
4	1.8	소금	18
5	0.5	제빵개량제	5
6	12	버터	120
7	10	달걀	100
8	47	우유	470
	189.3	합계	1,893
충전물			
1	100	팥앙금	1800

토핑물 배합표

번호	비율(%)	재료명	무게(g)
1	26	딸기잼	260
2	60	크럼	600
	286	합계	4,460

(2) 혼합

혼합 직전 반죽온도를 맞추기 위한 물을 준비한다. 버터를 제외한 재료를 믹서에 넣고 저속으로 약 3~5분간 혼합한다. 반죽이 한 덩어리가 되면 중속으로 4분 정도 혼합하여 클린업단계에 버터를 넣고 약 10~15분간 혼합하여 최종반죽온도 27±1℃의 반죽을 만든다.

빵의 식감을 결정하기 위해서는 혼합시간을 줄이거나 늘려 글루텐의 형성 정도를 조절할 필요가 있다.

(3) 1차 발효

발효실 온도 27℃, 상대습도 75%에서 40분간 발효한다.

✱ 완성품

✱ 공정

(4) 분할, 둥글리기 및 중간발효

60g으로 분할하고, 둥글리기하면서 반죽의 표면을 매끄럽게 만든 다음 발효비닐 위에 반죽을 놓고 비닐을 덮어 10분간 중간발효한다.

(5) 성형 및 패닝

반죽을 손으로 눌러 가스를 빼주고 앙금용 주걱을 이용하여 앙금 60g을 반죽 정중앙에 싸준다. 밀가루를 뿌린 나무판 위에 적당한 간격으로 패닝하거나 도넛용 스크린에 패닝한다.

(6) 2차 발효

온도 38℃, 상대습도 85%의 발효실에 약 30분간 2차 발효시키고 평철판을 흔들었을 때 반죽이 약간 찰랑거리며 반죽의 크기가 약 1.7~2배 정도 커진 상태가 2차 발효완료 시점이다.

✳ **실내온도 :** ℃, **밀가루 온도 :** ℃, **사용한 물 온도 :** ℃

혼합시간	1단 분/ 2단 분/ 3단 분	최종반죽온도	℃
반죽의 특성	끈적함 / 건조하고 단단함 / 잘 늘어남 / 탄성이 강함 / 기타( )		

● **중요 포인트**

● **실습 원리**

성공요인	실패요인

● **실패요인 분석 및 개선 방향**

● **공정 및 완제품 사진 첨부**

(7) 튀김

약 180~190℃ 정도로 기름을 예열하고 도넛을 상온에서 약 10분간 건조시켜 표면의 수분을 제거한다. 나무젓가락을 이용하여 반죽 중앙에 구멍을 내주고 튀김기름에 반죽을 넣어 약 2~3분 정도 튀겨낸다. 껍질은 황금갈색이고 옆면의 스컹크라인이 연한 색으로 구분되어야 하며 속이 잘 익어야 한다.

(8) 마무리

튀겨진 팥도넛에 딸기잼을 바르고 크럼(crumb)을 묻힌다.

계량	혼합	1차 발효	분할	중간발효	성형	2차 발효	튀김	냉각
8분	20분	40분	15분	10분	20분	30분	20분	20분
28분		83분(1시간 23분)		113분(1시간 53분)		163분(2시간 43분)		183분(3시간 03분)

찹쌀팥도넛(Glutinous rice red bean jam doughnut)–스트레이트법

준비	내용
장비	믹서, 발효기, 오븐(스팀)
소도구	저울, 온도계, 행주, 계량그릇, 발효팬, 발효비닐, 플라스틱 카드, 스크레이퍼, 앙금용 헤라, 나무판, 고무장갑, 면장갑, 건지게, 타공팬, 랙, 톱칼, 백노루지 스크린(도넛용)

(1) 찹쌀팥도넛 배합표

번호	비율(%)	재료명	무게(g)
1	30	찹쌀가루	300
2	70	강력분	700
3	16	설탕	160
4	10	쇼트닝	100
5	2	소금	20
6	1	베이킹파우더	10
7	4	생이스트	40
8	18	달걀	180
9	27	우유	270
	358	합계	3,580.0

※ 일반 건조찹쌀가루는 물의 사용량을 12% 더 증량하여 사용해야 함(본 배합은 방앗간용 찹쌀가루를 이용한 것임)

(2) 혼합

혼합 직전 반죽온도를 맞추기 위한 물을 준비한다. 쇼트닝을 제외한 재료를 믹서에 넣고 저속으로 약 3~5분간 혼합한다. 반죽이 한 덩어리가 되면 중속으로 4분 정도 혼합하여 클린업단계에 쇼트닝을 넣고 약 10~15분간 혼합하여 최종반죽온도 27±1℃의 반죽을 만든다.

빵의 식감을 결정하기 위해서는 혼합시간을 줄이거나 늘려 글루텐의 형성 정도를 조절할 필요가 있다.

(3) 1차 발효

발효실 온도 27℃, 상대습도 75%에서 40분간 발효한다.

(4) 분할, 둥글리기 및 중간발효

60g으로 분할하고, 둥글리기하면서 반죽의 표면을 매끄럽게 만든 다음 발효비닐 위에 반죽을 놓고 비닐

✻ 완성품

✻ 공정

을 덮어 10분간 중간발효한다.

(5) 성형 및 패닝

반죽을 손으로 눌러 가스를 빼주고 앙금용 주걱을 이용하여 앙금 60g을 반죽 정중앙에 싸준다. 밀가루를 뿌린 나무판 위에 적당한 간격으로 패닝하거나 도넛용 스크린에 패닝한다.

(6) 2차 발효

온도 38℃, 상대습도 85%의 발효실에 약 30분간 2차 발효시키고 평철판을 흔들었을 때 반죽이 약간 찰랑거리며 반죽의 크기가 약 1.7~2배 정도 커진 상태가 2차 발효완료 시점이다.

✽ 실내온도 :   ℃, 밀가루 온도 :   ℃, 사용한 물 온도 :   ℃

혼합시간	1단	분/ 2단	분/ 3단	분	최종반죽온도	℃
반죽의 특성	끈적함 / 건조하고 단단함 / 잘 늘어남 / 탄성이 강함 / 기타( )					

• 중요 포인트

• 실습 원리

성공요인	실패요인

• 실패요인 분석 및 개선 방향

• 공정 및 완제품 사진 첨부

(7) 튀김

약 180~190℃ 정도로 기름을 예열하고 도넛을 상온에서 약 10분간 건조시켜 표면의 수분을 제거한다. 나무젓가락을 이용하여 반죽 중앙에 구멍을 내주고 튀김기름에 반죽을 넣어 약 2~3분 정도 튀겨낸다. 껍질은 황금갈색이고 옆면의 스컹크라인이 연한 색으로 구분되어야 하며 속이 잘 익어야 한다.

(8) 마무리

튀겨진 팥도넛에 딸기잼을 바르고 크럼(crumb)을 묻힌다.

계량	혼합	1차 발효	분할	중간발효	성형	2차 발효	튀김	냉각
9분	20분	40분	15분	15분	20분	30분	30분	20분
29분		84분(1시간 24분)		119분(1시간 59분)		179분(2시간 59분)		199분(3시간 19분)

찹쌀잡곡도넛(Glutinous rice cereal doughnut)-스트레이트법

준비	내용
장비	믹서, 발효기, 오븐(스팀)
소도구	저울, 온도계, 행주, 계량그릇, 발효팬, 발효비닐, 플라스틱 카드, 스크레이퍼, 링도넛 커터, 나무판, 고무장갑, 면장갑, 건지게, 타공팬, 랙, 톱칼, 백노루지 스크린(도넛용)

(1) 찹쌀잡곡도넛 배합표

번호	비율(%)	재료명	무게(g)
1	60	강력분	600
2	8	쇼트닝	80
3	1	몰트	10
4	20	크라프트콘	200
5	8	설탕	80
6	4	생이스트	40
7	20	찹쌀가루	200
8	1	소금	10
9	10	달걀	100
10	47	물	470
	183	합계	1,830.0

토핑물 배합표

번호	비율(%)	재료명	무게(g)
1	100	폰던트	260
2	16	30° 시럽	600
	116	합계	860

※ 일반 건조찹쌀가루는 물의 사용량을 12% 더 증량하여 사용해야 함(본 배합은 방앗간용 찹쌀가루를 이용한 것임)

(2) 혼합

혼합 직전 반죽온도를 맞추기 위한 물을 준비한다. 쇼트닝을 제외한 재료를 믹서에 넣고 저속으로 약 3~5분간 혼합한다. 반죽이 한 덩어리가 되면 중속으로 4분 정도 혼합하여 클린업단계에 쇼트닝을 넣고 약 20~25분간 혼합하여 최종반죽온도 27±1℃의 반죽을 만든다.

빵의 식감을 결정하기 위해서는 혼합시간을 줄이거나 늘려 글루텐의 형성 정도를 조절할 필요가 있다.

✲ 완성품

✲ 공정

(3) 1차 발효

발효실 온도 27℃, 상대습도 75%에서 30분간 발효하여 가스빼기하고 20분간 발효한다.

(4) 분할, 둥글리기 및 중간발효

반죽을 절반으로 분할하고, 반죽을 말아가면서 가스빼기와 밀어펴기 좋은 모양으로 만든다. 발효비닐 위에 반죽을 놓고 비닐을 덮어 10분간 중간발효한다.

(5) 성형 및 패닝

반죽을 손으로 눌러 가스를 빼주고 밀대를 이용하여 두께 0.8~1.2cm의 일정한 두께로 밀어편다. Docker를 이용하여 반죽에 기포를 모두 제거하고 원형 틀을 이용하여 성형한다. 성형된 반죽을 스크린(screen)에 올려 패닝한다.

(6) 2차 발효

온도 35℃, 상대습도 80%의 발효실에 약 40분간 2차

✳ **실내온도 :** ℃, **밀가루 온도 :** ℃, **사용한 물 온도 :** ℃

혼합시간	1단 분/	2단 분/	3단 분	최종반죽온도	℃
반죽의 특성	끈적함 / 건조하고 단단함 / 잘 늘어남 / 탄성이 강함 / 기타( )				

• **중요 포인트**

• **실습 원리**

성공요인	실패요인

• **실패요인 분석 및 개선 방향**

• **공정 및 완제품 사진 첨부**

발효시키고 반죽의 윗면이 아래로 처진 상태가 되면 2차 발효완료 시점이다.

(7) 튀김

약 180~190℃ 정도로 기름을 예열하고 도넛을 상온에서 약 5분간 건조시켜 표면의 수분을 제거한다. 튀김기름에 반죽을 넣어 약 1~2분 정도 튀겨낸다. 껍질은 황금갈색이고 옆면의 스컹크라인이 연한 색으로 구분되어야 하며 속이 잘 익어야 한다.

(8) 마무리

폰던트를 중탕하면서 30보메시럽을 넣어가면서 뜨거운 상태의 도넛을 글레이즈한다.

계량	혼합	1차 발효	분할	중간발효	성형	2차 발효	튀김	냉각
10분	30분	40분	15분	15분	20분	30분	30분	20분
29분		84분(1시간 24분)		119분(1시간 59분)		179분(2시간 59분)		199분(3시간19분)

크로켓도넛(Croquette doughnut)–스트레이트법

준비	내용
장비	믹서, 발효기, 오븐(스팀)
소도구	저울, 온도계, 행주, 계량그릇, 발효팬, 발효비닐, 플라스틱 카드, 스크레이퍼, 앙금용 헤라, 나무판, 고무장갑, 면장갑, 건지게, 타공팬, 랙, 톱칼, 백노루지 스크린(도넛용)

(1) 빵도넛 배합표

번호	비율(%)	재료명	무게(g)
1	100	강력분	1000
2	3	생이스트	30
3	15	설탕	150
4	1.8	소금	18
5	0.5	제빵개량제	5
6	12	버터	120
7	10	달걀	100
8	47	우유	470
	189.3	합계	1,893

채소충전물 배합표

번호	비율(%)	재료명	무게(g)
1	50	양파	500
2	65	삶은 감자	650
3	40	삶은 달걀	400
4	6	당근	60
5	6	오이	60
6	17	소고기	170
7	0.3	소금	3
8	0.1	후추	1
9	1	버터	10
	185.4	합계	1,854

(2) 혼합

혼합 직전 반죽온도를 맞추기 위한 물을 준비한다. 쇼트닝을 제외한 재료를 믹서에 넣고 저속으로 약 3~5분간 혼합한다. 반죽이 한 덩어리가 되면 중속으로 4분 정도 혼합하여 클린업단계에 쇼트닝을 넣고 약 20~25분간 혼합하여 최종반죽온도 27±1℃의 반죽을 만든다.

빵의 식감을 결정하기 위해서는 혼합시간을 줄이거

❋ 완성품

❋ 공정

나 늘려 글루텐의 형성 정도를 조절할 필요가 있다.

(3) 1차 발효

발효실 온도 27℃, 상대습도 75%에서 30분간 발효하여 가스빼기하고 20분간 발효한다.

(4) 분할, 둥글리기 및 중간발효

50g으로 분할하고, 둥글리기하면서 반죽의 표면을 매끄럽게 만든 다음 발효비닐 위에 반죽을 놓고 비닐을 덮어 10분간 중간발효한다.

(5) 성형 및 패닝

반죽을 손으로 납작하게 눌러준 후 충전물 50g을 넣고 싸준다. 반죽을 물에 살짝 담가 빵가루를 묻혀주고 밀가루 뿌린 나무판이나 도넛용 스크린에 적당한 간격으로 패닝한다.

✽ **실내온도 :** ℃, **밀가루 온도 :** ℃, **사용한 물 온도 :** ℃

혼합시간	1단 분/ 2단 분/ 3단 분	최종반죽온도	℃
반죽의 특성	끈적함 / 건조하고 단단함 / 잘 늘어남 / 탄성이 강함 / 기타( )		

• **중요 포인트**

• **실습 원리**

성공요인	실패요인

• **실패요인 분석 및 개선 방향**

• **공정 및 완제품 사진 첨부**

(6) 2차 발효

온도 38℃, 상대습도 85%의 발효실에 약 30분간 2차 발효시키고 평철판을 흔들었을 때 반죽이 약간 찰랑거리며 반죽의 크기가 약 1.7~2배 정도 커진 상태가 2차 발효완료 시점이다.

(7) 튀김

약 180~190℃ 정도로 기름을 예열하고 도넛을 상온에서 약 10분간 건조시켜 표면의 수분을 제거한다. 나무젓가락을 이용하여 반죽 중앙에 구멍을 내주고 튀김기름에 반죽을 넣어 약 2~3분 정도 튀겨낸다. 껍질은 황금갈색이고 옆면의 스컹크라인이 연한 색으로 구분되어야 하며 속이 잘 익어야 한다.

계량	혼합	1차 발효	분할	중간발효	성형	2차 발효	튀김	냉각
8분	20분	40분	15분	15분	20분	40분	10분	20분
28분		83분(1시간 23분)		118분(1시간 58분)		168분(2시간 48분)		188분(3시간 08분)

Tip ▌ 채소 충전물 만들기

감자와 달걀을 미리 삶아 놓는다.

그릇에 버터를 녹여 당근, 소고기, 소금을 볶아준다. 양파와 오이를 넣어 살짝 볶아준다. 양파와 오이의 순이 죽으면 밀봉하여 냉각시킨다. 냉각된 채소볶음에 삶은 감자와 달걀을 굵은체(어레미)에 내려 혼합하고 되기를 맞추면서 후추를 넣어 간을 맞춰준다.

링도넛(Yeast raised ring doughnut)—스트레이트법

준비	내용
장비	믹서, 발효기, 오븐(스팀)
소도구	저울, 온도계, 행주, 계량그릇, 발효팬, 발효비닐, 플라스틱 카드, 스크레이퍼, 링도넛 커터, 나무판, 고무장갑, 면장갑, 건지게, 타공팬, 랙, 톱칼, 백노루지 스크린(도넛용)

(1) 링도넛 배합표

번호	비율(%)	재료명	무게(g)
1	80	강력분	800
2	20	중력분	200
3	10	설탕	100
4	15	쇼트닝	150
5	1.2	소금	12
6	10	달걀	100
7	2	베이킹파우더	20
8	2	분리대두단백	20
9	5	생이스트	40
10	48	물	480
	193.2	합계	1,922

토핑물 배합표

번호	비율(%)	재료명	무게(g)
1	100	폰던트	260
2	16	30° 시럽	600
	116	합계	860

(2) 혼합

혼합 직전 반죽온도를 맞추기 위한 물을 준비한다. 쇼트닝을 제외한 재료를 믹서에 넣고 저속으로 약 3~5분간 혼합한다. 반죽이 한 덩어리가 되면 중속으로 4분 정도 혼합하여 클린업단계에 쇼트닝을 넣고 약 20~25분간 혼합하여 최종반죽온도 27±1℃의 반죽을 만든다.

빵의 식감을 결정하기 위해서는 혼합시간을 줄이거나 늘려 글루텐의 형성 정도를 조절할 필요가 있다.

(3) 1차 발효

발효실 온도 27℃, 상대습도 75%에서 30분간 발효하여 가스빼기하고 20분간 발효한다.

✳ 완성품

✳ 공정

(4) 분할, 둥글리기 및 중간발효

반죽을 절반으로 분할하고, 반죽을 말아가면서 가스빼기와 밀어펴기 좋은 모양으로 만든다. 발효비닐 위에 반죽을 놓고 비닐을 덮어 10분간 중간발효한다.

(5) 성형 및 패닝

반죽을 손으로 눌러 가스를 빼주고 밀대를 이용하여 두께 0.8~1.2cm의 일정한 두께로 밀어편다. Docker를 이용하여 반죽에 기포를 모두 제거하고 원형 틀을 이용하여 성형한다. 성형된 반죽을 스크린(screen)에 올려 패닝한다.

(6) 2차 발효

온도 35℃, 상대습도 80%의 발효실에 약 40분간 2차 발효시키고 반죽의 윗면이 아래로 처진 상태가 되면 2차 발효완료 시점이다.

✻ **실내온도 :**　　　℃, **밀가루 온도 :**　　　℃, **사용한 물 온도 :**　　　℃

혼합시간	1단 분/ 2단 분/ 3단 분	최종반죽온도	℃
반죽의 특성	끈적함 / 건조하고 단단함 / 잘 늘어남 / 탄성이 강함 / 기타( )		

● **중요 포인트**

　

● **실습 원리**

　

성공요인	실패요인

● **실패요인 분석 및 개선 방향**

　

● **공정 및 완제품 사진 첨부**

　

(7) 튀김

약 180~190℃ 정도로 기름을 예열하고 도넛을 상온에서 약 5분간 건조시켜 표면의 수분을 제거한다. 튀김기름에 반죽을 넣어 약 1~2분 정도 튀겨낸다. 껍질은 황금갈색이고 옆면의 스컹크라인이 연한 색으로 구분되어야 하며 속이 잘 익어야 한다.

(8) 마무리

폰단트를 중탕하면서 30보메시럽을 넣어가면서 뜨거운 상태의 도넛을 글레이즈한다.

계량	혼합	1차 발효	분할	중간발효	성형	2차 발효	튀김	냉각
10분	30분	40분	15분	15분	20분	30분	30분	20분
29분		84분(1시간 24분)		119분(1시간 59분)		179분(2시간 59분)		199분(3시간 19분)

비스막스 & 롱존 도넛(Yeast raised doughnut)–스트레이트법

준비	내용
장비	믹서, 발효기, 오븐(스팀)
소도구	저울, 온도계, 행주, 계량그릇, 발효팬, 발효비닐, 플라스틱 카드, 스크레이퍼, 링도넛 커터, 나무판, 고무장갑, 면장갑, 건지게, 타공팬, 랙, 톱칼, 백노루지 스크린(도넛용)

✳ 완성품

(1) 링도넛 배합표

번호	비율(%)	재료명	무게(g)
1	80	강력분	800
2	20	중력분	200
3	10	설탕	100
4	15	쇼트닝	150
5	1.2	소금	12
6	10	달걀	100
7	2	베이킹파우더	20
8	2	분리대두단백	20
9	5	생이스트	40
10	48	물	480
	193.2	합계	1,922

✳ 공정

(2) 혼합

혼합 직전 반죽온도를 맞추기 위한 물을 준비한다. 쇼트닝을 제외한 재료를 믹서에 넣고 저속으로 약 3~5분간 혼합한다. 반죽이 한 덩어리가 되면 중속으로 4분 정도 혼합하여 클린업단계에 쇼트닝을 넣고 약 20~25분간 혼합하여 최종반죽온도 27±1℃의 반죽을 만든다.

빵의 식감을 결정하기 위해서는 혼합시간을 줄이거나 늘려 글루텐의 형성 정도를 조절할 필요가 있다.

(3) 1차 발효

발효실 온도 27℃, 상대습도 75%에서 30분간 발효하여 가스빼기하고 20분간 발효한다.

(4) 분할, 둥글리기 및 중간발효

반죽을 절반으로 분할하고, 반죽을 말아가면서 가스빼기와 밀어펴기 좋은 모양으로 만든다. 발효비닐 위에 반죽을 놓고 비닐을 덮어 10분간 중간발효한다.

(5) 성형 및 패닝

반죽을 손으로 눌러 가스를 빼주고 밀대를 이용하여 두께 0.8~1.2cm의 일정한 두께로 밀어편다. Docker를 이용하여 반죽에 기포를 모두 제거하고 비스막스도넛은 원형 도넛 틀을 이용하여 잘라 성형한다.

롱존은 긴 막대모양 틀을 사용하여 잘라 성형한다. 성형된 반죽을 스크린(screen)에 올려 패닝한다.

(6) 2차 발효

온도 35℃, 상대습도 80%의 발효실에 약 40분간 2차 발효시키고 반죽의 윗면이 아래로 처진 상태가 되면 2차 발효완료 시점이다.

✽ **실내온도 :** ℃, **밀가루 온도 :** ℃, **사용한 물 온도 :** ℃

혼합시간	1단 분/ 2단 분/ 3단 분			최종반죽온도	℃
반죽의 특성	끈적함 / 건조하고 단단함 / 잘 늘어남 / 탄성이 강함 / 기타( )				

● **중요 포인트**

● **실습 원리**

성공요인	실패요인

● **실패요인 분석 및 개선 방향**

● **공정 및 완제품 사진 첨부**

(7) 튀김

약 180~190℃ 정도로 기름을 예열하고 도넛을 상온에서 약 5분간 건조시켜 표면의 수분을 제거한다. 튀김기름에 반죽을 넣어 약 1~2분 정도 튀겨낸다. 껍질은 황금갈색이고 옆면의 스컹크라인이 연한 색으로 구분되어야 하며 속이 잘 익어야 한다.

(8) 마무리

도넛이 식으면 도넛 속에 도넛 필러를 사용하여 커스터드크림 또는 각종 과일 필링을 충전하고 포도당과 제이인산 전분을 혼합한 도넛슈거(Dust sugar)를 묻혀준다.

계량	혼합	1차 발효	분할	중간발효	성형	2차 발효	튀김	냉각
10분	30분	40분	15분	15분	20분	30분	30분	20분
29분		84분(1시간 24분)		119분(1시간 59분)		179분(2시간 59분)		199분(3시간 19분)

MEMO

치즈스틱(Cheese stick)-스트레이트법

이탈리아의 전통빵인 그리시니처럼 치즈스틱은 치즈분말을 넣어 그리시니와 같이 비스킷처럼 만드는 빵이다. 기호에 따라 참깨를 뿌려 고소하고 담백한 맛이 일품인 간식용 빵이다.

준비	내용
장비	믹서, 발효기, 오븐(스팀)
소도구	저울, 온도계, 행주, 계량그릇, 발효팬, 발효비닐, 플라스틱 카드, 스크레이퍼, 붓, 평철판, 오븐장갑, 타공팬, 랙, 톱칼, 백노루지 광택용 달걀 및 우유

(1) 치즈스틱 배합표

번호	비율(%)	재료명	무게(g)
1	80	강력분	400
2	20	중력분	100
3	20	설탕	100
4	10	마가린	50
5	1	소금	5
6	1	베이킹파우더	5
7	3	생이스트	15
8	30	달걀	150
9	10	치즈분말	50
10	30	물	150
	205	합계	1,025
	10	참깨	50

(2) 혼합

혼합 직전 반죽온도를 맞추기 위한 물을 준비한다. 쇼트닝을 제외한 재료를 믹서에 넣고 저속으로 약 3~5분간 혼합한다. 반죽이 한 덩어리가 되면 중속으로 4분 정도 혼합하여 클린업단계에 쇼트닝을 넣고 약 10~15분간 혼합한다. 최종반죽온도는 27±1℃를 만든다.

빵의 식감을 결정하기 위해서는 혼합시간을 줄이거나 늘려 글루텐의 형성 정도를 조절할 필요가 있다.

(3) 1차 발효

발효실 온도 27℃, 상대습도 75%에서 20분간 발효한다.

✻ 완성품

✻ 공정

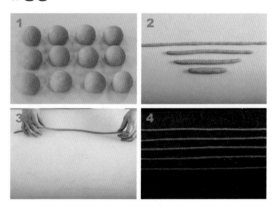

(4) 분할, 둥글리기 및 중간발효

30g으로 분할하고, 둥글리기하면서 반죽의 표면을 매끄럽게 만든 다음 발효비닐 위에 반죽을 놓고 비닐을 덮어 10분간 중간발효한다.

(5) 성형 및 패닝

손으로 반죽을 약 40cm 정도의 길이로 성형한다. 평철판에 적당한 간격을 두고 패닝한다. 달걀물을 살짝 바르고 참깨를 뿌린다.

(6) 2차 발효

발효실 온도 38℃, 상대습도 85%의 발효실에 약

✱ **실내온도 :** ℃, **밀가루 온도 :** ℃, **사용한 물 온도 :** ℃

혼합시간	1단	분/ 2단	분/ 3단	분	최종반죽온도	℃
반죽의 특성	끈적함 / 건조하고 단단함 / 잘 늘어남 / 탄성이 강함 / 기타(					)

• **중요 포인트**

• **실습 원리**

성공요인	실패요인

• **실패요인 분석 및 개선 방향**

• **공정 및 완제품 사진 첨부**

30~40분간 발효시키며 반죽이 처음 부피의 2배 정도 커지면 2차 발효완료 시점이다.

(7) 굽기

아랫불 온도 150℃, 윗불 온도 200℃의 예열된 오븐에 약 15분간 굽는다. 굽기 중 껍질색의 상태에 따라 팬의 위치를 바꿔준다.

계량	혼합	1차 발효	분할	중간발효	성형	2차 발효	굽기	냉각
10분	20분	20분	15분	5분	20분	40분	15분	0분
30분		65분(1시간 05분)		90분(1시간 30분)		145분(2시간 25분)		

그리시니(Grissini)-스트레이트법/기능사

준비	내용
장비	믹서, 발효기, 오븐(스팀)
소도구	저울, 온도계, 행주, 계량그릇, 발효팬, 발효비닐, 플라스틱 카드, 스크레이퍼, 붓, 평철판, 오븐장갑, 타공팬, 랙, 톱칼, 백노루지 광택용 달걀 및 우유

❋ 완성품

(1) 그리시니 배합표

번호	비율(%)	재료명	무게(g)
1	100	강력분	700
2	0.14	건조로즈마리	1(2)
3	3	생이스트	21(22)
4	62	물	434
5	2	소금	14
6	1	설탕	7(6)
7	12	버터	84
8	2	올리브유	14
	182.14	합계	1,275

(2) 혼합

혼합 직전 반죽온도를 맞추기 위한 물을 준비한다. 버터를 제외한 재료를 믹서에 넣고 저속으로 약 3~5분간 혼합한다. 반죽이 한 덩어리가 되면 중속으로 4분 정도 혼합하여 클린업단계에 버터를 넣고 약 10~15분간 혼합한다. 최종반죽온도는 27±1℃를 만든다.

빵의 식감을 결정하기 위해서는 혼합시간을 줄이거나 늘려 글루텐의 형성 정도를 조절할 필요가 있다.

(3) 1차 발효

발효실 온도 27℃, 상대습도 75%에서 20분간 발효한다.

(4) 분할, 둥글리기 및 중간발효

30g으로 분할하고, 둥글리기하면서 반죽의 표면을 매끄럽게 만든 다음 발효비닐 위에 반죽을 놓고 비닐을 덮어 10분간 중간발효한다.

(5) 성형 및 패닝

손으로 반죽을 약 40cm 정도의 길이로 성형한다. 평

❋ 공정

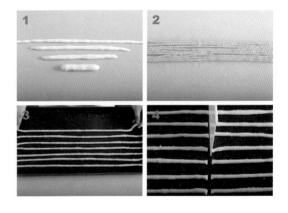

철판에 적당한 간격을 두고 패닝한다. 달걀물을 살짝 바르고 참깨를 뿌린다.

(6) 2차 발효

발효실 온도 38℃, 상대습도 85%의 발효실에 약 30~40분간 발효시키며 반죽이 처음 부피의 2배 정도 커지면 2차 발효완료 시점이다.

(7) 굽기

아랫불 온도 150℃, 윗불 온도 200℃의 예열된 오븐에 약 15분간 굽는다. 굽기 중 껍질색의 상태에 따라 팬의 위치를 바꿔준다.

✳ **실내온도 :**　　　℃, **밀가루 온도 :**　　　℃, **사용한 물 온도 :**　　　℃

혼합시간	1단	분/ 2단	분/ 3단	분	최종반죽온도	℃
반죽의 특성	끈적함 / 건조하고 단단함 / 잘 늘어남 / 탄성이 강함 / 기타(　　　　　)					

● **중요 포인트**

● **실습 원리**

성공요인	실패요인

● **실패요인 분석 및 개선 방향**

● **공정 및 완제품 사진 첨부**

계량	혼합	1차 발효	분할	중간발효	성형	2차 발효	굽기	냉각
8분	20분	30분	15분	10분	40분	30분	10분	20분
28분		73분(1시간 13분)		123분(2시간 03분)		163분(2시간 43분)		183분(3시간 03분)

전통적인 그리시니(Traditional Grissini)–스트레이트법

불포화지방인 올리브오일을 넣은 이탈리아의 전통빵으로 소금을 뿌려 굽는 빵이다. 건강에 좋으며 담백한 맛이 일품이다. 간단한 식사대용으로 안성맞춤인 빵이다.

준비	내용
장비	믹서, 발효기, 오븐(스팀)
소도구	저울, 온도계, 행주, 계량그릇, 발효팬, 발효비닐, 플라스틱 카드, 스크레이퍼, 붓, 평철판, 오븐장갑, 타공팬, 랙, 톱칼, 백노루지 광택용 달걀 및 우유, 참깨

(1) 그리시니 배합표

번호	비율(%)	재료명	무게(g)
1	80	강력분	800
2	20	박력분	200
3	4	생이스트	40
4	55	물	550
5	2	소금	20
6	3	설탕	30
7	2	탈지분유	20
8	8	올리브유	80
	174	합계	1,740
	5	우박설탕	50

(2) 혼합

혼합 직전 반죽온도를 맞추기 위한 물을 준비한다. 버터를 제외한 재료를 믹서에 넣고 저속으로 약 3~5분간 혼합한다. 반죽이 한 덩어리가 되면 중속으로 4분 정도 혼합하여 클린업단계에 버터를 넣고 약 10~15분간 혼합한다. 최종반죽온도는 27±1℃를 만든다.

빵의 식감을 결정하기 위해서는 혼합시간을 줄이거나 늘려 글루텐의 형성 정도를 조절할 필요가 있다.

(3) 1차 발효

발효실 온도 27℃, 상대습도 75%에서 20분간 발효한다.

(4) 분할, 둥글리기 및 중간발효

30g으로 분할하고, 둥글리기하면서 반죽의 표면을

✳ 완성품

✳ 공정

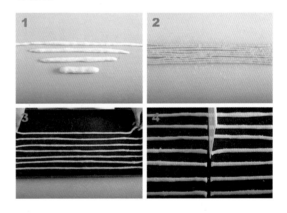

매끄럽게 만든 다음 발효비닐 위에 반죽을 놓고 비닐을 덮어 10분간 중간발효한다.

(5) 성형 및 패닝

손으로 반죽을 약 40cm 정도의 길이로 성형한다. 평철판에 적당한 간격을 두고 패닝한다. 달걀물을 살짝 바르고 참깨를 뿌린다.

(6) 2차 발효

발효실 온도 38℃, 상대습도 85%의 발효실에 약 30~40분간 발효시키며 반죽이 처음 부피의 2배 정도 커지면 2차 발효완료 시점이다. 2차 발효완료된 반죽 위에 우박소금을 소량 묻혀준다.

✽ **실내온도 :** ℃, **밀가루 온도 :** ℃, **사용한 물 온도 :** ℃

혼합시간	1단 분/ 2단 분/ 3단 분	최종반죽온도	℃
반죽의 특성	끈적함 / 건조하고 단단함 / 잘 늘어남 / 탄성이 강함 / 기타( )		

• **중요 포인트**

• **실습 원리**

성공요인	실패요인

• **실패요인 분석 및 개선 방향**

• **공정 및 완제품 사진 첨부**

(7) 굽기

아랫불 온도 150℃, 윗불 온도 200℃의 예열된 오븐에 약 15분간 굽는다. 굽기 중 껍질색의 상태에 따라 팬의 위치를 바꿔준다.

계량	혼합	1차 발효	분할	중간발효	성형	2차 발효	굽기	냉각
8분	20분	30분	15분	10분	40분	30분	10분	20분
28분		73분(1시간 13분)		123분(2시간 03분)		163분(2시간 43분)		183분(3시간 03분)

바바(Baba)

프랑스에서는 바바오럼(baba au rhum)이라고 하여 럼을 적셔 먹는 빵이다. 빵과 케이크의 이중성을 가진 빵으로 구운 후 바로 먹는 것보다는 시럽에 적셔 냉장고에 하루 숙성시켜 크림과 함께하면 좋은 빵이다.

준비	내용
장비	믹서, 발효기, 오븐
소도구	저울, 온도계, 행주, 계량그릇, 발효팬, 발효비닐, 플라스틱 카드, 스크레이퍼, 붓, 바바팬, 구겔호프팬, 오븐장갑, 타공팬, 랙, 톱칼, 백노루지 광택용 달걀 및 우유

(1) 바바 배합표

번호	비율(%)	재료명	무게(g)
1	100	중력분	1000
2	2.5	효모	25
3	12	물	120
4	40	달걀	400
5	10	설탕	100
6	1.5	소금	15
7	25	버터	250
8	2.5	레몬향	25
9	5	오렌지필	50
10	40	건포도	400
11	12	럼	120
	250.5	합계	2,505

럼시럽

번호	비율(%)	재료명	무게(g)
1	100	설탕	1000
2	80	물	800
3	25	살구잼	250
4	3	바닐라에센스	30
5	6	럼	60
	205	합계	2,140

> **Tip** | **럼시럽 만들기(1주일 사용 가능)**
>
> a. 설탕, 물과 살구잼을 끓여준다.
> b. 5~10분 끓으면 불을 끄고 바닐라에센스와 럼을 넣고 뜨거울 때 사용한다.

(2) 혼합

❋ 완성품

❋ 공정

혼합 직전 반죽온도를 맞추기 위한 물을 준비한다. 버터, 오렌지필, 건포도와 럼을 제외한 재료를 믹서에 넣고 저속으로 약 3~5분간 혼합한다. 반죽이 한 덩어리가 되면 중속으로 4분 정도 혼합하여 클린업 단계에 버터를 2~3회 정도 나누어 약 20~25분간 혼합한다. 최종반죽온도는 27±1℃를 만든다.(오렌지필, 건포도와 럼은 발효시간 동안 절여놓는다.)

빵의 식감을 결정하기 위해서는 혼합시간을 줄이거나 늘려 글루텐의 형성 정도를 조절할 필요가 있다.

(3) 1차 발효

발효실 온도 27℃, 상대습도 75%에서 60분간 발효하여 반죽이 2배 이상 부풀면 럼에 절인 오렌지필과 건포도를 반죽에 넣고 반죽을 잘 접어준다.

✳ **실내온도 :**　　　　℃, **밀가루 온도 :**　　　　℃, **사용한 물 온도 :**　　　　℃

혼합시간	1단 　　분/ 2단 　　분/ 3단 　　분	최종반죽온도	℃
반죽의 특성	끈적함 / 건조하고 단단함 / 잘 늘어남 / 탄성이 강함 / 기타(　　　　　)		

● **중요 포인트**

　

　

● **실습 원리**

　

성공요인	실패요인

● **실패요인 분석 및 개선 방향**

　

　

● **공정 및 완제품 사진 첨부**

　

　

(4) 분할, 둥글리기 및 중간발효

350g으로 분할하고, 둥글리기하면서 반죽의 표면을 매끄럽게 만든 다음 발효비닐 위에 반죽을 놓고 비닐을 덮어 15분간 중간발효한다.

(5) 성형 및 패닝

손으로 반죽을 원형모양으로 성형하고 원형의 2호 바바팬(없으면 구겔호프)에 기름을 바르고 패닝한다.

(6) 2차 발효

발효실 온도 38℃, 상대습도 85%의 발효실에 약 60~80분간 발효시키며 반죽이 처음 부피의 2배 이상 커지면 2차 발효완료 시점이다.

(7) 굽기

아랫불 온도 160℃, 윗불 온도 180℃의 예열된 오븐에 약 30분간 굽는다. 굽기 중 껍질색의 상태에 따라 팬의 위치를 바꿔준다. 구워져 나온 빵은 틀에서 디패닝하고 뜨거울 때 뜨거운 럼시럽에 2~3회 정도 담가 시럽을 입힌다. 타공팬에 냉각하거나 냉동시켜 1일 이상 숙성한 후 생크림 등으로 장식한다.

계량	혼합	1차 발효	분할	중간발효	성형	2차 발효	굽기
11분	30분	60분	10분	10분	10분	80분	30분
41분		111분(1시간 51분)		131분(2시간 11분)		241분(4시간 01분)	

브리오슈 무슬린(Brioche muslin)

브리오슈는 모양에 따라 이름이 다양한데 무슬린은 긴 셰프모자와 비슷한 모양을 하고 있다. 무슬린은 속이 비치는 옷감이라는 뜻으로 속이 비칠 정도로 부드럽고 맛있어서 붙여진 이름이다.

준비	내용
장비	믹서, 발효기, 오븐
소도구	저울, 온도계, 행주, 계량그릇, 발효팬, 발효비닐, 플라스틱 카드, 스크레이퍼, 붓, 원형팬 무슬린팬, 오븐장갑, 타공팬, 랙, 톱칼, 백노루지 광택용 달걀노른자

(1) 브리오슈 무슬린 배합표

번호	비율(%)	재료명	무게(g)
1	100	강력분	1000
2	2.2	소금	22
3	16	설탕	160
4	4	생이스트	40
5	70	달걀	700
6	75	버터	750
	267.2	합계	2,672
	10	우박설탕	100

(2) 혼합

버터를 제외한 재료를 믹서에 넣고 저속으로 약 3~5분간 혼합한다. 반죽이 한 덩어리가 되면 중속으로 4~10분 정도 혼합하고 클린업단계에 버터를 3~5회 정도 나누어 약 20~25분간 혼합한다. 최종반죽온도는 25±1℃를 만든다.

유지가 많이 들어가기 때문에 고속으로 혼합하면 반죽온도가 상승하여 유지가 혼합되지 않는다.

(3) 1차 발효

발효실 온도 27℃, 상대습도 75%에서 90분간 발효하여 가스빼기를 한 후 냉장고에서 2시간 이상 24시간 정도 저온발효한다.

(4) 분할, 둥글리기 및 중간발효

300g으로 분할하고, 둥글리기하면서 반죽의 표면을 매끄럽게 만든 다음 발효비닐 위에 반죽을 놓고 비닐

✻ 완성품

✻ 공정

을 덮어 15분간 중간발효한다.

(5) 성형 및 패닝

반죽을 둥글리기하고 무슬린 틀에 기름을 바르고 패닝한다.

(6) 2차 발효

발효실 온도 27℃, 상대습도 75%의 발효실에 약 3시간(180분) 정도 발효시키며 반죽이 틀의 높이 정도(25cm)로 발효되면 2차 발효완료 시점이다. 반죽 위에 달걀노른자와 물을 혼합한 혼합물을 살짝 바르고 우박설탕을 뿌린다.

(7) 굽기

아랫불 온도 160℃, 윗불 온도 180℃의 예열된 오븐에 약 30분간 굽는다. 굽기 중 껍질색의 상태에 따라 팬의 위치를 바꿔준다. 구워져 나온 빵은 10분 정도 냉각하고 틀에서 디패닝한다.

✳ **실내온도 :**   **℃, 밀가루 온도 :**   **℃, 사용한 물 온도 :**   **℃**

혼합시간	1단	분/ 2단	분/ 3단	분	최종반죽온도	℃
반죽의 특성	끈적함 / 건조하고 단단함 / 잘 늘어남 / 탄성이 강함 / 기타( )					

• **중요 포인트**

• **실습 원리**

성공요인	실패요인

• **실패요인 분석 및 개선 방향**

• **공정 및 완제품 사진 첨부**

계량	혼합	발효(상·냉장)	분할	중간발효	성형	2차 발효	굽기	냉각
6분	40분	24시간	10분	15분	20분	180분	30분	20분
46분		1,496분(24시간 56분)		1,531분(25시간 31분)		1,741분(29시간 01분)		1,762분(29시간 21분)

구겔호프(Gugelhopf)

프랑스 알자스 지방에서 건포도 브리오슈 반죽을 구겔호프 틀에 넣어 만들었다는 과자빵이다. 구겔호프도 케이크와 빵 사이를 오고가는 특수빵의 일종이다.

준비	내용
장비	믹서, 발효기, 오븐
소도구	저울, 온도계, 행주, 계량그릇, 발효팬, 발효비닐, 플라스틱 카드, 스크레이퍼, 붓, 구겔호프 틀, 오븐장갑, 타공팬, 랙, 톱칼, 백노루지

(1) 구겔호프 배합표

번호		비율(%)	재료명	무게(g)
1	1	100	강력분	1000
	2	4	생이스트	40
	3	50	달걀	500
	4	20	우유	200
	5	5	물	50
2	6	2.1	소금	21
	7	20	설탕	200
	8	5	오렌지시럽	50
3		40	버터	400
4	9	5	럼	50
	10	15	슬라이스 아몬드	150
	11	70	건포도	700
		336.1	합계	3,361

럼시럽

번호	비율(%)	재료명	무게(g)
1	100	설탕	1000
2	80	물	800
3	25	살구잼	250
4	3	바닐라에센스	30
5	6	럼	60
	205	합계	2,140

(2) 혼합

1번의 재료를 믹싱볼에 넣어 저속으로 혼합하고 2번의 재료를 넣고 중속으로 4~10분 정도 혼합한다. 반죽이 클린업상태가 되면 3번의 버터를 2~3회로 나누어 약 20~25분간 혼합하고 최종반죽온도는 25±1℃를 만든다.

❋ 완성품

❋ 공정

(3) 1차 발효

발효실 온도 27℃, 상대습도 75%에서 90분간 발효하고 럼에 절여둔 건포도를 반죽에 접어 넣어준다.

(4) 분할, 둥글리기 및 중간발효

350g으로 분할하고, 둥글리기하면서 반죽의 표면을 매끄럽게 만든 다음 발효비닐 위에 반죽을 놓고 비닐을 덮어 15분간 중간발효한다.

(5) 성형 및 패닝

구겔호프 틀에 버터를 골고루 바르고 슬라이스 아몬드를 골고루 묻혀준다. 반죽을 둥글리기하고 구겔호프 틀에 패닝한다.

(6) 2차 발효

발효실 온도 30℃, 상대습도 75%의 발효실에 약 80분 정도 발효시키며 반죽이 틀의 높이 정도 발효되면 2차 발효완료 시점이다.

✳ **실내온도 :** ℃, **밀가루 온도 :** ℃, **사용한 물 온도 :** ℃

혼합시간	1단 분/ 2단 분/ 3단 분	최종반죽온도	℃
반죽의 특성	끈적함 / 건조하고 단단함 / 잘 늘어남 / 탄성이 강함 / 기타( )		

● **중요 포인트**

● **실습 원리**

성공요인	실패요인

● **실패요인 분석 및 개선 방향**

● **공정 및 완제품 사진 첨부**

(7) 굽기

아랫불 온도 170℃, 윗불 온도 180℃의 예열된 오븐에 약 30분간 굽는다. 굽기 중 껍질색의 상태에 따라 팬의 위치를 바꿔준다. 구워져 나온 빵은 10분 정도 냉각하고 틀에서 디패닝한다.

(8) 마무리

구겔호프가 뜨거운 상태에서 럼시럽에 2~3회 담갔다가 포장한다. 냉장고에서 하루 숙성한다.

계량	혼합	1차 발효	분할	중간발효	성형	2차 발효	굽기	냉각
11분	30분	90분	10분	10분	20분	80분	30분	20분
41분		141분(2시간 21분)		171분(2시간 51분)		281분(4시간 41분)		301분(5시간 01분)

토르티야(Tortilla)

토르티야는 평평하고 얇은 빵으로 멕시코의 음식이다. 여러 가지 채소나 고기 또는 음식을 싸서 타코를 만들어 먹는 데 사용한다. 멕시코에서는 밀가루 토르티야 또는 옥수수 토르티야를 먹는다.

준비	내용
장비	믹서, 발효기, 오븐, 버너
소도구	저울, 온도계, 행주, 계량그릇, 발효팬, 발효비닐, 밀대, 플라스틱 카드, 스크레이퍼, 붓, 프라이팬, 오븐장갑, 타공팬, 랙, 톱칼, 백노루지

(1) 토르티야 배합표

번호	비율(%)	재료명	무게(g)
1	100	강력분	1000
2	2	대두가루	20
3	58	물	580
4	2	소금	20
5	8	쇼트닝	80
6	1	생이스트	10
7	2	탈지분유	20
8	1	제빵개량제	10
	174	합계	1,740

(2) 혼합

혼합 직전 반죽온도를 맞추기 위한 물을 준비한다. 쇼트닝을 제외한 재료를 믹서에 넣고 저속으로 약 3~5분간 혼합한다. 반죽이 한 덩어리가 되면 중속으로 4분 정도 혼합하여 클린업단계에 쇼트닝을 넣고 약 10~15분간 혼합한다. 최종반죽온도는 27±1℃를 만든다.

(3) 1차 발효

발효실 온도 27℃, 상대습도 75%에서 30분간 발효한다.

(4) 분할, 둥글리기 및 중간발효

80g으로 분할하고, 둥글리기하면서 반죽의 표면을 매끄럽게 만든 다음 발효비닐 위에 반죽을 놓고 비닐을 덮어 15분간 중간발효한다.

✻ 완성품

✻ 공정

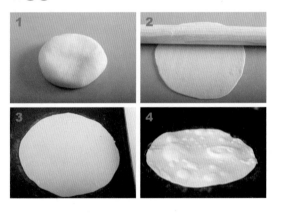

(5) 성형 및 패닝

밀대를 이용하여 반죽의 직경을 30cm 이상의 원형 반죽으로 성형하고 나무판에 겹쳐서 패닝한다.

(6) 2차 발효

성형된 반죽은 약 10~20분간 발효숙성한다.

(7) 굽기

아랫불 온도 240℃, 윗불 온도 240℃의 예열된 오븐의 바닥에 약 3분 정도 굽는다. 굽기 중 껍질색의 상태에 따라 토르티야를 뒤집어 익혀준다. 오븐이 없을 경우 프라이팬을 달구어 토르티야를 프라이팬에 올려 양쪽을 구워준다. 구워진 토르티야는 뜨거운 상

✻ **실내온도 :** ℃, **밀가루 온도 :** ℃, **사용한 물 온도 :** ℃

혼합시간	1단 분/ 2단 분/ 3단 분	최종반죽온도	℃
반죽의 특성	끈적함 / 건조하고 단단함 / 잘 늘어남 / 탄성이 강함 / 기타( )		

• **중요 포인트**

• **실습 원리**

성공요인	실패요인

• **실패요인 분석 및 개선 방향**

• **공정 및 완제품 사진 첨부**

태에서 비닐봉투에 저장한다.

(8) 포장

토르티야는 얇은 제품이기 때문에 각각 포장하게 될 경우 제품이 건조해져 부서질 수 있으므로 10장 또는 15장으로 겹쳐서 비닐포장하는 것이 바람직하다.

계량	혼합	1차 발효	분할	성형	2차 발효	굽기
8분	20분	30분	10분	20분	20분	5분
28분		68분(1시간 08분)		113분(1시간 53분)		

옥수수 토르티야(Corn tortilla)

옥수수 토르티야는 마사 아리나(masa harina)라는 양잿물에 표백한 옥수수가루로 만든 평평하고 얇은 빵으로 멕시코의 음식이다. 남미에서는 비슷한 빵을 아레빠(arepa)라고 하며 옥수수로 만드는 방법을 가장 선호한다.

준비	내용
장비	믹서, 발효기, 오븐, 버너
소도구	저울, 온도계, 행주, 계량그릇, 발효팬, 발효비닐, 밀대, 플라스틱 카드, 스크레이퍼, 붓, 프라이팬, 오븐장갑, 타공팬, 랙, 톱칼, 백노루지

(1) 토르티야 배합표

번호	비율(%)	재료명	무게(g)
1	70	옥수수가루	700
2	30	강력분	300
3	1	생이스트	10
4	1.8	소금	18
5	8	식용유	80
6	58	물	580
	168.8	합계	1,688

✱ 완성품

✱ 공정

(2) 혼합

혼합 직전 반죽온도를 맞추기 위한 물을 준비한다. 쇼트닝을 제외한 재료를 믹서에 넣고 저속으로 약 3~5분간 혼합한다. 반죽이 한 덩어리가 되면 중속으로 4분 정도 혼합하여 클린업단계에 쇼트닝을 넣고 약 10~15분간 혼합한다. 최종반죽온도는 27±1℃를 만든다.

(3) 1차 발효

발효실 온도 27℃, 상대습도 75%에서 30분간 발효한다.

(4) 분할, 둥글리기 및 중간발효

80g으로 분할하고, 둥글리기하면서 반죽의 표면을 매끄럽게 만든 다음 발효비닐 위에 반죽을 놓고 비닐을 덮어 15분간 중간발효한다.

(5) 성형 및 패닝

밀대를 이용하여 반죽의 직경을 30cm 이상의 원형 반죽으로 성형하고 나무판에 겹쳐서 패닝한다.

(6) 2차 발효

성형된 반죽은 약 10~20분간 발효숙성한다.

(7) 굽기

아랫불 온도 240℃, 윗불 온도 240℃의 예열된 오븐의 바닥에 약 3분 정도 굽는다. 굽기 중 껍질색의 상태에 따라 토르티야를 뒤집어 익혀준다. 오븐이 없을 경우 프라이팬을 달구어 토르티야를 프라이팬에 올려 양쪽을 구워준다. 구워진 토르티야는 뜨거운 상태에서 비닐봉투에 저장한다.

(8) 포장

토르티야는 얇은 제품이기 때문에 각각 포장하게 될 경우 제품이 건조해져 부서질 수 있으므로 10장 또는 15장으로 겹쳐서 비닐포장하는 것이 바람직하다.

✱ **실내온도 :**   ℃, **밀가루 온도 :**   ℃, **사용한 물 온도 :**   ℃

혼합시간	1단	분/ 2단	분/ 3단	분	최종반죽온도	℃
반죽의 특성	끈적함 / 건조하고 단단함 / 잘 늘어남 / 탄성이 강함 / 기타( )					

• **중요 포인트**

• **실습 원리**

성공요인	실패요인

• **실패요인 분석 및 개선 방향**

• **공정 및 완제품 사진 첨부**

계량	혼합	1차 발효	분할	성형	2차 발효	굽기
8분	20분	30분	10분	20분	20분	5분
28분		68분(1시간 08분)			113분(1시간 53분)	

응용 배합표

1. 공갈빵

비율(%)	재료명	무게(g)
100.00	강력분	1000
3.00	설탕	30
1.50	소금	15
1.00	베이킹파우더	10
1.00	드라이이스트	10
5.00	버터	50
54.00	물	540
10.00	얼음물	100
175.5	합계	1,755

공갈빵 충전물

비율(%)	재료명	무게(g)
100	황설탕	300
100	분유	300
35	아몬드분말	105
235	합계	705

◉제조공정

1. 전 재료를 믹싱볼에 넣고 혼합하여 22℃의 반죽형성중 기단계의 반죽을 만든다.
2. 온도 27℃, 상대습도 75%의 발효실에서 50분간 1차 발효한다.
3. 80g으로 분할하고 둥글리기한 다음 10분간 중간발효 한다.
4. 반죽에 충전물 30g을 싸준 후 밀대를 사용하여 지름 약 12cm 정도의 원형으로 밀어 패닝한다.
5. 윗불 140℃, 아랫불 180℃의 오븐에서 약 12분간 굽는다.

memo 메모 및 사진첨부

2. 모카찹쌀브레드

비율(%)	재료명	무게(g)
100.00	강력분	1000
13.00	설탕	130
1.00	소금	10
1.00	분유	10
3.50	이스트	35
15.00	유산균발효액	150
22.00	달걀	220
30.00	물	300
2.00	인스턴트커피	20
12.00	버터	120
199.5	합계	1,995

찹쌀속

비율(%)	재료명	무게(g)
60.00	찹쌀가루	600
14.00	설탕	140
1.00	소금	10
50.00	물	400
15.00	호두	150
15.00	팥배기	150
155	합계	1,450

모카피

비율(%)	재료명	무게(g)
42.00	설탕	210
30.00	버터	150
20.00	아몬드프랄린	100
100.00	박력분	500
2.00	베이킹파우더	10
1.20	베이킹소다	6
22.00	달걀	110
217.2	합계	1,086

◉ 제조공정

1. 전 재료를 믹싱볼에 넣고 혼합하여 28℃의 반죽형성중 기단계의 반죽을 만든다.
2. 온도 27℃, 상대습도 75%의 발효실에서 50분간 1차 발효한다.
3. 200g으로 분할하고 둥글리기한 후 다음 10분간 중간 발효한다.
4. 반죽을 넓게 밀어편 후 찹쌀속 100g을 밀어펴 말아주고 고구마 모양으로 성형하여 패닝한다.
5. 모카피 80g을 분할하여 밀어편 후 윗면에 덮어준다.
6. 온도 38℃, 상대습도 85%의 발효실에서 30~35분간 2차 발효한다.
7. 토핑을 바르고 윗불 180℃, 아랫불 160℃의 오븐에서 25~30분간 굽는다.

메모 및 사진첨부

3. 오징어먹물브레드

비율(%)	재료명	무게(g)
85.00	강력분	850
15.00	통밀가루	150
20.00	설탕	200
1.25	소금	12.5
1.00	제빵개량제	10
30.00	버터	300
2.50	생이스트	`25
20.00	달걀	200
25.00	우유	250
18.00	스펀지도우	180
2.00	먹물	20
15.00	유산균발효액	150
234.75	합계	2,347.5

스펀지도우

비율(%)	재료명	무게(g)
100.00	강력분	100
100.00	물	100
1.00	이스트	1
201	합계	201

충전물

비율(%)	재료명	무게(g)
100.00	호두	200
50.00	건조과일	100
50.00	건포도	100
50.00	완두배기	100
50.00	슬라이스 치즈	100
300	합계	600

토핑

비율(%)	재료명	무게(g)
100.00	달걀흰자	50
190.00	설탕	95
90.00	아몬드분말	45
6.00	먹물	3
190.00	호두분태	95
576	합계	288

◉ 제조공정

1. 전 재료를 믹싱볼에 넣고 혼합하여 27℃의 반죽형성중기단계의 반죽을 만든다.
2. 온도 27℃, 상대습도 75%의 발효실에서 50분간 1차 발효한다.
3. 240g으로 분할, 둥글리기하고 10분간 중간발효한다.
4. 반죽을 밀어펴고 충전물 50g을 골고루 올린 뒤 반죽을 한쪽 방향으로 말아 25cm 길이로 만들어 패닝한다.
5. 온도 38℃, 상대습도 85%의 발효실에서 40분간 2차 발효한다.
6. 굽기 전 반죽의 윗면에 칼집을 4번 내주고 토핑을 짜준다.
7. 윗불 200℃, 아랫불 160℃의 오븐에서 스팀을 넣고 약 20분간 굽는다.

메모 및 사진첨부

4. 포카치아

비율(%)	재료명	무게(g)
50.00	강력분	500
50.00	박력분	500
2.00	설탕	20
0.50	제빵개량제	5
2.00	소금	20
3.00	생이스트	30
0.50	로즈마리	5
52.00	물	520
12.00	양파(chopping)	120
172	합계	1,720

토핑

비율(%)	재료명	무게(g)
100.00	양파 슬라이스	100
100.00	올리브오일	100
200	합계	200

◉ 제조공정

1. 양파를 제외한 재료를 믹서에 넣고 혼합하여 27℃의 반죽형성중기단계의 반죽을 만들고 양파(chopping)를 넣어 골고루 혼합한다.
2. 온도 27℃, 상대습도 75%의 발효실에서 60분간 1차 발효한다.
3. 240g으로 분할, 둥글리기하고 10분간 중간발효한다.
4. 반죽을 직경 25cm 정도의 원형으로 밀어펴고 패닝한다.
5. 온도 38℃, 상대습도 85%의 발효실에서 50분간 2차 발효한다.
6. 굽기 전 반죽의 윗면에 올리브오일을 바르고 양파 슬라이스를 토핑하고 구워준다.
7. 윗불 220℃, 아랫불 160℃의 오븐에 넣고 약 15분간 굽는다.

메모 및 사진첨부

5. 호두브리오슈

비율(%)	재료명	무게(g)
100.00	강력분	1000
12.00	설탕	120
2.00	소금	20
3.00	드라이이스트	30
30.00	달걀	300
20.00	달걀노른자	200
10.00	우유	100
1.00	바닐라에센스	10
50.00	무염버터	500
50.00	오렌지필	500
278	합계	2,780

충전물

비율(%)	재료명	무게(g)
120.00	버터	120
100.00	분당	100
90.00	달걀	90
100.00	아몬드분말	100
200.00	호두	200
610	합계	610

토핑

비율(%)	재료명	무게(g)
100.00	살구잼	100
10.00	물엿	10
15.00	물	15
30.00	하겔슈거(우박설탕)	30
155	합계	155

◉제조공정

1. 버터와 오렌지필을 제외한 재료를 믹싱볼에 넣고 혼합한 뒤 클린업단계에서 버터를 2~3회 나누어 혼합하고 27℃의 반죽형성후기단계의 반죽을 만든 다음 오렌지필을 넣고 골고루 혼합하여 반죽을 완료한다.
2. 온도 27℃, 상대습도 75%의 발효실에서 90분간 1차 발효한다.(필요시 중간에 펀치)
3. 120g으로 분할, 둥글리기하고 15분간 중간발효한다.
4. 반죽을 원형의 공모양으로 성형하고 패닝한다.
5. 온도 35℃, 상대습도 80%의 발효실에서 50분간 2차 발효한다.
6. 굽기 전 반죽의 윗면에 약 25g의 충전물을 짜준 다음 구워준다.
7. 윗불 200℃, 아랫불 160℃의 오븐에서 약 20분간 굽는다.

메모 및 사진첨부

6. 블랙 어니언 갈릭

비율(%)	재료명	무게(g)
80.00	강력분	800
20.00	박력분	200
1.80	소금	18
1.00	드라이이스트	10
65.00	물	650
0.50	몰트	5
3.00	오징어먹물	30
30.00	풀리쉬	300
	합계	2,013

어니언 크림

비율(%)	재료명	무게(g)
100.00	크림치즈	500
15.00	분당	75
30.00	다진 양파	150
145	합계	725

갈릭 토핑

비율(%)	재료명	무게(g)
100.00	다진 마늘	200
38.00	설탕	76
7.00	파슬리	14
25.00	달걀노른자	50
40.00	달걀	80
	합계	420

준비 재료

재료명	무게(g)
베이컨	13장
슬라이스 치즈	5장
피자치즈	200
후추	약간
올리브오일	적당량

◉ 제조공정

1. 전 재료를 믹싱볼에 넣고 혼합하여 28℃의 반죽형성중 기단계의 반죽을 만든다.
2. 온도 27℃, 상대습도 75%의 발효실에서 50분간 1차 발효한다.
3. 150g으로 분할하고 둥글리기한 다음 10분간 중간발효한다.
4. 반죽을 길게 밀어펴 어니언 크림을 짜준 뒤 바게트 모양으로 성형하고 철판에 패닝 후 살짝 눌러준다.
5. 온도 38℃, 상대습도 85%의 발효실에서 30~35분간 2차 발효한다.
6. 발효 후 가운데를 살짝 눌러 갈릭 토핑을 바르고 슬라이스 치즈를 3등분하어 올리고, 베이킨에 후추를 뿌려 올려준 뒤 그 위에 약간의 피자치즈를 뿌려준다.
7. 윗불 210℃, 아랫불 200℃의 오븐에서 15~20분간 굽는다.

메모 및 사진첨부

7. 쇼콜라 무화과

비율(%)	재료명	무게(g)
80.00	강력분	400
20.00	박력분	100
10.00	코코아파우더	50
2.00	소금	10
5.00	설탕	25
1.60	생이스트	8
30.00	르방	150
80.00	물	400
20.00	초콜릿칩	100
4.00	오렌지주스	20
20.00	건조크랜베리	100
20.00	통마카다미아	100
292.6	합계	1,463

크림치즈 충전물

비율(%)	재료명	무게(g)
100.00	크림치즈	600
45.00	분당	270
16.67	생크림	100
5.00	레몬즙	30
166.67	합계	1,000

토핑

비율(%)	재료명	무게(g)
100	반건조무화과	200
50	해바라기씨	100
50	호박씨	100
200	합계	400

◉ 제조공정

1. 전 재료를 믹싱볼에 넣고 혼합하여 27℃의 반죽형성중 기단계의 반죽을 만든다.
2. 온도 30℃, 상대습도 65%의 발효실에서 40~50분간 1차 발효, 펀치 후 30~40분 발효한다.
3. 100g으로 분할하고 막대모양으로 둥글리기한 다음 15~20분 중간발효한다.
4. 가로 25cm, 세로 8cm의 길다란 타원모양으로 늘려준 다음 물을 뿌려 호박씨, 해바라기씨를 묻혀 성형한다.
5. 온도 30℃, 상대습도 65%의 발효실에서 25~30분간 2차 발효한다.
6. 굽기 전에 크림치즈 충전물을 2줄 짠 후 반건조무화과 반을 잘라 올려준다.
7. 윗불 240℃, 아랫불 210℃의 오븐에서 약 8~10분간 굽는다.

메모 밑 사진첨부

8. 유자 찰치즈 빵

비율(%)	재료명	무게(g)
80.00	강력분	800
20.00	박력분	200
1.80	소금	18
15.00	설탕	150
3.50	이스트	35
15.00	버터	150
15.00	달걀	150
10.00	생크림	100
15.00	우유	150
24.00	물	240
199.3	합계	1,993

찹쌀속

비율(%)	재료명	무게(g)
100.00	찹쌀	600
25.00	설탕	150
0.80	소금	4.8
60.00	물	360
185.8	합계	1,114.8

토핑

비율(%)	재료명	무게(g)
100.00	크림치즈	400
20.00	분당	80
20.00	유자	80
15.00	생크림	60
20.00	우유	80
175	합계	700

◉ 제조공정

1. 버터를 제외한 재료를 믹서에 넣고 혼합하여 클린업단계에서 버터를 넣고 25℃의 반죽형성후기단계의 반죽을 만든다.
2. 온도 27℃, 상대습도 75%의 발효실에서 50분간 1차 발효한다.
3. 100g으로 분할하고 둥글리기한 다음 10분간 중간발효한다.
4. 반죽에 찹쌀속 50g을 넣고 반죽을 납작하게 밀어편 뒤 패닝한다.
5. 온도 38℃, 상대습도 85%의 발효실에서 40분간 2차 발효한다.
6. 굽기 전 토핑을 반죽의 가운데 약 35g 짜준 뒤 굽는다.
7. 윗불 190℃, 아랫불 160℃의 오븐에서 약 20분간 굽는다.

메모 및 사진첨부

9. 어니언 크림치즈 베이글

비율(%)	재료명	무게(g)
100.00	강력분	1000
4.00	설탕	40
2.00	소금	20
2.00	제빵개량제	20
2.50	드라이이스트	25
5.00	달걀	50
60.00	물	600
20.00	호두(구운 것)	200
195.5	합계	1,955

어니언 크림치즈

비율(%)	재료명	무게(g)
100.00	크림치즈	600
25.00	설탕	150
3.33	머스터드	20
33.33	다진 양파	200
83.33	생크림	500
244.99	합계	1,470

◉ 제조공정

1. 모든 재료를 믹서에 넣고 혼합하여 25℃의 반죽형성중기단계의 반죽을 만든다.
2. 온도 27℃, 상대습도 75%의 발효실에서 50분간 1차 발효한다.
3. 250g으로 분할하고 둥글리기한 다음 10분간 중간발효한다.
4. 반죽을 원형으로 성형하고 패닝한다.
5. 온도 38℃, 상대습도 85%의 발효실에서 60분간 2차 발효한다.
6. 윗불 200℃, 아랫불 180℃의 오븐에 스팀을 주고 약 10분간 굽고 온도를 윗불 150℃, 아랫불 120℃의 오븐에서 약 20분간 굽는다. (컨벡션 오븐이 있으면 컨벡션 오븐에 스팀을 주어 굽는다.)
7. 빵이 충분히 식으면 어니언 크림치즈를 샌드해 준다.

메모 및 사진첨부

10. 소금빵(시오빵)

비율(%)	재료명	무게(g)
50.00	강력분	500
50.00	중력분	500
2.00	소금	20
3.00	설탕	30
1.00	드라이이스트	10
3.00	분유	30
0.40	몰트	4
3.00	버터	30
68.00	물	680
180.4	합계	1,804
2	펄솔트	20

소금버터

비율(%)	재료명	무게(g)
100.00	무염버터	500
2.00	소금	10
102	합계	510

무염버터와 소금은 녹인 후 틀에 넣어 굳힌 뒤 잘라서
사용한다.

◉ 제조공정

1. 모든 재료를 믹서에 넣고 혼합하여 25℃의 반죽형성중
   기단계의 반죽을 만든다.
2. 온도 27℃, 상대습도 75%의 발효실에서 50분간 1차 발
   효한다.
3. 60g으로 분할하고 둥글리기한 다음 10분간 중간발효
   한다.
4. 반죽을 삼각형으로 밀어펴고 소금버터 10g을 넣고
   10cm 길이의 번데기 모양으로 말아준다.
5. 온도 38℃, 상대습도 85%의 발효실에서 60분간 2차 발
   효한다.
6. 굽기 전 스프레이로 물을 뿌리고 펄솔트를 소량 뿌려
   준다.
7. 철판을 한 장 덧대어 윗불 270℃, 아랫불 200℃의 오븐
   에 스팀을 준 뒤 약 12분간 구워주고 오븐에서 나오면
   바로 녹인 버터를 발라준다.

메모 및 사진첨부

11. 누룽지빵

비율(%)	재료명	무게(g)
60.00	박력분	600
40.00	중력분	400
1.80	소금	18
30.00	설탕	300
0.80	이스트	8
3.00	버터	30
62.00	물	620
197.6	합계	1,976

◉ 소금버터

비율(%)	재료명	무게(g)
100.00	녹인 버터	300
50.00	설탕	150
50.00	슬라이스 아몬드	150
200	합계	600

◉ 제조공정

1. 버터를 제외한 재료를 믹서에 넣고 클린업단계에서 버터를 혼합하여 25℃의 반죽형성중기단계의 반죽을 만든다.
2. 온도 27℃, 상대습도 75%의 발효실에서 50분간 1차 발효한다.
3. 50g으로 분할하고 둥글리기한 다음 10분간 중간발효한다.
4. 반죽을 밀대로 타원형으로 얇게 밀어펴고 녹인 버터를 바른 다음 설탕을 묻혀준다. 그 위에 슬라이스 아몬드를 뿌려준다.
5. 윗불 200℃, 아랫불 170℃의 오븐에 약 12분간 구워준다.

메모 및 사진첨부

12. 마늘바게트

풀리쉬(Poolish)

비율(%)	재료명	무게(g)
35	강력분	350
35	물	350
1	생이스트	10
71	합계	710

본반죽

비율(%)	재료명	무게(g)
35	강력분	350
30	박력분	300
2	소금	20
20	발효반죽	200
30	물	300
70	풀리쉬(전량)	700
187	합계	1,870

마늘크림(속)

비율(%)	재료명	무게(g)
100	마가린	300
18	간 마늘	54
100	마요네즈	300
0.5	마늘분말	1.5
0.3	파슬리	0.9
100	우유	300
35	연유	105
353.8	합계	1,061.4

마늘크림(겉)

비율(%)	재료명	무게(g)
40	설탕	160
100	마요네즈	400
35	달걀	140
5	간 마늘	20
180	합계	720

제조공정

1. 풀리쉬를 반죽하여 냉장고에서 24시간 저온발효한다.
2. 본반죽의 모든 재료를 믹서에 넣고 혼합하여 24℃의 반죽을 만든다.
3. 온도 27℃, 상대습도 75%의 발효실에서 50분간 1차 발효한다.
4. 200g으로 분할하고 둥글리기한 다음 10분간 중간발효한다.
5. 반죽을 고구마모양으로 성형하고 패닝한다.
6. 굽기 전 반죽 위에 붓으로 마늘크림을 바르고 윗불 200℃, 아랫불 170℃의 오븐에 약 20분간 구워준다. 굽는 동안 2~3번 정도 마늘크림을 덧발라준다.

메모 및 사진첨부

13. 찰떡 바게트(Glutinous cake bageutte)

비율(%)	재료명	무게(g)
90	강력분	900
10	크라프트콘	100
3	설탕	30
1.8	소금	18
4	생이스트	40
1	제빵개량제	10
65	물	650
174.8	합계	1,748

찰떡 충전물

비율(%)	재료명	무게(g)
42	찹쌀가루	420
13	설탕	130
0.5	소금	5
40	물	400
8	완두콩배기	80
103.5	합계	1,035

◉ 제조공정

1. 전 재료를 믹싱볼에 넣고 혼합하여 27℃의 반죽형성중기단계의 반죽을 만든다.
2. 온도 27℃, 상대습도 75%의 발효실에서 50분간 1차 발효한다.
3. 200g으로 분할하고 둥글리기한 다음 10분간 중간발효한다.
4. 반죽을 밀어펴고 충전용 찰떡 120g을 반죽에 바르고 반죽을 한쪽 방향으로 말아 30cm 길이로 만들어 패닝한다.
5. 온도 38℃, 상대습도 85%의 발효실에서 40분간 2차 발효한다.
6. 굽기 전 반죽의 윗면을 4번 칼집을 내준다.
7. 윗불 200℃, 아랫불 160℃의 오븐에서 스팀을 넣고 약 20분간 굽는다.

메모 밑 사진첨부

연유 앙 버터빵-스트레이트법

달콤한 팥앙금과 부드러운 버터의 조화, 앙금과 버터를 넣어 만들었다는 뜻으로 앙버터라 불린다. 버터와 앙금의 변화로 다른 식감과 풍미를 느낄 수 있는 제품이다.

준비	내용
장비	믹서, 발효기, 오븐
소도구	저울, 온도계, 행주, 계량그릇, 발효팬, 발효비닐, 플라스틱 카드, 스크레이퍼, 밀대, 오븐장갑, 타공팬, 톱칼, 백노루지 칼, 헤라

(1) 연유 앙 버터빵 배합표

번호	비율(%)	재료명	무게(g)
1	100	강력분	1200
2	4	생이스트	48
3	2.3	설탕	276
4	1.2	소금	14.4
5	1	제빵개량제	12
6	2	탈지분유	24
7	10	달걀	120
8	20	유산균발효액	240
9	46	물	552
10	8	버터	96
	251.2	합계	2582.4

연유 앙 버터빵 충전물 배합표

번호	비율(%)	재료	무게(g)
1	80	무염버터	1760
2	100	통팥앙금(저당용)	2200
	180	합계	3960

(2) 혼합

혼합 직전 반죽온도를 맞추기 위한 물 온도를 맞춘다. 버터를 제외한 재료를 믹서에 넣고 저속으로 약 3~5분간 혼합한다. 반죽이 한 덩어리가 되면 중속으로 4분 정도 혼합하여 클린업단계에 버터를 넣고 약 7~9분간 혼합한다. 최종반죽온도는 27±1℃를 만든다.

(3) 1차 발효

발효실 온도 27℃, 상대습도 75%에서 60분 정도 발효한다. 발효 시 발효비닐로 반죽이 마르지 않도록 관

✳ 완성품

리한다. 같은 조건에서 이상적인 발효시간은 90분이 적당하다.

(4) 분할, 둥글리기 및 중간발효

80g으로 분할하고, 반죽의 표면을 매끄럽고 동그랗게 만들어 둥글리기하고 발효비닐 위에 반죽을 놓고 비닐을 덮어 10~15분간 중간발효한다.

(5) 성형 및 패닝

반죽을 손으로 눌러 가스를 빼내고 12cm 길이로 말아서 막대모양으로 성형한다. 성형과정 중 반죽의 표면이 찢어지지 않도록 주의하면서 작업한다.

(6) 2차 발효

발효실 온도 38℃, 상대습도 85%의 발효실에 약 40분간 발효하고, 반죽을 흔들어 찰랑거릴 때 발효가 완료된 시점이다.

(7) 굽기

아랫불 온도 160℃, 윗불 온도 190℃의 예열된 오븐에 약 15분간 굽는다. 굽기 중 껍질색의 상태에 따라 팬의 위치를 바꿔준다.

(8) 완성

식힌 빵을 슬라이스한다. 양쪽 면에 연유를 얇게 바

✻ **실내온도 :** ℃, **밀가루 온도 :** ℃, **사용한 물 온도 :** ℃

혼합시간	1단 분/ 2단 분/ 3단 분	최종반죽온도	℃
반죽의 특성	끈적함 / 건조하고 단단함 / 잘 늘어남 / 탄성이 강함 / 기타( )		

• **중요 포인트**

• **실습 원리**

성공요인	실패요인

• **실패요인 분석 및 개선 방향**

• **공정 및 완제품 사진 첨부**

르고 버터와 앙금(80g)을 0.7cm 두께, 직사각형으로 재단하여 샌드한다. 이때 길이는 완제품 빵의 길이보다 짧게 한다.

계량	혼합	1차 발효	분할	중간발효	성형	2차 발효	굽기	냉각
10분	20분	60분	10분	10분	10분	40분	15분	30분
30분		100분(1시간 40분)		120분(2시간)		175분(2시간 55분)		205분(3시간 25분)

크레존(마약빵)－스트레이트법

신선한 야채와 달콤하고 고소한 옥수수 충전물이 특징인 빵으로, 옥수수크림을 토핑으로 사용하여 좀 더 부드러운 식감과 맛을 살린 제품이다. 옥수수의 매력을 느낄 수 있다.

준비	내용
장비	믹서, 발효기, 오븐
소도구	저울, 온도계, 행주, 계량그릇, 발효팬, 발효비닐, 플라스틱 카드, 헤라, 스크레이퍼, 밀대, 오븐장갑, 타공팬, 톱칼, 짤주머니(모양깍지), 백노루지 도마, 칼

(1) 크레존(마약빵) 배합표

번호	비율(%)	재료명	무게(g)
1	80	강력분	960
2	20	박력분	240
3	4	생이스트	48
4	18	설탕	216
5	1.6	소금	19.2
6	1	제빵개량제	12
7	2	탈지분유	24
8	20	유산균발효액	240
9	20	우유	240
10	15	물	180
11	10	달걀	120
12	18	버터	216
	209.6	합계	2515.2

크레존(마약빵) 충전물 배합표

번호	비율(%)	재료명	무게(g)
1	60	양파	420
2	9	당근	63
3	9	피망	63
4	30	피자치즈	210
5	100	옥수수 캔	700
6	8	옥수수분말	56
7	4	설탕	28
8	0.2	후추	1
9	70	마요네즈	490
	290.2	합계	2031

✻ 완성품

크레존(마약빵) 토핑물 배합표

번호	비율(%)	재료	무게(g)
1	100	설탕	200
2	300	버터	600
3	45	연유	90
4	130	전란	260
5	100	옥수수분말	200
6	45	식용유	90
7	25	물	50
	745	합계	1490

(2) 혼합

혼합 직전 반죽온도를 맞추기 위한 물 온도를 맞춘다. 버터를 제외한 재료를 믹서에 넣고 저속으로 약 3~5분간 혼합한다. 반죽이 한 덩어리가 되면 중속으로 4분 정도 혼합하여 클린업단계에 버터를 넣고 약 7~9분간 혼합한다. 최종반죽온도는 27±1℃를 만든다.

(3) 1차 발효

발효실 온도 27℃, 상대습도 80%에서 60분 정도 발효한다. 발효 시 발효비닐로 반죽이 마르지 않도록 관리한다. 같은 조건에서 이상적인 발효시간은 90분이 적당하다.

(4) 분할, 둥글리기 및 중간발효

60g으로 분할하고, 반죽의 표면을 매끄럽고 동그랗

✳ **실내온도 :**   ℃, **밀가루 온도 :**   ℃, **사용한 물 온도 :**   ℃

혼합시간	1단	분/ 2단	분/ 3단	분	최종반죽온도	℃
반죽의 특성	끈적함 / 건조하고 단단함 / 잘 늘어남 / 탄성이 강함 / 기타( )					

• **중요 포인트**

성공요인	실패요인

• **실패요인 분석 및 개선 방향**

• **공정 및 완제품 사진 첨부**

게 만들어 둥글리기하고 발효비닐 위에 반죽을 놓고 비닐을 덮어 10~15분간 중간발효한다.

(5) 성형 및 패닝

반죽을 손으로 눌러 가스를 빼내고 충전물을 50g씩 넣고 봉합하여 성형한다. 성형과정 중 반죽의 표면이 찢어지지 않도록 주의하면서 작업한다.

(6) 2차 발효

발효실 온도 38℃, 상대습도 85%의 발효실에 약 30분간 발효하고, 반죽을 흔들어 찰랑거릴 때 발효가 완료된 시점이다. 반죽 위 표면에 토핑을 짠다.

(7) 굽기

아랫불 온도 160℃, 윗불 온도 180℃의 예열된 오븐에 약 20분간 굽는다. 굽기 중 껍질색의 상태에 따라 팬의 위치를 바꿔준다.

계량	혼합	1차 발효	분할	중간발효	성형	2차 발효	굽기	냉각
11분	20분	60분	10분	10분	10분	30분	15분	30분
31분		101분(1시간 41분)		121분(2시간 01분)		166분(2시간 46분)		196분(3시간 16분)

Tip ▎ 충전물 만들기

스텐볼에 다진 야채와 옥수수콘, 설탕, 마요네즈를 넣고 섞은 후, 옥분과 후추를 혼합하여 충전물을 완성한다.

Tip ▎ 토핑 만들기(크림법)

버터와 설탕을 거품기로 혼합한다. 달걀을 넣으면서 크림화한다. 체 친 옥분을 섞고 액체재료를 넣고 가볍게 혼합하여 토핑을 완성한다.

샌드위치식빵-스트레이트법

풀만식빵은 샌드위치용 식빵이라고도 불리며, 생긴 모양이 pullman car의 모양으로 박스형태의 버스, 열차를 닮아 풀만식빵이라 부른다. 유산균발효액을 첨가한 업그레이드된 식빵이다.

준비	내용
장비	믹서, 발효기, 오븐
소도구	저울, 온도계, 행주, 계량그릇, 발효팬, 발효비닐, 플라스틱 카드, 헤라, 스크레이퍼, 밀대, 쇼트닝 또는 식용유(틀용), 오븐장갑, 타공팬, 톱칼, 우유식빵 틀, 백노루지

(1) 샌드위치식빵 배합표

번호	비율(%)	재료명	무게(g)
1	100	강력분	1200
2	3	생이스트	36
3	8	설탕	96
4	2	소금	24
5	1	제빵개량제	12
6	20	유산균발효액	240
7	25	물	300
8	32	우유	384
9	6	버터	72
	197	합계	2364

(2) 혼합

혼합 직전 반죽온도를 맞추기 위한 물 온도를 맞춘다. 버터를 제외한 재료를 믹서에 넣고 저속으로 약 3~5분간 혼합한다. 반죽이 한 덩어리가 되면 중속으로 4분 정도 혼합하여 클린업단계에 쇼트닝을 넣고 약 7~9분간 혼합한다. 최종반죽온도는 27±1℃를 만든다.

식빵의 식감을 결정하기 위해서는 혼합시간을 줄이거나 늘려 글루텐의 형성 정도를 조절할 필요가 있다.

(3) 1차 발효

발효실 온도 27℃, 상대습도 75%에서 60분 정도 발효

✳ 완성품

한다. 발효 시 발효비닐로 반죽이 마르지 않도록 관리한다. 같은 조건에서 이상적인 발효시간은 90분이 적당하다.

(4) 분할, 둥글리기 및 중간발효

270g으로 분할하고, 반죽의 표면을 매끄럽고 동그랗게 만들어 둥글리기하고 발효비닐 위에 반죽을 놓고 비닐을 덮어 10~15분간 중간발효한다.

(5) 성형 및 패닝

반죽을 손으로 눌러 가스를 빼내고 밀대로 밀어펴 가스빼기를 한다. 넓게 퍼진 반죽을 3겹으로 접고 반죽을 원통모양으로 말아 성형하고 성형된 반죽 2개를 풀만식빵 틀에 알맞은 간격으로 배열하고 손으로 살짝 눌러준다. 성형과정 중 반죽의 표면이 찢어지지 않도록 주의하면서 작업한다.

(6) 2차 발효

발효실 온도 38℃, 상대습도 85%의 발효실에 약 40분간 발효하고, 반죽이 틀 높이 정도로 올라온 상태가 되면 틀의 뚜껑을 덮어준다.

(7) 굽기

아랫불 온도 190℃, 윗불 온도 180℃의 예열된 오븐에

✻ **실내온도 :** ℃, **밀가루 온도 :** ℃, **사용한 물 온도 :** ℃

혼합시간	1단 분/ 2단 분/ 3단 분	최종반죽온도	℃
반죽의 특성	끈적함 / 건조하고 단단함 / 잘 늘어남 / 탄성이 강함 / 기타( )		

• **중요 포인트**

• **실습 원리**

성공요인	실패요인

• **실패요인 분석 및 개선 방향**

• **공정 및 완제품 사진 첨부**

약 30분간 굽는다. 굽기 중 팬의 위치를 바꿔준다.

계량	혼합	1차 발효	분할	중간발효	성형	2차 발효	굽기	냉각
11분	20분	60분	10분	10분	10분	40분	30분	30분
31분		101분(1시간 41분)		121분(2시간 01분)		201분(3시간 21분)		231분(3시간 51분)

호두빵(Pain au noix)—스트레이트법

프랑스어로 빵(Pain=빵), 노와(noix=호두)라는 뜻으로, 호두빵이다. 다양한 견과류를 첨가하기도 한다. 통밀의 향과 견과류의 고소함이 일품이다.

준비	내용
장비	믹서, 발효기, 오븐
소도구	저울, 온도계, 행주, 계량그릇, 발효팬, 발효비닐, 플라스틱 카드, 스크레이퍼, 밀대, 오븐장갑, 타공팬, 톱칼, 광목천, 백노루지 분무기, 체, 쿠프용 칼

(1) 호두빵 배합표

번호	비율(%)	재료명	무게(g)
1	90	강력분	900
2	10	통밀가루	100
3	3.5	생이스트	35
4	7	설탕	70
5	1.6	소금	16
6	2	제빵개량제	20
7	20	유산균발효액	200
8	47	물	470
9	10	달걀	100
10	6	버터	60
11	10	건포도	100
12	20	호두	200
13	10	오렌지필	100
	237.1	합계	2371

(2) 혼합

전 재료를 믹싱볼에 넣고 저속으로 약 1분간 혼합하고 중속에서 약 2분간 혼합한다. 버터를 넣고, 저속에서 2분간 혼합하고 중속에서 5분간 혼합한다. 저속으로 견과류를 혼합한다. 반죽온도는 24~25℃로 한다.

(3) 1차 발효

반죽을 둥글리기하고 덧가루 뿌린 나무판 위에 반죽을 올려놓고 비닐을 덮어 표면이 마르지 않도록 조치를 취하고 27℃ 정도의 상온에서 90분간 발효한다. 발효실 사용 시 온도 27℃, 상대습도 75%에서 60

✳ 완성품

분간 발효한다.

(4) 분할, 둥글리기 및 중간발효

반죽을 150g으로 분할하고 반죽의 표면이 찢어지지 않도록 조심하면서 둥글리기한다. 덧가루 뿌린 나무판 위에 적당한 간격으로 반죽을 올려놓고 반죽이 마르지 않도록 비닐을 덮어 약 15분 정도 중간발효한다.

(5) 성형 및 패닝

작업대 위에 반죽을 올려 고구마형 or U자 모양으로 성형하고 패닝한다. 성형과정 중 반죽의 표면이 찢어지지 않도록 주의하면서 작업한다.

(6) 2차 발효

발효실 온도 38℃, 상대습도 80%의 발효실에서 약 40분간 발효하고, 반죽 위에 밀가루를 체로 쳐서 뿌린 다음 칼집을 내어 모양을 만들기도 한다.

(7) 굽기

아랫불 온도 220℃, 윗불 온도 220℃의 예열된 오븐에 스팀을 분사하고 아랫불 온도 200℃, 윗불 온도 200℃에서 25분간 굽는다. 굽기 중 위치를 바꿔준다.

✱ 실내온도 :　　　　℃, 밀가루 온도 :　　　　℃, 사용한 물 온도 :　　　　℃

혼합시간	1단　　분/ 2단　　분/ 3단　　분	최종반죽온도	℃
반죽의 특성	끈적함 / 건조하고 단단함 / 잘 늘어남 / 탄성이 강함 / 기타(	)	

• 중요 포인트

• 실습 원리

성공요인	실패요인

• 실패요인 분석 및 개선 방향

• 공정 및 완제품 사진 첨부

계량	혼합	1차 발효	분할	중간발효	성형	2차 발효	굽기	냉각
14분	10분	90분	10분	15분	20분	40분	25분	20분
24분		124분(2시간 04분)		159분(2시간 39분)		224분(3시간 44분)		244분(4시간 04분)

핫도그 피자빵 -스트레이트법

빵반죽에 소시지와 여러 채소를 넣고 나무막대로 손잡이를 만들어 먹기 편하도록 만든 조리빵이다. 충전물의 응용이 다양하다.

준비	내용
장비	믹서, 발효기, 오븐
소도구	저울, 온도계, 행주, 계량그릇, 발효팬, 발효비닐, 플라스틱 카드, 스크레이퍼, 밀대, 오븐장갑, 타공팬, 톱칼, 백노루지 나무막대, 도마, 칼, 비닐짤주머니

(1) 핫도그 피자빵 배합표

번호	비율(%)	재료명	무게(g)
1	80	강력분	960
2	20	박력분	240
3	4	생이스트	48
4	18	설탕	216
5	1.6	소금	19.2
6	1	제빵개량제	12
7	2	탈지분유	24
8	20	유산균발효액	240
9	20	우유	240
10	15	물	180
11	10	달걀	120
12	18	버터	216
	209.6	합계	2515.2

핫도그 피자빵 토핑물 배합표

번호	비율(%)	재료	무게(g)
1	100	양파	300
2	35	피망	105
3	100	피자치즈	300
4	35	당근	105
5	20	머스터드소스	60
6	40	마요네즈	120
7	20	케첩	60
8	350	합계	1050
		소시지	36개

(2) 혼합

버터를 제외한 재료를 믹서에 넣고 저속으로 약 3~5분간 혼합한다. 반죽이 한 덩어리가 되면 중속으로 4

❋ 완성품

분 정도 혼합하여 클린업단계에 버터를 넣고 약 7~9분간 혼합한다.

최종반죽온도는 27±1℃를 만든다.

(3) 1차 발효

발효실 온도 27℃, 상대습도 80%에서 60분 정도 발효한다. 발효 시 발효비닐로 반죽이 마르지 않도록 관리한다. 같은 조건에서 이상적인 발효시간은 90분이 적당하다.

(4) 분할, 둥글리기 및 중간발효

70g으로 분할하고, 반죽의 표면을 매끄럽고 동그랗게 만들어 둥글리기하고 발효비닐 위에 반죽을 놓고 비닐을 덮어 10~15분간 중간발효한다.

(5) 성형 및 패닝

반죽을 손으로 눌러 가스를 빼내고 반죽을 밀어편 다음 막대기에 소시지를 꽂고 말아서 핫도그 모양으로 성형한다.

(6) 2차 발효

발효실 온도 38℃, 상대습도 85%의 발효실에 약 40분간 발효하고, 반죽 위에 채 썬 채소를 올리고 마요네와 케첩을 뿌린다. 피자치즈를 얹고 머스터드를 뿌려 토핑한다.

✽ **실내온도 :** ℃, **밀가루 온도 :** ℃, **사용한 물 온도 :** ℃

혼합시간	1단 분/ 2단 분/ 3단 분	최종반죽온도	℃
반죽의 특성	끈적함 / 건조하고 단단함 / 잘 늘어남 / 탄성이 강함 / 기타( )		

• **중요 포인트**

• **실습 원리**

성공요인	실패요인

• **실패요인 분석 및 개선 방향**

• **공정 및 완제품 사진 첨부**

(7) 굽기

아랫불 온도 160℃, 윗불 온도 190℃의 예열된 오븐에 약 15분간 굽는다. 굽기 중 껍질색의 상태에 따라 팬의 위치를 바꿔준다.

계량	혼합	1차 발효	분할	중간발효	성형	2차 발효	굽기	냉각
11분	20분	60분	10분	10분	10분	10분	15분	30분
31분		101분(1시간 41분)		121분(2시간 01분)		176(2시간 56분)		206분(3시간 26분)

치즈콘 모닝빵 -스트레이트법

담백하고 부드러운 아침식사용 빵이다. 다양한 치즈와 옥수수콘을 충전물로 넣어 영양과 맛을 업그레이드한 제품이다.

준비	내용
장비	믹서, 발효기, 오븐
소도구	저울, 온도계, 행주, 계량그릇, 발효팬, 발효비닐, 플라스틱 카드, 스크레이퍼, 밀대, 오븐장갑, 타공팬, 톱칼, 백노루지 헤라

(1) 치즈콘 모닝빵 배합표

번호	비율(%)	재료명	무게(g)
1	80	강력분	960
2	20	박력분	240
3	4	생이스트	48
4	18	설탕	216
5	1.6	소금	19.2
6	1	제빵개량제	12
7	2	탈지분유	24
8	20	유산균발효액	240
9	20	우유	240
10	15	물	180
11	10	달걀	120
12	18	버터	216
	209.6	합계	2515.2

치즈콘 모닝빵 충전물 배합표

번호	비율(%)	재료명	무게(g)
1	100	피자치즈	300
2	100	롤치즈	300
3	100	옥수수콘	300
	300	합계	900

(2) 혼합

버터를 제외한 재료를 믹서에 넣고 저속으로 약 3~5분간 혼합한다. 반죽이 한 덩어리가 되면 중속으로 4분 정도 혼합하여 클린업단계에 버터를 넣고 약 7~9분간 혼합한다. 최종반죽온도는 27±1℃를 만든다.

✼ 완성품

(3) 1차 발효

발효실 온도 27℃, 상대습도 75%에서 60분 정도 발효한다. 발효 시 발효비닐로 반죽이 마르지 않도록 관리한다. 같은 조건에서 이상적인 발효시간은 90분이 적당하다.

(4) 분할, 둥글리기 및 중간발효

30g으로 분할하고, 반죽의 표면을 매끄럽고 동그랗게 만들어 둥글리기하고 발효비닐 위에 반죽을 놓고 비닐을 덮어 10~15분간 중간발효한다.

(5) 성형 및 패닝

반죽을 손으로 눌러 가스를 빼내고 충전물 10g을 넣고 봉한다. 패닝 후 달걀물칠을 한다. 성형과정 중 반죽의 표면이 찢어지지 않도록 주의하면서 작업한다.

(6) 2차 발효

발효실 온도 38℃, 상대습도 85%의 발효실에 약 40분간 발효하고, 발효 전보다 1.5배 정도 부풀었을 때 발효가 완료된 시점이다.

✻ 실내온도 :   ℃, 밀가루 온도 :   ℃, 사용한 물 온도 :   ℃

혼합시간	1단 분/ 2단 분/ 3단 분	최종반죽온도	℃
반죽의 특성	끈적함 / 건조하고 단단함 / 잘 늘어남 / 탄성이 강함 / 기타(		)

● 중요 포인트

● 실습 원리

성공요인	실패요인

● 실패요인 분석 및 개선 방향

● 공정 및 완제품 사진 첨부

(7) 굽기

아랫불 온도 150℃, 윗불 온도 190℃의 예열된 오븐에 약 12분간 굽는다. 굽기 중 껍질색의 상태에 따라 팬의 위치를 바꿔준다.

계량	혼합	1차 발효	분할	중간발효	성형	2차 발효	굽기	냉각
11분	20분	60분	10분	10분	10분	40분	12분	30분
31분		101분(1시간 41분)		121분(2시간 01분)		173분(2시간 35분)		203분(3시간 23분)

버터크림빵-스트레이트법

담백하고 부드러운 식감의 빵으로 샌드위치용으로도 사용된다. 이탈리안 머랭법으로 제조한 버터크림을 샌드하여 부드러우면서 풍미가 좋은 빵이다. 다양한 크림과 잼을 이용할 수 있다.

준비	내용
장비	믹서, 발효기, 오븐
소도구	저울, 온도계, 행주, 계량그릇, 발효팬, 발효비닐, 플라스틱 카드, 스크레이퍼, 밀대, 오븐장갑, 타공팬, 톱칼, 백노루지 헤라, 키친에이드, 가스버너, 냄비, 부탄가스

(1) 버터크림빵 배합표

번호	비율(%)	재료명	무게(g)
1	80	강력분	960
2	20	박력분	240
3	4	생이스트	48
4	18	설탕	216
5	1.6	소금	19.2
6	1	제빵개량제	12
7	2	탈지분유	24
8	20	유산균발효액	240
9	25	우유	300
10	10	물	120
11	10	달걀	120
12	18	버터	216
	209.6	합계	2515.2

버터크림 배합표

번호	비율(%)	재료명	무게(g)
1	10	흰자	100
2	10	설탕a	100
3	30	설탕b	300
4	13	물	130
5	90	우유 버터	900
6	5	럼주	50
	158	합계	1,580

(2) 혼합

버터를 제외한 재료를 믹서에 넣고 저속으로 약 3~5분간 혼합한다. 반죽이 한 덩어리가 되면 중속으로 4분 정도 혼합하여 클린업단계에 버터를 넣고 약 7~9

✱ 완성품

분간 혼합한다. 최종반죽온도는 27±1℃를 만든다.

(3) 1차 발효

발효실 온도 27℃, 상대습도 75%에서 60분 정도 발효한다. 발효 시 발효비닐로 반죽이 마르지 않도록 관리한다. 같은 조건에서 이상적인 발효시간은 90분이 적당하다.

(4) 분할, 둥글리기 및 중간발효

50g으로 분할하고, 반죽의 표면을 매끄럽고 동그랗게 만들어 둥글리기하고 발효비닐 위에 반죽을 놓고 비닐을 덮어 10~15분간 중간발효한다.

(5) 성형 및 패닝

반죽을 손으로 눌러 가스를 빼내고 15cm 막대모양으로 성형한 다음 패닝한다. 성형과정 중 반죽의 표면이 찢어지지 않도록 주의하면서 작업한다.

(6) 2차 발효

발효실 온도 38℃, 상대습도 85%의 발효실에 약 40분간 발효하고, 발효 전보다 1.5배 정도 부풀었을 때 발효가 완료된 시점이다.

(7) 굽기

아랫불 온도 150℃, 윗불 온도 190℃의 예열된 오븐에 약 15분간 굽는다. 굽기 중 껍질색의 상태에 따라 팬의 위치를 바꿔준다.

✳ **실내온도 :** ℃, **밀가루 온도 :** ℃, **사용한 물 온도 :** ℃

혼합시간	1단	분/ 2단	분/ 3단	분	최종반죽온도	℃
반죽의 특성	끈적함 / 건조하고 단단함 / 잘 늘어남 / 탄성이 강함 / 기타(					)

• **중요 포인트**

• **실습 원리**

성공요인	실패요인

• **실패요인 분석 및 개선 방향**

• **공정 및 완제품 사진 첨부**

(8) 완성

빵이 식은 후 슬라이스하여 버터크림을 샌드한다. 헤라 or 모양깍지를 사용한다.

계량	혼합	1차 발효	분할	중간발효	성형	2차 발효	굽기	냉각
10분	20분	60분	10분	10분	10분	40분	15분	30분
30분		100분(1시간 40분)		120분(2시간)		175분(2시간 55분)		205분(3시간 25분)

> **Tip** ▌ **버터크림 만들기(이탈리안 머랭법)**
>
> 흰자, 설탕a를 중간피크 정도 휘핑하고 설탕b, 물로 118℃의 시럽을 만들어 머랭에 천천히 혼합한다. 부드러운 상태의 버터를 나누어서 휘핑한 후 마지막으로 럼주를 넣고 버터크림을 완성한다.

우유버터 모닝빵 –스트레이트법

달콤한 연유버터크림이 빵 사이사이에 스며 촉촉한 식감
과 조각조각 나누어져 먹기 편한 빵이다.

준비	내용
장비	믹서, 발효기, 오븐
소도구	저울, 온도계, 행주, 계량그릇, 발효팬, 발효비닐, 플라스틱 카드, 스크레이퍼, 밀대, 오븐장갑, 타공팬, 톱칼, 백노루지 은박팬, 헤라

(1) 우유버터 모닝빵 배합표

번호	비율(%)	재료명	무게(g)
1	80	강력분	960
2	20	박력분	240
3	4	생이스트	48
4	8	설탕	96
5	1.2	소금	14.4
6	20	유산균발효액	240
7	50	우유	600
8	10	달걀	120
9	10	버터	120
	203.2	합계	2438.4

우유버터 모닝빵 크림 배합표

번호	비율(%)	재료명	무게(g)
1	100	버터	160
2	50	설탕	80
3	100	버터크림	160
4	65	연유	104
	315	합계	504

우유버터 모닝빵 토핑 배합표

번호	비율(%)	재료명	무게(g)
1	15	슈거파우더	150
2	3	흰자	30
3	1	레몬즙	10
	19	합계	190

(2) 혼합

버터를 제외한 재료를 믹서에 넣고 저속으로 약 3~5
분간 혼합한다. 반죽이 한 덩어리가 되면 중속으로 4

✳ 완성품

분 정도 혼합하여 클린업단계에 버터를 넣고 약 7~9
분간 혼합한다. 최종반죽온도는 27±1℃를 만든다.

(3) 1차 발효

발효실 온도 27℃, 상대습도 75%에서 60분 정도 발효
한다. 발효 시 발효비닐로 반죽이 마르지 않도록 관
리한다. 같은 조건에서 이상적인 발효시간은 90분이
적당하다.

(4) 분할, 둥글리기 및 중간발효

은박(장파운드) 틀에 250g으로 분할하고, 반죽의 표
면을 매끄럽고 동그랗게 만들어 둥글리기하고 발효
비닐 위에 반죽을 놓고 비닐을 덮어 10~15분간 중간
발효한다.

(5) 성형 및 패닝

반죽을 손으로 눌러 가스를 빼내고 팬 길이만큼
one-loaf형으로 틀의 크기에 맞추어 성형하고 10분
정도 냉동휴지한다. 12등분한 후 헤라로 사이사이에
크림을 샌드하여 패닝한다. 성형과정 중 반죽의 표면
이 찢어지지 않도록 주의하면서 작업한다.

(6) 2차 발효

발효실 온도 38℃, 상대습도 85%의 발효실에 약 40분
간 발효하고, 반죽이 팬 높이까지 올라왔을 때 발효
가 완료된 시점이다.

✳ **실내온도 :**   ℃, **밀가루 온도 :**   ℃, **사용한 물 온도 :**   ℃

혼합시간	1단 분/ 2단 분/ 3단 분	최종반죽온도	℃
반죽의 특성	끈적함 / 건조하고 단단함 / 잘 늘어남 / 탄성이 강함 / 기타( )		

• 중요 포인트

• 실습 원리

성공요인	실패요인

• 실패요인 분석 및 개선 방향

• 공정 및 완제품 사진 첨부

(7) 굽기

아랫불 온도 180℃, 윗불 온도 180℃의 예열된 오븐에 약 25분간 굽는다. 굽기 중 껍질색의 상태에 따라 팬의 위치를 바꿔준다.

계량	혼합	1차 발효	분할	중간발효	성형	2차 발효	굽기	냉각
9분	20분	60분	10분	10분	10분	40분	25분	30분
29분		99분(1시간 39분)		119분(1시간 59분)		184분(3시간 04분)		214분(3시간 34분)

통밀 깡파뉴 -스트레이트법

프랑스어로 'campagne: 깡파뉴'는 시골이라는 뜻이다. 일반적으로 호밀가루와 밀가루를 혼합하여 투박한 원형으로 만들어지는 빵이나 그 밖에 바게트 모양 등으로 만들어 먹기도 한다. 견과류와 건조과일을 충전물로 활용하여 식감과 풍미를 좋게 한 빵이다.

준비	내용
장비	믹서, 발효기, 오븐
소도구	저울, 온도계, 행주, 계량그릇, 발효팬, 발효비닐, 플라스틱 카드, 스크레이퍼, 밀대, 오븐장갑, 타공팬, 톱칼, 백노루지 광목천, 분무기, 쿠프용 칼, 분당체

(1) 통밀 깡파뉴 배합표

번호	비율(%)	재료명	무게(g)
1	85	강력분	1105
2	15	통밀가루	195
3	3	생이스트	39
4	3	설탕	39
5	1	소금	13
6	20	유산균발효액	260
7	58	물	754
8	3	버터	39
	188	합계	2444

충전물 배합표

번호	비율(%)	재료명	무게(g)
1	100	무화과	240
2	70	크랜베리	168
3	30	호박씨	72
4	30	해바라기씨	72
5	70	호두분태	168
	300	합계	720

(2) 혼합

버터를 제외한 재료를 믹서에 넣고 저속으로 약 3~5분간 혼합한다. 반죽이 한 덩어리가 되면 중속으로 4분 정도 혼합하여 클린업단계에 버터를 넣고 약 7~9분간 혼합한다. 최종반죽온도는 27±1℃를 만든다.

✻ 완성품

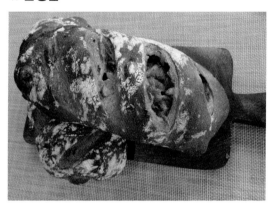

(3) 1차 발효

발효실 온도 27℃, 상대습도 75%에서 60분 정도 발효한다. 발효 시 발효비닐로 반죽이 마르지 않도록 관리한다. 같은 조건에서 이상적인 발효시간은 90분이 적당하다.

(4) 분할, 둥글리기 및 중간발효

350g으로 분할하고, 반죽의 표면을 매끄럽고 동그랗게 만들어 둥글리기하고 발효비닐 위에 반죽을 놓고 비닐을 덮어 10~15분간 중간발효한다.

(5) 성형 및 패닝

반죽을 손으로 눌러 가스를 빼내고 충전물 100g을 넣고 럭비공모양으로 성형한 후 윗면에 통밀을 묻혀서 패닝한다. 성형과정 중 반죽의 표면이 찢어지지 않도록 주의하면서 작업한다.

(6) 2차 발효

발효실 온도 38℃, 상대습도 85%의 발효실에 약 40분간 발효하고, 쿠프용 칼을 이용하여 일정한 간격으로 칼집을 내준다.

(7) 굽기

아랫불 온도 220℃, 윗불 온도 210℃의 예열된 오븐에

✱ **실내온도 :**　　　　　℃, **밀가루 온도 :**　　　　　℃, **사용한 물 온도 :**　　　　　℃

혼합시간	1단	분/ 2단	분/ 3단	분	최종반죽온도	℃
반죽의 특성	끈적함 / 건조하고 단단함 / 잘 늘어남 / 탄성이 강함 / 기타(　　　　　　)					

● **중요 포인트**

● **실습 원리**

성공요인	실패요인

● **실패요인 분석 및 개선 방향**

● **공정 및 완제품 사진 첨부**

스팀을 분사하고 약 25분간 굽는다. 굽기 중 껍질색의 상태에 따라 팬의 위치를 바꿔준다.

계량	혼합	1차 발효	분할	중간발효	성형	2차 발효	굽기	냉각
9분	20분	60분	10분	10분	10분	40분	25분	30분
29분		99분(1시간 39분)		119분(1시간 59분)		184분(3시간 04분)		214분(3시간 34분)

호밀빵(Rye bread)-스트레이트법

호밀을 주원료로 한, 반죽이 꽉 차 있고 묵직한 특징을 가진 독일의 전통적인 빵이다. 빵의 점성이 부족하여 구조가 거칠고 맛이 떨어지기 때문에 강력분 70~80% 정도를 혼합하여 만든다. 섬유소가 많아서 건강식품으로 선호되고 있다.

준비	내용
장비	믹서, 발효기, 오븐
소도구	저울, 온도계, 행주, 계량그릇, 발효팬, 발효비닐, 플라스틱 카드, 스크레이퍼, 밀대, 오븐장갑, 타공팬, 톱칼, 백노루지 광목천, 분무기, 쿠프용 칼, 분당체

(1) 호밀빵 배합표

번호	비율(%)	재료명	무게(g)
1	70	강력분	840
2	30	호밀가루	360
3	3.5	생이스트	42
4	5	설탕	60
5	1.5	소금	18
6	20	유산균발효액	240
7	44	물	528
8	16	달걀	192
9	5	버터	60
	195	합계	2340

충전물 배합표

번호	비율(%)	재료명	무게(g)
1	100	해바라기씨	270
2	100	완두배기	270
	200	합계	540

(2) 혼합

버터를 제외한 재료를 믹서에 넣고 저속으로 약 3~5분간 혼합한다. 반죽이 한 덩어리가 되면 중속으로 4분 정도 혼합하여 클린업단계에 버터를 넣고 약 7~9분간 혼합한다. 최종반죽온도는 27±1℃를 만든다.

✱ 완성품

(3) 1차 발효

발효실 온도 27℃, 상대습도 75%에서 60분 정도 발효한다. 발효 시 발효비닐로 반죽이 마르지 않도록 관리한다. 같은 조건에서 이상적인 발효시간은 90분이 적당하다.

(4) 분할, 둥글리기 및 중간발효

300g으로 분할하고, 반죽의 표면을 매끄럽고 동그랗게 만들어 둥글리기하고 발효비닐 위에 반죽을 놓고 비닐을 덮어 10~15분간 중간발효한다.

(5) 성형 및 패닝

반죽을 손으로 눌러 가스를 빼내고 밀대로 밀어펴 럭비공 모양으로 성형한 후 윗면에 호밀가루를 묻혀서 패닝한다. 성형과정 중 반죽의 표면이 찢어지지 않도록 주의하면서 작업한다.

(6) 2차 발효

발효실 온도 38℃, 상대습도 85%의 발효실에 약 40분간 발효하고, 쿠프용 칼을 이용하여 일정한 간격으로 칼집을 내준다.

(7) 굽기

아랫불 온도 220℃, 윗불 온도 210℃의 예열된 오븐에 스팀을 분사하고 약 25분간 굽는다. 굽기 중 껍질색

✵ 실내온도 :   ℃, 밀가루 온도 :   ℃, 사용한 물 온도 :   ℃

혼합시간	1단 분/ 2단 분/ 3단 분	최종반죽온도	℃
반죽의 특성	끈적함 / 건조하고 단단함 / 잘 늘어남 / 탄성이 강함 / 기타( )		

• 중요 포인트

• 실습 원리

성공요인	실패요인

• 실패요인 분석 및 개선 방향

• 공정 및 완제품 사진 첨부

의 상태에 따라 팬의 위치를 바꿔준다.

계량	혼합	1차 발효	분할	중간발효	성형	2차 발효	굽기	냉각
11분	20분	60분	10분	10분	10분	40분	25분	30분
31분		101분(1시간 41분)		121분(2시간 01분)		186분(3시간 06분)		216분(3시간 36분)

완두앙금빵 -스트레이트법

달콤한 완두앙금을 반죽 안에 충전한 빵이다. 칼집을 내거나 토핑을 올려 다채로운 성형이 가능하다.

준비	내용
장비	믹서, 발효기, 오븐
소도구	저울, 온도계, 행주, 계량그릇, 발효팬, 발효비닐, 플라스틱 카드, 스크레이퍼, 밀대, 오븐장갑, 타공팬, 톱칼, 백노루지 헤라, 거품기

(1) 완두앙금빵 배합표

번호	비율(%)	재료명	무게(g)
1	80	강력분	960
2	20	박력분	240
3	4	생이스트	48
4	18	설탕	216
5	1.6	소금	19.2
6	1	제빵개량제	12
7	2	탈지분유	24
8	20	유산균발효액	240
9	20	우유	240
10	15	물	180
11	10	달걀	120
12	18	버터	216
	209.6	합계	2515.2

충전물 배합표

번호	비율(%)	재료명	무게(g)
1	100	완두앙금	2800

소보로 토핑물 배합표

번호	비율(%)	재료명	무게(g)
1	50	버터	150
2	50	설탕	150
3	0.4	소금	1
4	10	달걀노른자	30
5	75	중력분	225
6	25	옥수수분말	75
7	0.8	베이킹파우더	2
	211.2	합계	634

✽ 완성품

(2) 혼합

버터를 제외한 재료를 믹서에 넣고 저속으로 약 3~5분간 혼합한다. 반죽이 한 덩어리가 되면 중속으로 4분 정도 혼합하여 클린업단계에 버터를 넣고 약 7~9분간 혼합한다. 최종반죽온도는 27±1℃를 만든다.

(3) 1차 발효

발효실 온도 27℃, 상대습도 75%에서 60분 정도 발효한다. 발효 시 발효비닐로 반죽이 마르지 않도록 관리한다. 같은 조건에서 이상적인 발효시간은 90분이 적당하다.

(4) 분할, 둥글리기 및 중간발효

60g으로 분할하고, 반죽의 표면을 매끄럽고 동그랗게 만들어 둥글리기하고 발효비닐 위에 반죽을 놓고 비닐을 덮어 10~15분간 중간발효한다.

(5) 성형 및 패닝

반죽을 손으로 눌러 가스를 빼내고 충전물 70g을 싼 뒤 납작하게 눌러 스크레이퍼로 일정하게 6 또는 8등분하여 패닝한 뒤 가운데를 손가락으로 눌러주고 광택제(달걀물)를 바른다. 성형과정 중 반죽의 표면이 찢어지지 않도록 주의하면서 작업한다. 가운데 소보로 토핑을 올려준다.

✻ **실내온도 :** ℃, **밀가루 온도 :** ℃, **사용한 물 온도 :** ℃

혼합시간	1단 분/ 2단 분/ 3단 분	최종반죽온도	℃
반죽의 특성	끈적함 / 건조하고 단단함 / 잘 늘어남 / 탄성이 강함 / 기타( )		

● **중요 포인트**

● **실습 원리**

성공요인	실패요인

● **실패요인 분석 및 개선 방향**

● **공정 및 완제품 사진 첨부**

(6) 2차 발효

발효실 온도 38℃, 상대습도 85%의 발효실에 약 40분간 발효하고, 반죽 가운데 토핑을 뿌린다.

(7) 굽기

아랫불 온도 160℃, 윗불 온도 190℃에서 약 15분간 굽는다. 굽기 중 껍질색의 상태에 따라 팬의 위치를 바꿔준다.

계량	혼합	1차 발효	분할	중간발효	성형	2차 발효	굽기	냉각
11분	20분	60분	10분	10분	10분	40분	15분	30분
31분		101분(1시간 41분)		121분(2시간 01분)		176분(2시간 56분)		206분(3시간 26분)

Tip ▌ 소보로 토핑 만들기(크림법)

부드러운 버터를 먼저 풀어 설탕을 넣고 휘핑한 후 달걀노른자를 혼합한다. 체 친 가루재료를 넣고 고슬고슬한 상태로 토핑을 완성한다.

호두 팥앙금빵 –스트레이트법

달콤한 팥앙금을 반죽 안에 충전하고 호두를 첨가하여 텍스처(texture)를 한층 업그레이드한 빵이다. 견과류 활용에 용이하다.

준비	내용
장비	믹서, 발효기, 오븐
소도구	저울, 온도계, 행주, 계량그릇, 발효팬, 발효비닐, 플라스틱 카드, 스크레이퍼, 밀대, 오븐장갑, 타공팬, 톱칼, 백노루지 헤라

(1) 호두 팥앙금빵 배합표

번호	비율(%)	재료명	무게(g)
1	80	강력분	960
2	20	박력분	240
3	4	생이스트	48
4	18	설탕	216
5	1.6	소금	19.2
6	1	제빵개량제	12
7	2	탈지분유	24
8	20	유산균발효액	240
9	20	우유	240
10	15	물	180
11	10	달걀	120
12	18	버터	216
	209.6	합계	2515.2

충전물 배합표

번호	비율(%)	재료명	무게(g)
1	100	통팥앙금(저당)	2700
2	50	호두분태	1350
3	0.4	생크림	11
4	150.4	합계	4061
	1	검은깨	27

(2) 혼합

버터를 제외한 재료를 믹서에 넣고 저속으로 약 3~5분간 혼합한다. 반죽이 한 덩어리가 되면 중속으로 4분 정도 혼합하여 클린업단계에 버터를 넣고 약 7~9분간 혼합한다. 최종반죽온도는 27±1℃를 만든다.

✻ 완성품

(3) 1차 발효

발효실 온도 27℃, 상대습도 75%에서 60분 정도 발효한다. 발효 시 발효비닐로 반죽이 마르지 않도록 관리한다. 같은 조건에서 이상적인 발효시간은 90분이 적당하다.

(4) 분할, 둥글리기 및 중간발효

60g으로 분할하고, 반죽의 표면을 매끄럽고 동그랗게 만들어 둥글리기하고 발효비닐 위에 반죽을 놓고 비닐을 덮어 10~15분간 중간발효한다.

(5) 성형 및 패닝

반죽을 손으로 눌러 가스를 빼내고 충전물 100g을 싼 후 광택제(달걀물)를 바르고 중앙에 검은깨를 뿌려 준다. 성형과정 중 반죽의 표면이 찢어지지 않도록 주의하면서 작업한다.

(6) 2차 발효

발효실 온도 38℃, 상대습도 85%의 발효실에 약 40분간 발효한다.

(7) 굽기

아랫불 온도 160℃, 윗불 온도 190℃에서 약 15분간 굽는다. 굽기 중 껍질색의 상태에 따라 팬의 위치를 바꿔준다.

✱ **실내온도 :**   ℃, **밀가루 온도 :**   ℃, **사용한 물 온도 :**   ℃

혼합시간	1단 분/ 2단 분/ 3단 분	최종반죽온도	℃
반죽의 특성	끈적함 / 건조하고 단단함 / 잘 늘어남 / 탄성이 강함 / 기타( )		

● **중요 포인트**

● **실습 원리**

성공요인	실패요인

● **실패요인 분석 및 개선 방향**

● **공정 및 완제품 사진 첨부**

계량	혼합	1차 발효	분할	중간발효	성형	2차 발효	굽기	냉각
11분	20분	60분	10분	10분	10분	40분	15분	30분
31분		101분(1시간 41분)		121분(2시간 01분)		176분(2시간 56분)		206분(3시간 26분)

앙금 & 크림치즈빵 –스트레이트법

달콤한 앙금과 새콤한 크림치즈가 잘 어울리는 빵이다.

준비	내용
장비	믹서, 발효기, 오븐
소도구	저울, 온도계, 행주, 계량그릇, 발효팬, 발효비닐, 플라스틱 카드, 스크레이퍼, 밀대, 오븐장갑, 타공팬, 톱칼, 백노루지 헤라

(1) 앙금 & 크림치즈빵 배합표

번호	비율(%)	재료명	무게(g)
1	80	강력분	960
2	20	박력분	240
3	4	생이스트	48
4	18	설탕	216
5	1.6	소금	19.2
6	1	제빵개량제	12
7	2	탈지분유	24
8	20	유산균발효액	240
9	20	우유	240
10	15	물	180
11	10	달걀	120
12	18	버터	216
	209.6	합계	2515.2

충전물 배합표

번호	비율(%)	재료명	무게(g)
1	100	팥앙금	2500

토핑물 배합표

번호	비율(%)	재료명	무게(g)
1	100	크림치즈	800
2	13	슈거파우더	104
3	8	생크림	64
4	8	우유	64
5	1.6	레몬주스	13
	130.6	합계	1045

(2) 혼합

버터를 제외한 재료를 믹서에 넣고 저속으로 약 3~5분간 혼합한다. 반죽이 한 덩어리가 되면 중속으로 4

✳ 완성품

분 정도 혼합하여 클린업단계에 버터를 넣고 약 7~9분간 혼합한다. 최종반죽온도는 27±1℃를 만든다.

(3) 1차 발효

발효실 온도 27℃, 상대습도 75%에서 60분 정도 발효한다. 발효 시 발효비닐로 반죽이 마르지 않도록 관리한다. 같은 조건에서 이상적인 발효시간은 90분이 적당하다.

(4) 분할, 둥글리기 및 중간발효

60g으로 분할하고, 반죽의 표면을 매끄럽고 동그랗게 만들어 둥글리기하고 발효비닐 위에 반죽을 놓고 비닐을 덮어 10~15분간 중간발효한다.

(5) 성형 및 패닝

반죽을 손으로 눌러 가스를 빼낸 뒤 충전물 60g을 싸고 반죽의 가운데를 눌러준 후 광택제(달걀물)를 바르고 패닝한다. 성형과정 중 반죽의 표면이 찢어지지 않도록 주의하면서 작업한다.

(6) 2차 발효

발효실 온도 38℃, 상대습도 85%의 발효실에서 약 40분간 발효하고, 반죽 가운데 크림치즈 토핑(25~28g)을 짠다.

✿ **실내온도 :**　　　　　℃, **밀가루 온도 :**　　　　　℃, **사용한 물 온도 :**　　　　　℃

혼합시간	1단	분/ 2단	분/ 3단	분	최종반죽온도	℃
반죽의 특성	끈적함 / 건조하고 단단함 / 잘 늘어남 / 탄성이 강함 / 기타(					)

• **중요 포인트**

• **실습 원리**

성공요인	실패요인

• **실패요인 분석 및 개선 방향**

• **공정 및 완제품 사진 첨부**

(7) 굽기

아랫불 온도 160℃, 윗불 온도 190℃에서 약 15분간 굽는다. 굽기 중 껍질색의 상태에 따라 팬의 위치를 바꿔준다.

계량	혼합	1차 발효	분할	중간발효	성형	2차 발효	굽기	냉각
11분	20분	60분	10분	10분	10분	40분	15분	30분
31분		101분(1시간 41분)		121분(2시간 01분)		176분(2시간 56분)		206분(3시간 26분)

밤식빵(Chestnut bread)-스트레이트법

밤식빵은 일반식빵과 달리 밤다이스를 넣어 성형하고 비스킷 토핑을 올려 바삭하면서 부드럽고 달콤한 식빵이다.

준비	내용
장비	믹서, 발효기, 오븐
소도구	저울, 온도계, 행주, 계량그릇, 발효팬, 발효비닐, 플라스틱 카드, 스크레이퍼, 밀대, 오븐장갑, 타공팬, 톱칼, 백노루지 짤주머니, 납작깍지, 식빵틀, 거품기

(1) 밤식빵 배합표

번호	비율(%)	재료명	무게(g)
1	80	강력분	960
2	20	중력분	240
3	3	생이스트	36
4	12	설탕	144
5	2	소금	24
6	1.5	제빵개량제	18
7	3	탈지분유	36
8	20	유산균발효액	240
9	50	우유	600
10	10	달걀	120
11	10	버터	120
	211.5	합계	2538

충전물 배합표

번호	비율(%)	재료명	무게(g)
1	100	밤다이스	1800

토핑물 배합표

번호	비율(%)	재료명	무게(g)
1	100	마가린	120
2	60	설탕	72
3	2	베이킹파우더	2
4	60	달걀	72
5	100	중력분	120
	322	합계	386
	50	아몬드슬라이스	60

✽ 완성품

(2) 혼합

버터를 제외한 재료를 믹서에 넣고 저속으로 약 3~5분간 혼합한다. 반죽이 한 덩어리가 되면 중속으로 4분 정도 혼합하여 클린업단계에 버터를 넣고 약 7~9분간 혼합한다. 최종반죽온도는 27±1℃를 만든다.

(3) 1차 발효

발효실 온도 27℃, 상대습도 75%에서 60분 정도 발효한다. 발효 시 발효비닐로 반죽이 마르지 않도록 관리한다. 같은 조건에서 이상적인 발효시간은 90분이 적당하다.

(4) 분할, 둥글리기 및 중간발효

400g으로 분할하고, 반죽의 표면을 매끄럽고 동그랗게 만들어 둥글리기하고 발효비닐 위에 반죽을 놓고 비닐을 덮어 10~15분간 중간발효한다.

(5) 성형 및 패닝

반죽을 손으로 눌러 가스를 빼내고 밀대를 사용하여 밀어편 후 밤다이스 300g을 골고루 뿌리고 한쪽 방향으로 반죽을 단단하게 말아 원통모양으로 성형한다. 팬길이를 넘지 않도록 주의한다. 반죽을 틀에 넣고 손으로 살짝 눌러 패닝한다. 성형과정 중 반죽의 표면이 찢어지지 않도록 주의하면서 작업한다.

✻ **실내온도 :** ℃, **밀가루 온도 :** ℃, **사용한 물 온도 :** ℃

혼합시간	1단 분/ 2단 분/ 3단 분	최종반죽온도	℃
반죽의 특성	끈적함 / 건조하고 단단함 / 잘 늘어남 / 탄성이 강함 / 기타( )		

• **중요 포인트**

• **실습 원리**

성공요인	실패요인

• **실패요인 분석 및 개선 방향**

• **공정 및 완제품 사진 첨부**

(6) 2차 발효

발효실 온도 38℃, 상대습도 85%의 발효실에 약 40분간 발효하고, 반죽이 틀 높이까지 올라오면 토핑을 짜고 아몬드 슬라이스를 뿌린다.

(7) 굽기

아랫불 온도 180℃, 윗불 온도 170℃에서 약 35분간 굽는다. 굽기 중 껍질색의 상태에 따라 팬의 위치를 바꿔준다.

계량	혼합	1차 발효	분할	중간발효	성형	2차 발효	굽기	냉각
12분	20분	60분	10분	10분	10분	40분	35분	30분
32분		102분(1시간 42분)		122분(2시간 02분)		197분(3시간 17분)		227분(3시간 47분)

Tip ▌ 토핑 만들기(크림법)

부드러운 마가린을 풀어준 후 설탕을 넣고 휘핑한다. 달걀을 혼합하여 크림화한다. 체 친 가루재료를 섞어 토핑을 완성한다.

배기배기 쌀식빵-스트레이트법

건강한 빵을 찾는 소비자들의 수요가 증가하면서 더욱 선호하는 쌀식빵이다.

준비	내용
장비	믹서, 발효기, 오븐
소도구	저울, 온도계, 행주, 계량그릇, 발효팬, 발효비닐, 플라스틱 카드, 스크레이퍼, 밀대, 오븐장갑, 타공팬, 톱칼, 백노루지 식빵 틀

(1) 배기배기 쌀식빵 배합표

번호	비율(%)	재료명	무게(g)
1	80	강력쌀가루	880
2	20	강력분	220
3	4	생이스트	44
4	18	설탕	198
5	1.6	소금	17.6
6	1.8	제빵개량제	20
7	20	유산균발효액	220
8	58	우유	638
9	12	버터	132
	215.4	합계	2369.4

충전물 배합표

번호	비율(%)	재료명	무게(g)
1	100	완두배기	200
2	100	팥배기	200
3	100	강낭콩배기	200
	300	합계	600

(2) 혼합

버터를 제외한 재료를 믹서에 넣고 저속으로 약 3~5분간 혼합한다. 반죽이 한 덩어리가 되면 중속으로 4분 정도 혼합하여 클린업단계에 버터를 넣고 약 7~9분간 혼합한다. 최종반죽온도는 27±1℃를 만든다.

(3) 1차 발효는 생략한다.

쌀가루 100%일 경우 1차 발효는 생략가능하며, 밀가루가 함유되어 있을 경우 발효시간을 갖는 것은 가능하다.

✳ 완성품

(4) 분할, 둥글리기 및 중간발효

280g으로 분할하고, 반죽의 표면을 매끄럽고 동그랗게 만들어 둥글리기하고 발효비닐 위에 반죽을 놓고 비닐을 덮어 10~15분간 중간발효한다.

(5) 성형 및 패닝

반죽을 손으로 눌러 가스를 빼내고 밀대를 사용하여 밀어편 후 충전물 60g을 골고루 뿌리고 one-loaf형으로 성형하고 팬길이를 넘지 않도록 주의한다. 틀에 반죽을 넣고 손으로 살짝 눌러 패닝한다. 성형과정 중 반죽의 표면이 찢어지지 않도록 주의하면서 작업한다.

(6) 2차 발효

발효실 온도 38℃, 상대습도 85%의 발효실에서 약 40분간 발효하고, 반죽이 팬 높이까지 올라왔을 때 발효가 완료된 시점이다.

(7) 굽기

아랫불 온도 180℃, 윗불 온도 170℃의 예열된 오븐에서 약 30분간 굽는다. 굽기 중 껍질색의 상태에 따라 팬의 위치를 바꿔준다.

✻ **실내온도 :**   ℃, **밀가루 온도 :**   ℃, **사용한 물 온도 :**   ℃

혼합시간	1단 분/ 2단 분/ 3단 분	최종반죽온도	℃
반죽의 특성	끈적함 / 건조하고 단단함 / 잘 늘어남 / 탄성이 강함 / 기타( )		

• **중요 포인트**

• **실습 원리**

성공요인	실패요인

• **실패요인 분석 및 개선 방향**

• **공정 및 완제품 사진 첨부**

계량	혼합	1차 발효	분할	중간발효	성형	2차 발효	굽기	냉각
10분	20분	0분	10분	10분	10분	40분	30분	30분
30분		40분		60분(1시간)		130분(2시간 10분)		160분(2시간 40분)

롤 치즈식빵 -스트레이트법

혼합 시 슬라이스 치즈를 반죽에 섞고 롤 치즈를 넣어 성형한 제품이다. 치즈의 풍미를 느낄 수 있는 식빵이다.

준비	내용
장비	믹서, 발효기, 오븐
소도구	저울, 온도계, 행주, 계량그릇, 발효팬, 발효비닐, 플라스틱 카드, 스크레이퍼, 밀대, 오븐장갑, 타공팬, 톱칼, 백노루지 식빵 틀

(1) 롤 치즈식빵 배합표

번호	비율(%)	재료명	무게(g)
1	100	강력분	1200
2	3.5	생이스트	42
3	10	설탕	120
4	1.2	소금	14.4
5	1.6	제빵개량제	19.2
6	20	유산균발효액	240
7	42	우유	504
8	14	달걀	168
9	14	버터	168
10	16	체다슬라이스 치즈	192
	222.3	합계	2667.6

충전물 배합표

번호	비율(%)	재료명	무게(g)
1	100	롤치즈	700

(2) 혼합

버터와 체다슬라이스 치즈를 제외한 재료를 믹서에 넣고 저속으로 약 3~5분간 혼합한다. 반죽이 한 덩어리가 되면 중속으로 4분 정도 혼합하여 클린업단계에 버터를 넣고 약 7~9분간 혼합한다. 저속으로 체다슬라이스 치즈를 혼합한다. 최종반죽온도는 27±1℃를 만든다.

(3) 1차 발효

발효실 온도 27℃, 상대습도 75%에서 60분 정도 발효한다. 발효 시 발효비닐로 반죽이 마르지 않도록 관리한다. 같은 조건에서 이상적인 발효시간은 90분이 적당하다.

✱ 완성품

(4) 분할, 둥글리기 및 중간발효

220g으로 분할하고, 반죽의 표면을 매끄럽고 동그랗게 만들어 둥글리기하고 발효비닐 위에 반죽을 놓고 비닐을 덮어 10~15분간 중간발효한다.

(5) 성형 및 패닝

반죽을 손으로 눌러 가스를 빼내고 밀대를 사용하여 밀어편 후 충전물 60g을 싸고 one-loaf형으로 성형하고 팬길이를 넘지 않도록 주의한다. 틀에 성형된 반죽 2개를 넣고 손으로 살짝 눌러 패닝한다. 성형과정 중 반죽의 표면이 찢어지지 않도록 주의하면서 작업한다.

(6) 2차 발효

발효실 온도 38℃, 상대습도 85%의 발효실에서 약 40분간 발효하고, 반죽이 팬 높이까지 올라왔을 때 발효가 완료된 시점이다.

(7) 굽기

아랫불 온도 180℃, 윗불 온도 180℃의 예열된 오븐에 약 40분간 굽는다. 굽기 중 껍질색의 상태에 따라 팬의 위치를 바꿔준다.

✽ **실내온도 :** ℃, **밀가루 온도 :** ℃, **사용한 물 온도 :** ℃

혼합시간	1단 분/ 2단 분/ 3단 분		최종반죽온도	℃
반죽의 특성	끈적함 / 건조하고 단단함 / 잘 늘어남 / 탄성이 강함 / 기타( )			

• **중요 포인트**

• **실습 원리**

성공요인	실패요인

• **실패요인 분석 및 개선 방향**

• **공정 및 완제품 사진 첨부**

계량	혼합	1차 발효	분할	중간발효	성형	2차 발효	굽기	냉각
11분	20분	60분	10분	10분	10분	40분	40분	30분
31분		101분(1시간 41분)		121분(2시간 01분)		201분(3시간 21분)		231분(3시간 51분)

곡물식빵 –스트레이트법

곡물믹서와 견과류를 넣어 성형한 제품으로 담백하고 고소한 맛의 식빵이다. 건강 샌드위치용으로 채소 및 치즈와도 잘 어울리는 식빵이다.

준비	내용
장비	믹서, 발효기, 오븐
소도구	저울, 온도계, 행주, 계량그릇, 발효팬, 발효비닐, 플라스틱 카드, 스크레이퍼, 밀대, 오븐장갑, 타공팬, 톱칼, 백노루지 식빵 틀

(1) 곡물식빵 배합표

번호	비율(%)	재료명	무게(g)
1	70	강력분	1050
2	30	곡물믹서(크라프트콘)	450
3	4	생이스트	60
4	8	설탕	120
5	0.5	소금	7.5
6	1	제빵개량제	15
7	10	유산균발효액	150
8	60	물	900
9	8	버터	120
10	15	호두	225
11	15	건포도	225
	221.5	합계	3322.5

(2) 혼합

혼합 직전 반죽온도를 맞추기 위한 물 온도를 맞춘다. 버터, 호두와 건포도를 제외한 재료를 믹서에 넣고 저속으로 약 3~5분간 혼합한다. 반죽이 한 덩어리가 되면 중속으로 4분 정도 혼합하여 클린업단계에 버터를 넣고 약 7~9분간 혼합한다. 저속에서 호두와 건포도를 혼합한다. 최종반죽온도는 27±1℃를 만든다. 식빵의 식감을 결정하기 위해서는 혼합시간을 줄이거나 늘려 글루텐의 형성 정도를 조절할 필요가 있다.

(3) 1차 발효

발효실 온도 27℃, 상대습도 75%에서 60분 정도 발효한다. 발효 시 발효비닐로 반죽이 마르지 않도록 관리한다. 같은 조건에서 이상적인 발효시간은 90분이

✱ 완성품

적당하다.

(4) 분할, 둥글리기 및 중간발효

270g으로 분할하고, 반죽의 표면을 매끄럽고 동그랗게 만들어 둥글리기하고 발효비닐 위에 반죽을 놓고 비닐을 덮어 10~15분간 중간발효한다.

(5) 성형 및 패닝

반죽을 손으로 눌러 가스를 빼내고 밀대로 밀어펴 가스빼기를 한다. 넓게 펴진 반죽을 3겹으로 접고 반죽을 원통모양으로 말아 성형하고 성형된 반죽 2개를 풀만식빵 틀에 알맞은 간격으로 배열한 뒤 손으로 살짝 눌러준다. 성형과정 중 반죽의 표면이 찢어지지 않도록 주의하면서 작업한다.

(6) 2차 발효

발효실 온도 38℃, 상대습도 85%의 발효실에서 약 40분간 발효하고, 반죽이 틀 높이 정도로 올라온 상태가 되면 발효가 완료된 시점이다.

(7) 굽기

아랫불 온도 190℃, 윗불 온도 190℃의 예열된 오븐에 약 30분간 굽는다. 굽기 중 팬의 위치를 바꿔준다.

✳ **실내온도 :** ℃, **밀가루 온도 :** ℃, **사용한 물 온도 :** ℃

혼합시간	1단	분/ 2단	분/ 3단	분	최종반죽온도	℃
반죽의 특성	끈적함 / 건조하고 단단함 / 잘 늘어남 / 탄성이 강함 / 기타(					)

● **중요 포인트**

● **실습 원리**

성공요인	실패요인

● **실패요인 분석 및 개선 방향**

● **공정 및 완제품 사진 첨부**

계량	혼합	1차 발효	분할	중간발효	성형	2차 발효	굽기	냉각
12분	20분	60분	10분	10분	10분	40분	30분	30분
32분		102분(1시간 42분)		122분(2시간 02분)		192분(3시간 12분)		222분(3시간 42분)

우유식빵 –스트레이트법

우유식빵은 물과 분유 대신에 우유를 사용해서 담백함과 고소함을 살린 식빵이다. 우유의 유당에 의해 껍질색이 진해질 수 있으므로 굽기 시 온도를 조정한다.

준비	내용
장비	믹서, 발효기, 오븐
소도구	저울, 온도계, 행주, 계량그릇, 발효팬, 발효비닐, 플라스틱 카드, 스크레이퍼, 밀대, 오븐장갑, 타공팬, 톱칼, 백노루지 식빵 틀

(1) 우유식빵 배합표

번호	비율(%)	재료명	무게(g)
1	80	강력분	1280
2	20	중력분	320
3	3.5	생이스트	56
4	6	설탕	96
5	1.8	소금	28.8
6	1	제빵개량제	16
7	20	유산균발효액	320
8	60	우유	960
9	10	버터	160
	202.3	합계	3236.8

(2) 혼합

혼합 직전 반죽온도를 맞추기 위한 우유온도를 맞춘다. 버터를 제외한 재료를 믹서에 넣고 저속으로 약 3~5분간 혼합한다. 반죽이 한 덩어리가 되면 중속으로 4분 정도 혼합하여 클린업단계에 쇼트닝을 넣고 약 7~9분간 혼합한다. 최종반죽온도는 27±1℃를 만든다. 식빵의 식감을 결정하기 위해서는 혼합시간을 줄이거나 늘려 글루텐의 형성 정도를 조절할 필요가 있다.

(3) 1차 발효

발효실 온도 27℃, 상대습도 75%에서 60분 정도 발효한다. 발효 시 발효비닐로 반죽이 마르지 않도록 관리한다. 같은 조건에서 이상적인 발효시간은 90분이 적당하다.

☀ 완성품

(4) 분할, 둥글리기 및 중간발효

260g으로 분할하고, 반죽의 표면을 매끄럽고 동그랗게 만들어 둥글리기하고 발효비닐 위에 반죽을 놓고 비닐을 덮어 10~15분간 중간발효한다.

(5) 성형 및 패닝

반죽을 손으로 눌러 가스를 빼내고 밀대로 밀어펴 가스빼기를 한다. 넓게 펴진 반죽을 3겹으로 접고 반죽을 원통모양으로 말아 성형하고 성형된 반죽 2개를 풀만식빵 틀에 알맞은 간격으로 배열하고 손으로 살짝 눌러준다. 성형과정 중 반죽의 표면이 찢어지지 않도록 주의하면서 작업한다.

(6) 2차 발효

발효실 온도 38℃, 상대습도 85%의 발효실에 약 40분간 발효하고, 반죽이 틀 높이 정도로 올라온 상태가 되면 발효가 완료된 시점이다.

(7) 굽기

아랫불 온도 180℃, 윗불 온도 180℃의 예열된 오븐에 약 30분간 굽는다. 굽기 중 팬의 위치를 바꿔준다.

＊ **실내온도 :**　　　　　℃, **밀가루 온도 :**　　　　　℃, **사용한 물 온도 :**　　　　　℃

혼합시간	1단　　분/ 2단　　분/ 3단　　분	최종반죽온도	℃
반죽의 특성	끈적함 / 건조하고 단단함 / 잘 늘어남 / 탄성이 강함 / 기타(　　　　)		

● **중요 포인트**

● **실습 원리**

성공요인	실패요인

● **실패요인 분석 및 개선 방향**

● **공정 및 완제품 사진 첨부**

계량	혼합	1차 발효	분할	중간발효	성형	2차 발효	굽기	냉각
9분	20분	60분	10분	10분	10분	40분	30분	30분
29분		99분(1시간 39분)		119분(1시간 59분)		189분(3시간 09분)		219(3시간 39분)

로띠번(모카번)-스트레이트법

바삭한 모카토핑과 달콤하고 커피향이 나는 크림충전이 잘 어울리는 향긋한 빵이다. 모카빵과 달리 크기가 작으며 충전크림이 있어 부드럽다.

준비	내용
장비	믹서, 발효기, 오븐
소도구	저울, 온도계, 행주, 계량그릇, 발효팬, 발효비닐, 플라스틱 카드, 스크레이퍼, 밀대, 오븐장갑, 타공팬, 톱칼, 백노루지 짤주머니, 모양깍지, 거품기

(1) 로띠번 배합표

번호	비율(%)	재료명	무게(g)
1	90	강력분	1080
2	10	중력분	120
3	4	생이스트	48
4	15	설탕	180
5	1.6	소금	19.2
6	1	제빵개량제	12
7	10	연유	120
8	20	유산균발효액	240
9	22	물	264
10	24	달걀	288
11	15	버터	180
	212.6	합계	2551.2

충전물 배합표

번호	비율(%)	재료명	무게(g)
1	220	생크림	176
2	280	크림치즈	224
3	100	전분	80
4	30	커피에센스	24
5	270	슈거파우더	216
	900	합계	720

토핑물 배합표

번호	비율(%)	재료명	무게(g)
1	125	버터	300
2	70	설탕	168
3	10	분유	24
4	115	달걀	276
5	100	중력분	240
6	10	커피가루	24
7	10	럼	24
	440	합계	1056
	40	초콜릿칩	96

✳ 완성품

(2) 혼합

버터를 제외한 재료를 믹서에 넣고 저속으로 약 3~5분간 혼합한다. 반죽이 한 덩어리가 되면 중속으로 4분 정도 혼합하여 클린업단계에 버터를 넣고 약 7~9분간 혼합한다. 최종반죽온도는 27±1℃를 만든다.

(3) 1차 발효

발효실 온도 27℃, 상대습도 75%에서 60분 정도 발효한다. 발효 시 발효비닐로 반죽이 마르지 않도록 관리한다. 같은 조건에서 이상적인 발효시간은 90분이 적당하다.

(4) 분할, 둥글리기 및 중간발효

70g으로 분할하고, 반죽의 표면을 매끄럽고 동그랗게 만들어 둥글리기하고 발효비닐 위에 반죽을 놓고 비닐을 덮어 10~15분간 중간발효한다. 충전물은 혼합하여 냉장고에서 굳힌다.

(5) 성형 및 패닝

반죽을 손으로 눌러 가스를 빼낸 뒤 충전물 20g을

✱ **실내온도 :**   ℃, **밀가루 온도 :**   ℃, **사용한 물 온도 :**   ℃

혼합시간	1단 분/ 2단 분/ 3단 분	최종반죽온도	℃
반죽의 특성	끈적함 / 건조하고 단단함 / 잘 늘어남 / 탄성이 강함 / 기타( )		

● **중요 포인트**

● **실습 원리**

성공요인	실패요인

● **실패요인 분석 및 개선 방향**

● **공정 및 완제품 사진 첨부**

싸서 동그랗게 성형한 다음 패닝한다. 성형과정 중 반죽의 표면이 찢어지지 않도록 주의하면서 작업한다.

(6) 2차 발효

발효실 온도 38℃, 상대습도 85%의 발효실에서 약 40분간 발효하고, 반죽 가운데 토핑(25~28g)을 짠 후 초코칩을 뿌린다.

(7) 굽기

아랫불 온도 160℃, 윗불 온도 180℃에서 약 20분간 굽는다. 굽기 중 껍질색의 상태에 따라 팬의 위치를 바꿔준다.

계량	혼합	1차 발효	분할	중간발효	성형	2차 발효	굽기	냉각
11분	20분	60분	10분	10분	10분	40분	20분	30분
31분		101분(1시간 41분)		121분(2시간 01분)		181분(3시간 01분)		211분(3시간 31분)

Tip ▎ **충전물 만들기(크림법)**

크림치즈를 풀고 생크림 80% 올려서 혼합 후, 전체 재료를 가볍게 섞어서 완성한다.

갈릭오징어 먹물치즈 베이컨 –스트레이트법

오징어먹물과 베이컨 및 크림치즈를 넣고 말아 성형한 빵이다. 칼집 사이사이에 마늘소스를 발라 굽기하여 부드럽고 조화롭게 잘 어울린다. 간식용으로 좋은 빵이다.

준비	내용
장비	믹서, 발효기, 오븐
소도구	저울, 온도계, 행주, 계량그릇, 발효팬, 발효비닐, 플라스틱 카드, 스크레이퍼, 밀대, 오븐장갑, 타공팬, 톱칼, 백노루지 쿠프용 칼

(1) 갈릭오징어 먹물치즈 베이컨 배합표

번호	비율(%)	재료명	무게(g)
1	80	강력분	960
2	20	통밀가루	240
3	4	생이스트	48
4	20	설탕	240
5	1.6	소금	19.2
6	1.6	제빵개량제	19
7	2.5	오징어먹물	30
8	20	유산균발효액	240
9	16	우유	192
10	32	달걀	384
11	28	버터	336
12	18	호두분태	216
	243.7	합계	2924.4

충전물 배합표

번호	비율(%)	재료명	무게(g)
1	–	구운 베이컨	16장
2	100	크림치즈	1120

토핑물 배합표

번호	비율(%)	재료명	무게(g)
1	100	버터	200
2	20	마요네즈	40
3	40	설탕	80
4	15	연유	30
5	15	생크림	30
6	34	간 마늘	68

✳ 완성품

7	20	달걀	40
	244	합계	488
	2	파슬리	4

(2) 혼합

버터, 호두분태를 제외한 재료를 믹서에 넣고 저속으로 약 3~5분간 혼합한다. 반죽이 한 덩어리가 되면 중속으로 4분 정도 혼합하여 클린업단계에 버터를 넣고 약 7~9분간 혼합한다. 저속으로 호두분태를 혼합한다. 최종반죽온도는 27±1℃를 만든다.

(3) 1차 발효

발효실 온도 27℃, 상대습도 75%에서 60분 정도 발효한다. 발효 시 발효비닐로 반죽이 마르지 않도록 관리한다. 같은 조건에서 이상적인 발효시간은 90분이 적당하다.

(4) 분할, 둥글리기 및 중간발효

180g으로 분할하고, 반죽의 표면을 매끄럽고 동그랗게 만들어 둥글리기하고 발효비닐 위에 반죽을 놓고 비닐을 덮어 10~15분간 중간발효한다.

✱ **실내온도 :**   **℃, 밀가루 온도 :**   **℃, 사용한 물 온도 :**   **℃**

혼합시간	1단	분/ 2단	분/ 3단	분	최종반죽온도	℃
반죽의 특성	끈적함 / 건조하고 단단함 / 잘 늘어남 / 탄성이 강함 / 기타( )					

● **중요 포인트**

● **실습 원리**

성공요인	실패요인

● **실패요인 분석 및 개선 방향**

● **공정 및 완제품 사진 첨부**

(5) 성형 및 패닝

반죽을 손으로 눌러 가스를 빼내고 베이컨 1장과 크림치즈 70g을 넣고 막대모양으로 성형한 다음 칼집을 일정하게 내고 패닝한다. 성형과정 중 반죽의 표면이 찢어지지 않도록 주의하면서 작업한다.

(6) 2차 발효

발효실 온도 38℃, 상대습도 85%의 발효실에서 약 40분간 발효하고, 칼집낸 반죽 사이사이에 마늘토핑을 발라준다.

(7) 굽기

아랫불 온도 170℃, 윗불 온도 190℃에서 약 30분간 굽는다. 굽기 중 껍질색의 상태에 따라 팬의 위치를 바꿔준다. 제품이 오븐에서 나오면 마늘토핑을 바르고 파슬리를 뿌려준다.

계량	혼합	1차 발효	분할	중간발효	성형	2차 발효	굽기	냉각
14분	20분	60분	10분	10분	10분	40분	30분	30분
34분		104분(1시간 44분)		124분(2시간 04분)		194분(3시간 14분)		224분(3시간 43분)

Tip ▌ **마늘토핑 만들기**

버터를 제외한 모든 재료를 혼합한 다음 용해버터를 섞어 토핑을 완성한다.

크림치즈 바게트–스트레이트법

소프트 바게트빵에 새콤달콤한 크림치즈 토핑을 올려 성형한 빵이다.

준비	내용
장비	믹서, 발효기, 오븐
소도구	저울, 온도계, 행주, 계량그릇, 발효팬, 발효비닐, 플라스틱 카드, 스크레이퍼, 밀대, 오븐장갑, 타공팬, 톱칼, 백노루지 쿠프용 칼, 짤주머니

(1) 크림치즈 바게트 배합표

번호	비율(%)	재료명	무게(g)
1	80	강력분	880
2	20	중력분	220
3	4	생이스트	44
4	20	설탕	220
5	1.2	소금	13.2
6	2	제빵개량제	22
7	2	황치즈분말	22
8	20	유산균발효액	220
9	26	우유	286
10	33	달걀	363
11	14	버터	154
12	6	슬라이스치즈	66
	228.2	합계	2510.2

충전물 배합표

번호	비율(%)	재료명	무게(g)
1	100	크림치즈	1000
2	15	슈거파우더	150
3	12	생크림	120
4	12	우유	120
5	4	레몬주스	40
	143	합계	1430

(2) 혼합

버터를 제외한 재료를 믹서에 넣고 저속으로 약 3~5분간 혼합한다. 반죽이 한 덩어리가 되면 중속으로 4분 정도 혼합하여 클린업단계에 버터를 넣고 약 7~9분간 혼합한다. 최종반죽온도는 27±1℃를 만든다.

(3) 1차 발효

발효실 온도 27℃, 상대습도 75%에서 60분 정도 발효

✳ 완성품

한다. 발효 시 발효비닐로 반죽이 마르지 않도록 관리한다. 같은 조건에서 이상적인 발효시간은 90분이 적당하다.

(4) 분할, 둥글리기 및 중간발효

130g으로 분할하고, 반죽의 표면을 매끄럽고 동그랗게 만들어 둥글리기하고 발효비닐 위에 반죽을 놓고 비닐을 덮어 10~15분간 중간발효한다.

(5) 성형 및 패닝

반죽을 손으로 눌러 가스를 빼내고 충전물 60g을 싼 뒤 반죽의 가운데를 눌러주고 광택제(달걀물)를 바르고 패닝한다. 성형과정 중 반죽의 표면이 찢어지지 않도록 주의하면서 작업한다.

(6) 2차 발효

발효실 온도 38℃, 상대습도 85%의 발효실에서 약 40분간 발효하고, 반죽 가운데 부분에 칼집을 내고 살짝 벌려 크림치즈 충전물을 70~75g 짜준다.

(7) 굽기

아랫불 온도 160℃, 윗불 온도 190℃에서 약 20분간 굽는다. 굽기 중 껍질색의 상태에 따라 팬의 위치를 바꿔준다.

✱ 실내온도 :   ℃, 밀가루 온도 :   ℃, 사용한 물 온도 :   ℃

혼합시간	1단	분/ 2단	분/ 3단	분	최종반죽온도	℃
반죽의 특성	끈적함 / 건조하고 단단함 / 잘 늘어남 / 탄성이 강함 / 기타(					)

• 중요 포인트

• 실습 원리

성공요인	실패요인

• 실패요인 분서 및 개선 방향

• 공정 및 완제품 사진 첨부

계량	혼합	1차 발효	분할	중간발효	성형	2차 발효	굽기	냉각
14분	20분	60분	10분	10분	10분	40분	20분	30분
	34분	104분(1시간 44분)		124분(2시간 04분)		184분(3시간 04분)		214분(3시간 33분)

Tip ▐ 크림치즈 충전물 만들기

부드러운 상태의 크림치즈를 풀고 분당을 혼합한다. 생크림, 우유를 나눠서 섞은 다음 레몬주스를 넣고 충전물을 완성한다.

먹물 후르츠빵 –스트레이트법

반죽에 오징어먹물을 혼합하고 견과류와 건조과일을 충전물로 혼합하여 식감과 맛을 높인 빵이다. 크림치즈의 부드러움과 달달하고 바삭한 머랭 토핑이 잘 어울리는 빵이다.

준비	내용
장비	믹서, 발효기, 오븐
소도구	저울, 온도계, 행주, 계량그릇, 발효팬, 발효비닐, 플라스틱 카드, 스크레이퍼, 밀대, 오븐장갑, 타공팬, 톱칼, 백노루지 짤주머니, 거품기, 분당체

✴ 완성품

(1) 먹물 후르츠빵 배합표

번호	비율(%)	재료명	무게(g)
1	80	강력분	800
2	20	통밀가루	200
3	4	생이스트	40
4	20	설탕	200
5	1.6	소금	16
6	1.6	제빵개량제	16
7	2.5	오징어먹물	25
8	20	유산균발효액	200
9	22	우유	220
10	32	달걀	320
11	28	버터	280
12	17	호두분태	170
13	9	건조과일	90
14	9	건포도	90
15	9	완두배기	90
	275.7	합계	2757

충전물 배합표

번호	비율(%)	재료명	무게(g)
1	100	호두분태	150
2	54	건조과일	81
3	54	건포도	81
4	54	완두배기	81
	262	합계	393

토핑 배합표

번호	비율(%)	재료명	무게(g)
1	106	달걀흰자	254
2	150	설탕	360
3	100	아몬드분말	240
4	40	호두분태	96
	396	합계	950
	40	슈거파우더	96

크림치즈충전물 배합표

번호	비율(%)	재료명	무게(g)
1	100	크림치즈	500
2	15	슈거파우더	75
3	4	레몬주스	20
4	10	생크림	50
5	10	우유	50
	139	합계	695

(2) 혼합

버터를 제외한 재료를 믹서에 넣고 저속으로 약 3~5분간 혼합한다. 반죽이 한 덩어리가 되면 중속으로 4분 정도 혼합하여 클린업단계에 버터를 넣고 약 7~9분간 혼합한다. 저속으로 충전물을 혼합한다. 최종 반죽온도는 27±1℃를 만든다.

✳ 실내온도 :　　　　　℃, 밀가루 온도 :　　　　　℃, 사용한 물 온도 :　　　　　℃

혼합시간	1단	분 / 2단	분 / 3단	분	최종반죽온도	℃
반죽의 특성	끈적함 / 건조하고 단단함 / 잘 늘어남 / 탄성이 강함 / 기타(　　　　　　)					

● 중요 포인트

성공요인	실패요인

● 실패요인 분석 및 개선 방향

(3) 1차 발효

발효실 온도 27℃, 상대습도 75%에서 60분 정도 발효한다. 발효 시 발효비닐로 반죽이 마르지 않도록 관리한다. 같은 조건에서 이상적인 발효시간은 90분이 적당하다.

(4) 분할, 둥글리기 및 중간발효

200g으로 분할하고, 반죽의 표면을 매끄럽고 동그랗게 만들어 둥글리기하고 발효비닐 위에 반죽을 놓고 비닐을 덮어 10~15분간 중간발효한다.

(5) 성형 및 패닝

반죽을 손으로 눌러 가스를 빼내고 밀대를 사용하여 길게 밀어편 후 베이컨 1장과 크림충전물 50~60g을 짜고 럭비공 모양으로 성형한 후 패닝한다. 성형과정 중 반죽의 표면이 찢어지지 않도록 주의하면서 작업한다.

(6) 2차 발효

발효실 온도 38℃, 상대습도 85%의 발효실에서 약 40분간 발효하고, 머랭 토핑을 올리고 슈거파우더를 살짝 뿌린다.

(7) 굽기

아랫불 온도 160℃, 윗불 온도 180℃에서 약 25분간 굽는다. 굽기 중 껍질색의 상태에 따라 팬의 위치를 바꿔준다.

계량	혼합	1차 발효	분할	중간발효	성형	2차 발효	굽기	냉각
13분	20분	60분	10분	10분	10분	40분	25분	30분
33분		103분(1시간 43분)		123분(2시간 03분)		188분(3시간 08분)		218분(3시간 38분)

Tip ▌ 크림치즈 충전물 만들기

부드러운 상태의 크림치즈를 풀고 분당을 혼합한다. 생크림.우유를 나눠서 섞은 다음 레몬주스를 넣고 충전물을 완성한다.

Tip ▌ 머랭 토핑 만들기

달걀흰자, 설탕을 휘핑하여 머랭을 만들고 난 다음 체 친 아몬드분말을 섞은 후 호두분태를 혼합하여 토핑을 완성한다.

호두 찰 파이빵-스트레이트법

반죽 속에 찹쌀속을 넣고 밀어펴 흑설탕, 계피 토핑을 바른 다음 구운 빵이다. 쫀득한 식감과 달달하고 보드라운 토핑이 일품인 빵이다.

준비	내용
장비	믹서, 발효기, 오븐
소도구	저울, 온도계, 행주, 계량그릇, 발효팬, 발효비닐, 플라스틱 카드, 스크레이퍼, 밀대, 오븐장갑, 타공팬, 톱칼, 백노루지 거품기

(1) 호두 찰 파이빵 배합표

번호	비율(%)	재료명	무게(g)
1	80	강력분	960
2	20	곡물믹스(크라프트콘)	240
3	3	생이스트	36
4	14	설탕	168
5	0.6	소금	7.2
6	1.6	제빵개량제	19
7	20	유산균발효액	240
8	45	우유	540
9	15	달걀	180
10	25	버터	300
11	18	호두분태	216
12	25	건포도	300
	267.2	합계	3206.4

충전물 배합표

번호	비율(%)	재료명	무게(g)
1	100	찹쌀	1200
2	10	완두배기	120
3	10	팥배기	120
4	25	설탕	300
5	0.8	소금	9.6
6	21	우유	252
	166.8	합계	2002

토핑물 배합표

번호	비율(%)	재료명	무게(g)
1	600	버터	1050
2	600	흑설탕	1050
3	100	중력분	175
4	3	계핏가루	5

✳ 완성품

5	114	크럼	200
	1417	합계	2480
6	80	슬라이스 아몬드	140

(2) 혼합

버터를 제외한 재료를 믹서에 넣고 저속으로 약 3~5분간 혼합한다. 반죽이 한 덩어리가 되면 중속으로 4분 정도 혼합하여 클린업단계에 버터를 넣고 약 7~9분간 혼합한다. 저속으로 충전물을 혼합한다. 최종 반죽온도는 27±1℃를 만든다.

(3) 1차 발효

발효실 온도 27℃, 상대습도 75%에서 60분 정도 발효한다. 발효 시 발효비닐로 반죽이 마르지 않도록 관리한다. 같은 조건에서 이상적인 발효시간은 90분이 적당하다.

(4) 분할, 둥글리기 및 중간발효

150g으로 분할하고, 반죽의 표면을 매끄럽고 동그랗게 만들어 둥글리기하고 발효비닐 위에 반죽을 놓고 비닐을 덮어 10~15분간 중간발효한다.

(5) 성형 및 패닝

반죽을 손으로 눌러 가스를 빼내고 밀대를 사용하여 길게 밀어편 후 찹쌀속 충전물 100g을 넣고 원모양 (지름 18cm)으로 성형한 후 패닝한다. 성형과정

※ **실내온도 :**　　　　　℃, **밀가루 온도 :**　　　　　℃, **사용한 물 온도 :**　　　　　℃

혼합시간	1단	분/ 2단	분/ 3단	분	최종반죽온도	℃
반죽의 특성	끈적함 / 건조하고 단단함 / 잘 늘어남 / 탄성이 강함 / 기타(					)

• **중요 포인트**

• **실습 원리**

성공요인	실패요인

• **실패요인 분석 및 개선 방향**

• **공정 및 완제품 사진 첨부**

중 반죽의 표면이 찢어지지 않도록 주의하면서 작업한다.

(6) 2차 발효

발효실 온도 38℃, 상대습도 85%의 발효실에서 약 40분간 발효하고, 흑설탕, 계피토핑물을 약 100g 정도 올리고 슬라이스 아몬드를 골고루 뿌려준다.

(7) 굽기

아랫불 온도 160℃, 윗불 온도 190℃에서 약 25분간 굽는다. 굽기 중 껍질색의 상태에 따라 팬의 위치를 바꿔준다.

계량	혼합	1차 발효	분할	중간발효	성형	2차 발효	굽기	냉각
13분	20분	60분	10분	10분	10분	40분	25분	30분
33분		103분(1시간 43분)		123분(2시간 03분)		188분(3시간 08분)		218분(3시간 38분)

Tip ▌ 찹쌀속 만들기

배기가 으깨지지 않도록 모든 재료를 섞어 찹쌀속을 완성한다.

Tip ▌ 토핑 만들기

부드러운 버터를 푼 다음 흑설탕을 넣고 크림화한다. 체 친 가루재료와 크림을 혼합하여 토핑을 완성한다.

블루베리 크림치즈빵 –스트레이트법

반죽 접시를 만들어 카스텔라와 부드러운 슈크림 및 상큼한 블루베리를 담아낸 빵이다.
제과와 제빵을 믹스한 제품으로 차와 어울리는 디저트 빵이다.

준비	내용
장비	믹서, 발효기, 오븐
소도구	저울, 온도계, 행주, 계량그릇, 발효팬, 발효비닐, 플라스틱 카드, 스크레이퍼, 밀대, 오븐장갑, 타공팬, 톱칼, 백노루지 거품기, 원형 틀, 짤주머니

(1) 블루베리 크림치즈빵 배합표

번호	비율(%)	재료명	무게(g)
1	100	강력분	1100
2	4	생이스트	44
3	25	설탕	275
4	1.2	소금	13.2
5	2	제빵개량제	22
6	20	유산균발효액	220
7	20	우유	220
8	14	물	154
9	15	달걀	242
10	15	버터	165
	223.2	합계	2455.2

충전물 배합표

번호	비율(%)	재료명	무게(g)
1	100	크림치즈	900
2	15	슈거파우더	135
3	12	생크림	108
4	12	우유	108
5	4	레몬주스	36
	143	합계	1287
5mm 두께 스펀지케이크(Ø18cm)			16개
커스터드크림			960
블루베리 또는 블루베리 필링			640

(2) 혼합

버터를 제외한 재료를 믹서에 넣고 저속으로 약 3~5분간 혼합한다. 반죽이 한 덩어리가 되면 중속으로 4

✱ 완성품

분 정도 혼합하여 클린업단계에 버터를 넣고 약 7~9분간 혼합한다. 최종반죽온도는 27±1℃를 만든다.

(3) 1차 발효

발효실 온도 27℃, 상대습도 75%에서 60분 정도 발효한다. 발효 시 발효비닐로 반죽이 마르지 않도록 관리한다. 같은 조건에서 이상적인 발효시간은 90분이 적당하다.

(4) 분할, 둥글리기 및 중간발효

150g으로 분할하고, 반죽의 표면을 매끄럽고 동그랗게 만들어 둥글리기하고 발효비닐 위에 반죽을 놓고 비닐을 덮어 10~15분간 중간발효한다.

(5) 성형 및 패닝

반죽을 손으로 눌러 가스를 빼내고 이형제 작업한 원형 1호팬에 팬보다 넓게 밀어편 후 성형하고 패닝한다. 성형과정 중 반죽의 표면이 찢어지지 않도록 주의하면서 작업한다.

(6) 2차 발효

발효실 온도 38℃, 상대습도 85%의 발효실에 약 40분간 발효하고, 크림치즈빵 충전물을 75g 정도 짜준 뒤 5mm 두께의 스펀지케이크를 올리고 커스터드크림

✱ **실내온도 :** ℃, **밀가루 온도 :** ℃, **사용한 물 온도 :** ℃

혼합시간	1단 분/ 2단 분/ 3단 분	최종반죽온도	℃
반죽의 특성	끈적함 / 건조하고 단단함 / 잘 늘어남 / 탄성이 강함 / 기타( )		

• **중요 포인트**

• **실습 원리**

성공요인	실패요인

• **실패요인 분석 및 개선 방향**

• **공정 및 완제품 사진 첨부**

(60g)을 짜고 블루베리 또는 블루베리 필링(40g)을 올린다.

(7) 굽기

아랫불 온도 160℃, 윗불 온도 180℃에서 약 20분간 굽는다. 굽기 중 껍질색의 상태에 따라 팬의 위치를 바꿔준다.

계량	혼합	1차 발효	분할	중간발효	성형	2차 발효	굽기	냉각
12분	20분	60분	10분	10분	10분	40분	20분	30분
32분		102분(1시간 42분)		122분(2시간 02분)		182분(3시간 02분)		212분(3시간 32분)

Tip | 커스터드크림 만들기

크리미비트 300g ,우유 900g를 혼합하여 완성한다.

Tip | 카스텔라(크림) 만들기

스펀지케이크는 제과기능사 버터스펀지 케이크(공립법) 배합으로 완성한다.

참치빵–스트레이트법

참치캔을 사용한 충전물을 반죽 위에 올려 시각적으로도 먹음직스런 간식 대용 조리빵이다. 토핑의 재료를 달리하여 활용할 수 있다.

준비	내용
장비	믹서, 발효기, 오븐
소도구	저울, 온도계, 행주, 계량그릇, 발효팬, 발효비닐, 플라스틱 카드, 스크레이퍼, 밀대, 오븐장갑, 타공팬, 톱칼, 백노루지 거품기, 짤주머니

(1) 참치빵 배합표

번호	비율(%)	재료명	무게(g)
1	80	강력분	960
2	20	박력분	240
3	4	생이스트	48
4	18	설탕	216
5	1.6	소금	19.2
6	1	제빵개량제	12
7	2	탈지분유	24
8	20	유산균발효액	240
9	20	우유	240
10	15	물	180
11	10	달걀	120
12	18	버터	216
	209.6	합계	2515.2

참치 충전물 배합표

번호	비율(%)	재료명	무게(g)
1	60	양파	240
2	100	참치(캔)	400
3	22	카레가루	88
4	75	마요네즈	300
5	75	옥수수(캔)	300
	332	합계	1328

(2) 혼합

마가린을 제외한 재료를 믹서에 넣고 저속으로 약 3~5분간 혼합한다. 반죽이 한 덩어리가 되면 중속으로 4분 정도 혼합하여 클린업단계에 마가린을 넣고 약 7~9분간 혼합한다. 최종반죽온도는 27±1℃를 만든다.

✱ 완성품

(3) 1차 발효

발효실 온도 27℃, 상대습도 75%에서 50분 정도 발효한다. 발효 시 발효비닐로 반죽이 마르지 않도록 관리한다. 같은 조건에서 이상적인 발효시간은 90분이 적당하다.

(4) 분할, 둥글리기 및 중간발효

200g으로 분할하고, 반죽의 표면을 매끄럽고 동그랗게 만들어 둥글리기하고 발효비닐 위에 반죽을 놓고 비닐을 덮어 10~15분간 중간발효한다.

(5) 성형 및 패닝

반죽을 손으로 눌러 가스를 빼내고 밀대를 사용하여 가로 20cm, 세로 13cm로 밀어펴 중앙에 참치 충전물을 넣고 가장자리는 잘라 성형한 후 패닝한다. 성형과정 중 반죽의 표면이 찢어지지 않도록 주의하면서 작업한다.

(6) 2차 발효

발효실 온도 38℃, 상대습도 85%의 발효실에 약 40분간 발효하고, 달걀물을 바른다.

(7) 굽기

아랫불 온도 160℃, 윗불 온도 180℃에서 약 15분간 굽는다. 굽기 중 껍질색의 상태에 따라 팬의 위치를 바꿔준다.

✻ 실내온도 :　　　　　℃, 밀가루 온도 :　　　　　℃, 사용한 물 온도 :　　　　　℃

혼합시간	1단	분/ 2단	분/ 3단	분	최종반죽온도		℃
반죽의 특성	곤적함 / 건조하고 단단함 / 잘 늘어남 / 탄성이 강함 / 기타(					)	

• 중요 포인트

• 실습 원리

성공요인	실패요인

• 실패요인 분석 및 개선 방향

• 공정 및 완제품 사진 첨부

계량	혼합	1차 발효	분할	중간발효	성형	2차 발효	굽기	냉각
12분	20분	50분	10분	10분	10분	40분	15분	30분
32분		92분(1시간 32분)		112분(1시간 52분)		167분(2시간 47분)		197분(3시간 17분)

파네토네(Panettone)-스트레이트법

천연 효모로 발효시킨 밀가루 반죽에 버터, 달걀, 설탕, 건포도나 당절임한 과일 등을 넣어 만든 달콤하고 부드러운 이탈리아 빵이다. 이태리어로 파네(pane)는 '빵'을 말하며, 토네(ttone)는 '달라'는 뜻이다.

준비	내용
장비	믹서, 발효기, 오븐
소도구	저울, 온도계, 행주, 계량그릇, 발효팬, 발효비닐, 플라스틱 카드, 스크레이퍼, 밀대, 오븐장갑, 타공팬, 톱칼, 백노루지 틀, 짤주머니, 쿠프용 칼, 가위

(1) 파네토네 배합표

1차 반죽

번호	비율(%)	재료명	무게(g)
1	80	강력분	880
2	38	sourdough	418
3	35	설탕	385
4	10	유산균발효액	110
5	25	물	275
6	40	달걀노른자	440
7	34	버터	374
	262	합계	2882

2차 반죽

번호	비율(%)	재료명	무게(g)
1	20	강력분	220
2	7	설탕	77
3	4	꿀	44
4	2.4	소금	26.4
5	12	달걀노른자	132
6	12	버터	132
7	0.2	바닐라빈	2.2
8	1.2	오렌지제스트	13.2
9	1.2	레몬제스트	13.2
10	40	오렌지필	440
11	40	건포도	440
	140	합계	1540
	402	총합계	4422

토핑물 배합표

번호	비율(%)	재료명	무게(g)
1	43	아몬드분말	43.0
2	42	헤이즐넛분말	42.0
3	3	옥수수분말	3.0
4	2	코코아분말	2.0
5	10	박력분	10.0

❋ 완성품

6	130	설탕	130.0
7	54	달걀흰자	54.0
	284	합계	284
	50	슬라이스 아몬드	50.0
	50	펄슈거	50.0

(2) 혼합

• 1차 반죽

따뜻한 물에 설탕을 녹이고 강력분 절반과 달걀노른자 절반을 넣고 혼합한다. 남은 강력분, 달걀노른자, sourdough와 유산균발효액을 넣고 혼합한다. 버터를 2~4회 나누어 혼합하고 반죽온도는 26℃를 만든다. 27℃의 상온에서 약 12시간 상온발효하며 약 3배 정도 팽창시킨다.

• 2차 반죽

발효된 1차 반죽에 강력분을 넣고 혼합한다. 반죽이 약간 묽으면 밀가루를 추가로 첨가할 수 있다. 설탕과 달걀노른자를 2~4회로 나누어 넣으면서 혼합한다. 꿀, 바닐라빈, 오렌지제스트와 레몬제스트를 넣어 골고루 혼합하고 소금을 넣어 혼합한다. 버터를 2~3회 나누어 넣으면서 반죽을 매끄럽고 탄력적으로 만든다. 오렌지필과 전처리된 건포도를 넣고 골고루 혼합한다.

(3) 1차 발효

발효실 온도 27℃, 상대습도 75%에서 60분 정도 발효한다. 발효 시 발효비닐로 반죽이 마르지 않도록 관리한다.

✻ **실내온도 :**   ℃, **밀가루 온도 :**   ℃, **사용한 물 온도 :**   ℃

혼합시간	1단	분/ 2단	분/ 3단	분	최종반죽온도	℃
반죽의 특성	끈적함 / 건조하고 단단함 / 잘 늘어남 / 탄성이 강함 / 기타( )					

● **중요 포인트**

● **실습 원리**

성공요인	실패요인

● **실패요인 분석 및 개선 방향**

● **공정 및 완제품 사진 첨부**

(4) 분할, 둥글리기 및 중간발효

1050g으로 분할하고, 반죽의 표면을 매끄럽고 동그랗게 만들어 둥글리기하고 발효비닐 위에 반죽을 놓고 비닐을 덮어 20~30분간 중간발효한다.

(5) 성형 및 패닝

반죽을 손으로 눌러 가스를 빼내고 가볍게 둥글리기한 후 2번 정도 접어주고 파네토네 틀에 넣고 패닝한다. 성형과정 중 반죽의 표면이 찢어지지 않도록 주의하면서 작업한다.

(6) 2차 발효

발효실 온도 27℃, 상대습도 80%의 발효실에서 약 6시간 정도 발효하고, 토핑물을 블렌더에 갈아 파네토네 겉면에 바르고 슬라이스 아몬드와 장식용 펄설탕을 골고루 뿌려준다. 반죽이 틀 높이 정도로 올라온 상태가 되면 발효가 완료된 시점이다.

(7) 굽기

아랫불 온도 160℃, 윗불 온도 180℃에서 약 30분간 굽는다. 굽기 중 껍질색의 상태에 따라 팬의 위치를 바꿔준다.

계량	혼합	1차 발효	분할	중간 발효	성형	2차 발효	굽기	냉각
17분	20분	50분	10분	10분	10분	40분	30분	30분
37분		97분(1시간 37분)		117분(1시간 57분)		187분(3시간 07분)		217분(3시간 37분)

마늘빵(Garlic bread)-스트레이트법

마늘버터를 발라 구운 프랑스빵이다. 바게트 양면에 마늘 버터를 바르고 장식과 향을 위해 다진 파슬리를 뿌려 오븐에 굽기도 한다.

준비	내용
장비	믹서, 발효기, 오븐
소도구	저울, 온도계, 행주, 계량그릇, 발효팬, 발효비닐, 플라스틱 카드, 스크레이퍼, 밀대, 오븐장갑, 타공팬, 톱칼, 백노루지 틀, 짤주머니, 쿠프용 칼, 분무기, 광목천

(1) 마늘빵 배합표

번호	비율(%)	재료명	무게(g)
1	100	강력분	1200
2	4	생이스트	48
3	1.5	소금	18
4	1	제빵개량제	12
5	20	유산균발효액	240
6	55	물	660
7	20	발효반죽	240
	201.5	합계	2418

마늘토핑 배합표

번호	비율(%)	재료명	무게(g)
1	100	버터	300
2	20	마요네즈	60
3	40	설탕	120
4	15	연유	45
5	15	생크림	45
6	34	간 마늘	102
7	20	달걀	60
8	244	합계	732
	2	파슬리	6

(2) 혼합

전 재료를 믹서에 넣고 저속으로 약 3~5분간 혼합한다. 반죽이 한 덩어리가 되면 중속으로 4분 정도 혼합하여 최종단계까지 약 7~9분간 더 혼합한다. 최종 반죽온도는 27±1℃를 만든다.

✳ 완성품

(3) 1차 발효

발효실 온도 27℃, 상대습도 75%에서 50분 정도 발효한다. 발효 시 발효비닐로 반죽이 마르지 않도록 관리한다. 같은 조건에서 이상적인 발효시간은 90분이 적당하다.

(4) 분할, 둥글리기 및 중간발효

250g으로 분할하고, 반죽의 표면을 매끄럽고 동그랗게 만들어 둥글리기하고 발효비닐 위에 반죽을 놓고 비닐을 덮어 10~15분간 중간발효한다.

(5) 성형 및 패닝

반죽을 손으로 눌러 가스를 빼내고 둥근 막대형(바게트형)으로 성형한 후 패닝한다. 성형과정 중 반죽의 표면이 찢어지지 않도록 주의하면서 작업한다.

(6) 2차 발효

발효실 온도 38℃, 상대습도 85%의 발효실에서 약 40분간 발효하고, 쿠프용 칼을 이용하여 일정한 간격으로 칼집을 내준다.

(7) 굽기

아랫불 온도 160℃, 윗불 온도 180℃로 예열된 오븐에 스팀을 분사하고 약 25분간 굽는다. 굽기 중 껍질색의 상태에 따라 팬의 위치를 바꿔준다.

✳ **실내온도 :** 　　　℃, **밀가루 온도 :** 　　　℃, **사용한 물 온도 :** 　　　℃

혼합시간	1단 　분/ 2단 　분/ 3단 　분	최종반죽온도	℃
반죽의 특성	끈적함 / 건조하고 단단함 / 잘 늘어남 / 탄성이 강함 / 기타(　　　　　　　　　)		

• **중요 포인트**

• **실습 원리**

성공요인	실패요인

• **실패요인 분석 및 개선 방향**

• **공정 및 완제품 사진 첨부**

(8) 식은 빵을 일정한 간격으로 자른 후, 사이사이에 마늘크림을 발라주고 180℃로 예열된 오븐에서 15분간 굽는다.

계량	혼합	1차 발효	분할	중간발효	성형	2차 발효	굽기	냉각
7분	20분	50분	10분	10분	10분	40분	25분	30분
27분		87분(1시간 27분)		107분(1시간 47분)		172분(2시간 52분)		202분(3시간 22분)

Tip ▌ **마늘토핑 만들기**

버터를 제외한 모든 재료를 혼합한 다음 용해버터를 섞어 토핑을 완성한다.

먹물식빵 –스트레이트법

오징어 먹물을 사용한 식빵이다.

준비	내용
장비	믹서, 발효기, 오븐
소도구	저울, 온도계, 행주, 계량그릇, 발효팬, 발효비닐, 플라스틱 카드, 스크레이퍼, 밀대, 오븐장갑, 타공팬, 톱칼, 백노루지 식빵 틀

(1) 먹물식빵 배합표

번호	비율(%)	재료명	무게(g)
1	100	강력분	1500
2	4	생이스트	60
3	6	설탕	90
4	2	소금	30
5	3	탈지분유	45
6	1.4	제빵개량제	21
7	2.8	오징어먹물	42
8	15	유산균발효액	225
9	43	물	645
10	5	달걀	75
11	4	쇼트닝	60
	186.2	합계	2793

(2) 혼합

쇼트닝을 제외한 재료를 믹서에 넣고 저속으로 약 3~5분간 혼합한다. 반죽이 한 덩어리가 되면 중속으로 4분 정도 혼합하여 클린업단계에서 쇼트닝을 넣고 약 7~9분간 혼합한다. 저속에서 호두와 건포도를 혼합한다. 최종반죽온도는 27±1℃를 만든다. 식빵의 식감을 결정하기 위해서는 혼합시간을 줄이거나 늘려 글루텐의 형성 정도를 조절할 필요가 있다.

(3) 1차 발효

발효실 온도 27℃, 상대습도 75%에서 60분 정도 발효한다. 발효 시 발효비닐로 반죽이 마르지 않도록 관리한다. 같은 조건에서 이상적인 발효시간은 90분이 적당하다.

✽ 완성품

(4) 분할, 둥글리기 및 중간발효

450g으로 분할하고, 반죽의 표면을 매끄럽고 동그랗게 만들어 둥글리기하고 발효비닐 위에 반죽을 놓고 비닐을 덮어 10~15분간 중간발효한다.

(5) 성형 및 패닝

반죽을 손으로 눌러 가스를 빼내고 밀대로 밀어퍼 가스빼기를 한다. one-loaf형으로 성형하고 팬길이를 넘지 않도록 주의한다. 틀에 반죽을 넣고 손으로 살짝 눌러 패닝한다. 성형과정 중 반죽의 표면이 찢어지지 않도록 주의하면서 작업한다.

(6) 2차 발효

발효실 온도 38℃, 상대습도 85%의 발효실에서 약 40분간 발효하고, 반죽이 틀 높이 정도로 올라온 상태가 되면 발효가 완료된 시점이다.

✳ **실내온도 :**　　　　　　℃, **밀가루 온도 :**　　　　　　℃, **사용한 물 온도 :**　　　　　℃

혼합시간	1단 분/ 2단 분/ 3단 분	최종반죽온도	℃
반죽의 특성	끈적함 / 건조하고 단단함 / 잘 늘어남 / 탄성이 강함 / 기타( )		

• **중요 포인트**

• **실습 원리**

성공요인	실패요인

• **실패요인 분석 및 개선 방향**

• **공정 및 완제품 사진 첨부**

(7) 굽기

아랫불 온도 180℃, 윗불 온도 180℃의 예열된 오븐에서 약 30분간 굽는다. 굽기 중 팬의 위치를 바꿔준다.

계량	혼합	1차 발효	분할	중간발효	성형	2차 발효	굽기	냉각
12분	20분	60분	10분	10분	10분	40분	30분	30분
32분		102분(1시간 42분)		122분(2시간 02분)		192분(3시간 12분)		222분(3시간 42분)

호두마켓-스트레이트법

호두와 크랜베리를 반죽에 혼합하여 링모양으로 만들거나 스크레이퍼를 사용하여 6~8등분으로 칼집을 내는 성형으로 아몬드크림으로 토핑한 후 굽는 빵이다. 고소한 맛과 토핑의 바삭한 식감을 즐길 수 있다.

준비	내용
장비	믹서, 발효기, 오븐
소도구	저울, 온도계, 행주, 계량그릇, 발효팬, 발효비닐, 플라스틱 카드, 스크레이퍼, 밀대, 오븐장갑, 타공팬, 톱칼, 백노루지

(1) 호두마켓 배합표

번호	비율(%)	재료명	무게(g)
1	70	강력분	700
2	30	잡곡가루	300
3	4	생이스트	40
4	15	설탕	150
5	1.6	소금	16
6	3	탈지분유	30
7	2	제빵개량제	20
8	20	유산균발효액	200
9	45	물	450
10	10	달걀	100
11	15	버터	150
12	30	호두분태	300
13	30	크랜베리	300
	275.6	합계	2756

토핑물 배합표

번호	비율(%)	재료명	무게(g)
1	90	버터	270
2	90	설탕	270
3	120	달걀	360
4	80	아몬드분말	240
5	20	박력분	60
6	5	정종	15
7	65	호두분태	195
	470	합계	1410

2) 혼합

버터, 호두분태와 크랜베리를 제외한 재료를 믹서에

✻ 완성품

넣고 저속으로 약 3~5분간 혼합한다. 반죽이 한 덩어리가 되면 중속으로 4분 정도 혼합하여 클린업단계에서 버터를 넣고 약 7~9분간 혼합한다. 저속에서 호두분태와 크랜베리를 혼합한다. 최종반죽온도는 27±1℃를 만든다.

(3) 1차 발효

발효실 온도 27℃, 상대습도 75%에서 50분 정도 발효한다. 발효 시 발효비닐로 반죽이 마르지 않도록 관리한다. 같은 조건에서 이상적인 발효시간은 90분이 적당하다.

(4) 분할, 둥글리기 및 중간발효

150g으로 분할하고, 반죽의 표면을 매끄럽고 동그랗게 만들어 둥글리기하고 발효비닐 위에 반죽을 놓고 비닐을 덮어 10~15분간 중간발효한다.

(5) 성형 및 패닝

반죽을 손으로 눌러 가스를 빼내고 25~30cm로 늘려 링형(베이글)으로 성형하고 스크레이퍼를 사용하여 6~8등분으로 칼집을 내어 성형한다. 이음매를 정리한 후 패닝한다. 성형과정 중 반죽의 표면이 찢어지지 않도록 주의하면서 작업한다.

(6) 2차 발효

발효실 온도 38℃, 상대습도 85%의 발효실에서 약 40분간 발효하고, 크림토핑을 짠다.

✻ **실내온도 :** ℃, **밀가루 온도 :** ℃, **사용한 물 온도 :** ℃

혼합시간	1단 분/ 2단 분/ 3단 분	최종반죽온도	℃
반죽의 특성	끈적함 / 건조하고 단단함 / 잘 늘어남 / 탄성이 강함 / 기타(		)

• **중요 포인트**

• **실습 원리**

성공요인	실패요인

• **실패요인 분석 및 개선 방향**

• **공정 및 완제품 사진 첨부**

(7) 굽기

아랫불 온도 160℃, 윗불 온도 190℃에서 약 20분간 굽는다. 굽기 중 껍질색의 상태에 따라 팬의 위치를 바꿔준다.

계량	혼합	1차 발효	분할	중간발효	성형	2차 발효	굽기	냉각
13분	20분	50분	10분	10분	10분	40분	20분	30분
33분		93분(1시간 33분)		113분(1시간 53분)		173분(2시간 53분)		203분(3시간 23분)

Tip ▌ 토핑(아몬드크림) 만들기

부드러운 버터를 풀어주고 설탕을 넣어 크림화하면서 달걀을 3~4회 나누어 혼합한다.
체 친 아몬드분말과 박력분을 넣어 혼합하고 정종과 호두분태를 섞어 토핑을 완성한다.

부추빵 –스트레이트법

부추와 삶은 달걀, 마요네즈, 슬라이스 햄을 버무려 충전물로 넣고 타원형으로 성형한 조리빵이다. 든든한 식사용 빵이다. 소를 다양하게 응용할 수 있다.

준비	내용
장비	믹서, 발효기, 오븐
소도구	저울, 온도계, 행주, 계량그릇, 발효팬, 발효비닐, 플라스틱 카드, 스크레이퍼, 밀대, 오븐장갑, 타공팬, 톱칼, 백노루지 헤라, 도마, 칼, 냄비, 부탄가스, 가스버너

(1) 부추빵 배합표

번호	비율(%)	재료명	무게(g)
1	100	강력분	1000
2	4	생이스트	40
3	30	설탕	300
4	1.5	소금	15
5	3	탈지분유	30
6	20	유산균발효액	200
7	20	우유	200
8	10	물	100
9	20	달걀	200
10	40	버터	400
	248.5	합계	2485

충전물 배합표

번호	비율(%)	재료명	무게(g)
1	100	부추	250
2	176	달걀	440
3	120	슬라이스 햄	300
4	60	마요네즈	150
5	0.8	후추	2
6	1.2	소금	3
	458	합계	1145

(2) 혼합

버터를 제외한 재료를 믹서에 넣고 저속으로 약 3~5분간 혼합한다. 반죽이 한 덩어리가 되면 중속으로 4분 정도 혼합하여 클린업단계에 버터를 넣고 발전단계까지 혼합한다. 최종반죽온도는 27±1℃를 만든다.

✱ 완성품

(3) 1차 발효

발효실 온도 27℃, 상대습도 75%에서 50분 정도 발효한다. 발효 시 발효비닐로 반죽이 마르지 않도록 관리한다. 같은 조건에서 이상적인 발효시간은 90분이 적당하다.

(4) 분할, 둥글리기 및 중간발효

60g으로 분할하고, 반죽의 표면을 매끄럽고 동그랗게 만들어 둥글리기하고 발효비닐 위에 반죽을 놓고 비닐을 덮어 10~15분간 중간발효한다.

(5) 성형 및 패닝

반죽을 손으로 눌러 가스를 빼내고 충전물 25g을 싸고 타원형으로 성형해서 패닝한다. 성형과정 중 반죽의 표면이 찢어지지 않도록 주의하면서 작업한다. 달걀물을 바르고 사선으로 일정하게 칼집을 낸 다음 깨를 뿌린다.

(6) 2차 발효

발효실 온도 38℃, 상대습도 85%의 발효실에서 약 40분간 발효한다.

(7) 굽기

아랫불 온도 150℃, 윗불 온도 180℃에서 약 15분간

※ **실내온도 :** ℃, **밀가루 온도 :** ℃, **사용한 물 온도 :** ℃

혼합시간	1단 분/ 2단 분/ 3단 분	최종반죽온도	℃
반죽의 특성	끈적함 / 건조하고 단단함 / 잘 늘어남 / 탄성이 강함 / 기타( )		

• 중요 포인트

• 실습 원리

성공요인	실패요인

• 실패요인 분석 및 개선 방향

• 공정 및 완제품 사진 첨부

굽는다. 굽기 중 껍질색의 상태에 따라 팬의 위치를 바꿔준다.

계량	혼합	1차 발효	분할	중간발효	성형	2차 발효	굽기	냉각
11분	20분	50분	10분	10분	10분	40분	15분	30분
31분		91분(1시간 31분)		111분(1시간 51분)		166분(2시간 46분)		196분(3시간 16분)

Tip ▌ 부추 충전물 만들기

일정한 간격으로 자른 부추를 준비하고 삶은 달걀을 으깬다. 작은 큐브형태로 자른 햄과 모두 섞는다. 이때 소금, 마요네즈로 간을 한다.

세사미 프로마주_스트레이트법

검은깨가 반죽에 들어가 씹을 때마다 고소한 것이 특징이다. 충전물로 크림치즈, 피자치즈, 반죽에 롤치즈 등이 들어가 다양한 치즈맛도 함께 느낄 수 있는 검은깨 치즈빵이다.

준비	내용
장비	믹서, 발효기, 오븐
소도구	저울, 온도계, 행주, 계량그릇, 발효팬, 발효비닐, 플라스틱 카드, 스크레이퍼, 밀대, 오븐장갑, 타공팬, 톱칼, 백노루지

(1) 세사미 프로마주 배합표

번호	비율(%)	재료명	무게(g)
1	100	강력분	1000
2	3	생이스트	30
3	4	설탕	40
4	1	소금	10
5	1.5	제빵개량제	15
6	20	유산균발효액	200
7	60	우유	600
8	10	버터	100
9	6	검은깨	60
10	16	롤치즈	160
	221.5	합계	2215

충전물 배합표

번호	비율(%)	재료명	무게(g)
1	100	크림치즈	700
2	70	피자치즈	490
3	3	레몬즙	21
	173	합계	1211

토핑물 배합표

번호	비율(%)	재료명	무게(g)
1	100	슬라이스 아몬드	180

(2) 혼합

버터, 검은깨와 롤치즈를 제외한 재료를 믹서에 넣고

✽ 완성품

저속으로 약 3~5분간 혼합한다. 반죽이 한 덩어리가 되면 중속으로 4분 정도 혼합하여 클린업단계에 버터를 넣고 약 7~9분간 혼합한다. 저속에서 검은깨와 롤치즈를 혼합한다. 최종반죽온도는 27±1℃를 만든다.

(3) 1차 발효

발효실 온도 27℃, 상대습도 75%에서 50분 정도 발효한다. 발효 시 발효비닐로 반죽이 마르지 않도록 관리한다. 같은 조건에서 이상적인 발효시간은 90분이 적당하다.

(4) 분할, 둥글리기 및 중간발효

60g으로 분할하고, 반죽의 표면을 매끄럽고 동그랗게 만들어 둥글리기하고 발효비닐 위에 반죽을 놓고 비닐을 덮어 10~15분간 중간발효한다.

(5) 성형 및 패닝

반죽을 손으로 눌러 가스를 빼내고 충전물 30g을 싸고 둥글리기한 다음 달걀물을 바른다. 누르듯이 아몬드 슬라이스를 묻혀 패닝한다. 성형과정 중 반죽의 표면이 찢어지지 않도록 주의하면서 작업한다.

(6) 2차 발효

발효실 온도 38℃, 상대습도 85%의 발효실에서 약 40분간 발효한다.

✳ **실내온도 :**　　　　　　℃, **밀가루 온도 :**　　　　　　℃, **사용한 물 온도 :**　　　　　　℃

혼합시간	1단	분/ 2단	분/ 3단	분	최종반죽온도	℃
반죽의 특성	끈적함 / 건조하고 단단함 / 잘 늘어남 / 탄성이 강함 / 기타(					)

● **중요 포인트**

● **실습 원리**

성공요인	실패요인

● **실패요인 분석 및 개선 방향**

● **공정 및 완제품 사진 첨부**

(7) 굽기

아랫불 온도 160℃, 윗불 온도 190℃에서 약 20분간 굽는다. 굽기 중 껍질색의 상태에 따라 팬의 위치를 바꿔준다.

계량	혼합	1차 발효	분할	중간발효	성형	2차 발효	굽기	냉각
11분	20분	50분	10분	10분	10분	40분	20분	30분
31분		91분(1시간 31분)		111분(1시간 51분)		171분(2시간 51분)		201분(3시간 21분)

무지방 사워소프트 브레드(Fat free sour soft bread)—스트레이트법

제빵용 지방대체제를 이용한 무지방 빵에 유산균(비피더스)발효액을 넣어 장관면역증진효과가 있으며 지방이 함유되어 있지 않은 저칼로리 식빵이다.

준비	내용
장비	믹서, 발효기, 오븐, 버너
소도구	온도계, 행주, 저울, 그릇, 나무판, 스크레이퍼, 카드, 밀대, 풀만식빵 틀, 스프레드용 오일, 오일행주, 오븐장갑, 타공팬, 랙, 톱칼, 포장지

(1) 무지방 사워소프트 브레드 배합표

번호	비율(%)	재료명	무게(g)
1	100	강력분	1000
2	2	소금	20
3	7	설탕	70
4	4	생이스트	40
5	3.5	지방대체제	35
6	6	달걀	60
7	30	비피더스발효액	300
8	47	물	470
	199.5	합계	1,995

(2) 혼합

모든 재료를 믹싱볼에 넣어 혼합한다 반죽이 한 덩어리가 되면 중속으로 혼합하여 27℃의 반죽형성중기단계의 반죽을 만든다.

(3) 1차 발효

온도 27℃, 상대습도 75%에서 90분간 1차 발효한다.

(4) 분할, 둥글리기 및 중간발효

180g으로 분할하고, 반죽의 표면을 매끄럽고 동그랗게 만들어 둥글리기하고 나무판 위에 반죽을 놓고 비닐을 덮어 10분간 중간발효한다.

(5) 성형 및 패닝

반죽을 손으로 눌러 가스를 빼내고 밀대로 밀어펴 가스빼기를 한다.
밀어편 반죽을 3겹접기하고 한쪽 면부터 반죽을 말아 단단한 원통모양으로 성형한다. 이때 반죽의 표면이 찢어지면 안 된다.

✽ 완성품

성형된 반죽 3개를 풀만식빵 틀에 알맞은 간격으로 배열하고 손으로 살짝 눌러준다.

(6) 2차 발효

온도 38℃, 상대습도 85%의 발효실에 약 50분간 2차 발효시키며 반죽이 틀 높이보다 1cm 정도로 올라온 상태가 되면 2차 발효완료 시점이다.

(7) 굽기

아랫불 190℃, 윗불 170℃의 예열된 오븐에 약 25분간 굽는다. 굽기 중 껍질색의 상태에 따라 팬의 위치를 바꿔준다.

✻ **실내온도 :** ℃, **밀가루 온도 :** ℃, **사용한 물 온도 :** ℃

혼합시간	1단	분/ 2단	분/ 3단	분	최종반죽온도	℃
반죽의 특성	끈적함 / 건조하고 단단함 / 잘 늘어남 / 탄성이 강함 / 기타(					)

● **중요 포인트**

● **실습 원리**

성공요인	실패요인

● **실패요인 분석 및 개선 방향**

● **공정 및 완제품 사진 첨부**

계량	혼합	1차 발효	분할	중간발효	성형	2차 발효	굽기	냉각
8분	20분	90분	10분	10분	10분	50분	25분	30분
28분		128분(2시간 08분)		148분(2시간 28분)		223분(3시간 43분)		253분(4시간 13분)

무지방 멀티그레인 사워브레드(Non fat multi–grain sour bread)—스트레이트법

제빵용 지방대체제, 유산균(비피더스)발효액과 멀티그레인을 첨가해서 섬유소가 보강되어 장관면역증진효과가더욱 향상되고 업그레이드된 무지방 식빵이다.

준비	내용
장비	믹서, 발효기, 오븐, 버너
소도구	온도계, 행주, 저울, 그릇, 나무판, 스크레이퍼, 카드, 밀대, 풀만식빵 틀, 스프레드용 오일, 오일 행주, 오븐장갑, 타공팬, 랙, 톱칼, 포장지

(1) 무지방 멀티그레인 사워브레드 배합표

번호	비율(%)	재료명	무게(g)
1	80	강력분	960
2	20	멀티그레인	240
3	1.6	소금	19.2
4	8	설탕	96
5	4	생이스트	48
6	4	지방대체제	48
7	6	달걀	72
8	15	비피더스발효액	180
9	46	물	552
	184.6	합계	2,215.2

(2) 혼합

모든 재료를 믹싱볼에 넣어 혼합한다 반죽이 한 덩어리가 되면 중속으로 혼합하여 27℃의 반죽형성중기단계의 반죽을 만든다.

(3) 1차 발효

온도 27℃, 상대습도 75%에서 90분간 1차 발효한다.

(4) 분할, 둥글리기 및 중간발효

180g으로 분할하고, 반죽의 표면을 매끄럽고 동그랗게 만들어 둥글리기하고 나무판 위에 반죽을 놓고비닐을 덮어 10분간 중간발효한다.

(5) 성형 및 패닝

반죽을 손으로 눌러 가스를 빼내고 밀대로 밀어펴가스빼기를 한다.

밀어편 반죽을 3겹접기하고 한쪽 면부터 반죽을 말

✳ 완성품

아 단단한 원통모양으로 성형한다. 이때 반죽의 표면이 찢어지면 안 된다.

성형된 반죽 3개를 풀만식빵 틀에 알맞은 간격으로배열하고 손으로 살짝 눌러준다.

(6) 2차 발효

온도 38℃, 상대습도 85%의 발효실에서 약 50분간 2차 발효시키며 반죽이 틀 높이보다 1cm 정도로 올라온 상태가 되면 2차 발효완료 시점이다.

(7) 굽기

아랫불 190℃, 윗불 170℃의 예열된 오븐에 약 25분간굽는다. 굽기 중 껍질색의 상태에 따라 팬의 위치를바꿔준다.

✱ **실내온도 :** ℃, **밀가루 온도 :** ℃, **사용한 물 온도 :** ℃

혼합시간	1단 분/ 2단 분/ 3단 분	최종반죽온도	℃
반죽의 특성	끈적함 / 건조하고 단단함 / 잘 늘어남 / 탄성이 강함 / 기타( )		

• **중요 포인트**

• **실습 원리**

성공요인	실패요인

• **실패요인 분석 및 개선 방향**

• **공정 및 완제품 사진 첨부**

계량	혼합	1차 발효	분할	중간발효	성형	2차 발효	굽기	냉각
8분	20분	90분	10분	10분	10분	50분	25분	30분
28분		128분(2시간 08분)		148분(2시간 28분)		223분(3시간 43분)		253분(4시간 13분)

무지방 비피더스 오디브레드(Non fat bifidus mulberry bread)—스트레이트법

제빵용 지방대체제, 유산균(비피더스)발효액과 오디파우더를 첨가한 업그레이드된 무지방 식빵이다.

준비	내용
장비	믹서, 발효기, 오븐, 버너
소도구	온도계, 행주, 저울, 그릇, 나무판, 스크레이퍼, 카드, 밀대, 풀만식빵 틀, 스프레드용 오일, 오일 행주, 오븐장갑, 타공팬, 랙, 톱칼, 포장지

(1) 무지방 비피더스 오디브레드 배합표

번호	비율(%)	재료명	무게(g)
1	100	강력분	1200
2	2	소금	24
3	7	설탕	84
4	4	생이스트	48
5	3.5	지방대체제	42
6	6	달걀	72
7	10	비피더스발효액	120
8	50	물	600
9	3	오디파우더	36
	185.5	합계	2,226

(2) 혼합

모든 재료를 믹싱볼에 넣어 혼합한다 반죽이 한 덩어리가 되면 중속으로 혼합하여 27℃의 반죽형성중기단계의 반죽을 만든다.

(3) 1차 발효

온도 27℃, 상대습도 75%에서 90분간 1차 발효한다.

(4) 분할, 둥글리기 및 중간발효

180g으로 분할하고, 반죽의 표면을 매끄럽고 동그랗게 만들어 둥글리기하고 나무판 위에 반죽을 놓고 비닐을 덮어 10분간 중간발효한다.

(5) 성형 및 패닝

반죽을 손으로 눌러 가스를 빼내고 밀대로 밀어펴 가스빼기를 한다.

밀어편 반죽을 3겹접기하고 한쪽 면부터 반죽을 말아 단단한 원통모양으로 성형한다. 이때 반죽의 표면

✽ 완성품

이 찢어지면 안 된다.

성형된 반죽 3개를 풀만식빵 틀에 알맞은 간격으로 배열하고 손으로 살짝 눌러준다.

(6) 2차 발효

온도 38℃, 상대습도 85%의 발효실에서 약 50분간 2차 발효시키며 반죽이 틀 높이보다 1cm 정도로 올라온 상태가 되면 2차 발효완료 시점이다.

(7) 굽기

아랫불 190℃, 윗불 170℃의 예열된 오븐에 약 25분간 굽는다. 굽기 중 껍질색의 상태에 따라 팬의 위치를 바꿔준다.

✳ **실내온도 :**   ℃, **밀가루 온도 :**   ℃, **사용한 물 온도 :**   ℃

혼합시간	1단	분/ 2단	분/ 3단	분	최종반죽온도	℃
반죽의 특성	끈적함 / 건조하고 단단함 / 잘 늘어남 / 탄성이 강함 / 기타(					)

• **중요 포인트**

• **실습 원리**

성공요인	실패요인

• **실패요인 분석 및 개선 방향**

• **공정 및 완제품 사진 첨부**

계량	혼합	1차 발효	분할	중간발효	성형	2차 발효	굽기	냉각
8분	20분	90분	10분	10분	10분	50분	25분	30분
28분		128분(2시간 08분)		148분(2시간 28분)		223분(3시간 43분)		253분(4시간 13분)

MEMO

Tip ┃ 발효반죽 만드는 방법

발효반죽은 바게트 배합과 동일하다. 하지만 27℃의 상온에서 가스빼기를 반복하며 약 5시간 이상 발효한 다음 냉장고에 보관한다. 7~10일 정도 하루에 4시간 이상을 상온발효와 가스빼기를 반복하여 실시하고 냉장고에 보관해야 한다.

반죽의 최종상태는 윤기가 나며 탄력적인 상태로 시큼한 향이 강한 반죽이 바람직한 발효반죽이다.

발효반죽은 스펀지와는 다른 의미이며, 반죽 혼합과 발효 시 반죽의 산도를 낮추는 특징이 있다. 따라서 반죽의 흡수율은 높아지고 풍미가 향상되어 더욱 탄력 있는 반죽으로 만들기 위한 방법이다.

바게트 I-Pain français(Pain blanc)

프랑스의 대표적인 빵으로 빵 프랑세 또는 빵 블랑이라 불린다. 겉은 날렵하고 멋지지만 빵 속은 기공이 불규칙하면서 쫄깃한 특성이 있으며 특유의 향이 있는 빵이다. PA방식으로 정통 바게트를 만드는 방법이다.

준비	내용
장비	믹서, 발효기, 오븐, 버너
소도구	온도계, 행주, 저울, 그릇, 나무판, 스크레이퍼, 카드, 밀대, 붓, 사인용 칼, 평철판, 스프레드용 오일, 오일행주, 오븐장갑, 타공팬, 랙, 톱칼, 포장지

(1) 바게트 배합표

번호	비율(%)	재료명	무게(g)
1	100	강력분(T55)	1000
2	2	소금	20
3	3	생이스트	30
4	72	물	720
5	10	발효반죽	100
	187	합계	1,870

(2) 혼합

혼합 정도 : P.A(68℃)

전 재료를 믹싱볼에 넣고 1단으로 약 5분간 혼합, 2단에서 약 7분간 혼합한다. 반죽온도는 24~25℃로 한다.

(3) 1차 발효

반죽을 둥글리기하고 덧가루 뿌린 나무판 위에 반죽을 올려놓고 비닐을 덮어 표면이 마르지 않도록 조치를 취한다.

27℃ 정도의 상온에서 1시간 발효하고 반죽을 작업대 위에 놓고 가스빼기한다. 가스뺀 반죽을 둥글리기하고 1시간 발효한다.

(4) 분할, 둥글리기 및 중간발효

반죽을 350g으로 분할하고 타원형으로 둥글리기한다. 나무판 위에 덧가루를 뿌리고 반죽 간에 적당한 간격을 두어 가지런히 놓고 반죽이 마르지 않도록 비닐 등으로 덮어준다. 약 20분 정도 중간발효한다.

✳ 완성품

✳ 공정

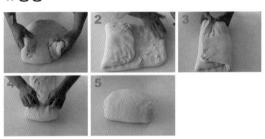

(5) 성형 및 패닝

작업대 위에 반죽을 올려놓고 손으로 가볍게 두들겨 반죽의 가스를 빼고 납작한 타원형으로 만든다. 반죽을 절반 정도 접어 붙여주고, 반대편의 반죽도 절반 정도를 접어 붙여준다. 반죽의 위쪽부터 한쪽 방향으로 접는 공정을 반복하여 약 58~62cm 정도의 탄력 있고 균형 잡힌 긴 막대모양으로 성형한다. 성형한 반죽은 덧가루를 충분히 뿌린 대마천 위에 올린다. 천을 접어 반죽끼리 달라붙지 않고 서로 의지하며 모양을 유지할 수 있도록 담을 만들어 패닝한다. 반죽이 마르지 않도록 비닐이나 대마천을 덮어준다.

(6) 2차 발효

약 27℃ 정도의 상온에서 약 90분 정도 2차 발효시킨다.

✴ **실내온도 :**   ℃, **밀가루 온도 :**   ℃, **사용한 물 온도 :**   ℃

혼합시간	1단	분/ 2단	분/ 3단	분	최종반죽온도	℃
반죽의 특성	끈적함 / 건조하고 단단함 / 잘 늘어남 / 탄성이 강함 / 기타( )					

• **중요 포인트**

• **실습 원리**

성공요인	실패요인

• **실패요인 분석 및 개선 방향**

• **공정 및 완제품 사진 첨부**

(7) 굽기

굽기 전 스팀이 가능한 데크오븐을 250℃ 정도로 예열시키고 굽기 직전 반죽을 캔버스나 나무판 위에 올린다. 사인용 칼(signature knife)로 약 4~5회 정도 일정한 간격의 칼집을 사선으로 내주고 스팀을 약간 분사한 뒤 오븐에 넣어 다시 스팀을 넣고 약 20분간 굽는다.

• 대리석 오븐이 없을 경우 실패드를 이용하여 실패드 위에 반죽을 올리고 굽는다.

계량	혼합	1차 발효	분할	중간발효	성형	2차 발효	굽기	냉각
5분	20분	130분	10분	20분	20분	90분	20분	20분
25분		165분(2시간 45분)		205분(3시간 25분)		315분(5시간 15분)		335분(5시간 35분)

바게트 II-Pain français(Pain blanc)

바게트 만드는 방법 중 비상반죽법으로 볼 수 있다. 1차 발효가 짧은 대신 2차 발효가 상당히 긴 반죽법으로 반죽 시 혼합시간이 긴 것이 특징이다. P.I방식으로 P.A방식보다 발효향이 부족한 특징이 있다.

준비	내용
장비	믹서, 발효기, 오븐, 버너
소도구	온도계, 행주, 저울, 그릇, 나무판, 스크레이퍼, 카드, 밀대, 붓, 사인용 칼, 평철판, 스프레드용 오일, 오일행주, 오븐장갑, 타공팬, 랙, 톱칼, 포장지

(1) 바게트 배합표

번호	비율(%)	재료명	무게(g)
1	100	강력분(T55)	1000
2	2	소금	20
3	3	생이스트	30
4	68	물	680
5	20	발효반죽	200
	193	합계	1,930

(2) 혼합

혼합 정도 : P.I(52℃)
전 재료를 믹싱볼에 넣고 1단으로 약 5분간 혼합, 2단에서 약 9분간 혼합한다. 반죽온도는 24~25℃로 한다.

(3) 1차 발효

반죽을 둥글리기하고 덧가루 뿌린 나무판 위에 반죽을 올려놓고 비닐을 덮어 표면이 마르지 않도록 조치를 취한다.
약 27℃ 정도의 상온에서 15분간 발효한다.

(4) 분할, 둥글리기 및 중간발효

반죽을 350g으로 분할하고 타원형으로 둥글리기한다. 나무판 위에 덧가루를 뿌리고 반죽 간에 적당한 간격을 두어 가지런히 놓고 반죽이 마르지 않도록 비닐 등으로 덮어준다. 약 30분 정도 중간발효한다.

❋ 완성품

❋ 공정

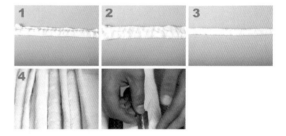

(5) 성형 및 패닝

작업대 위에 반죽을 올려놓고 손으로 가볍게 두들겨 반죽의 가스를 빼고 납작한 타원형으로 만든다. 반죽을 절반 정도 접어 붙여주고, 반대편의 반죽도 절반 정도를 접어 붙여준다. 반죽의 위쪽부터 한쪽 방향으로 접는 공정을 반복하여 약 58~62cm 정도의 탄력 있고 균형 잡힌 긴 막대모양으로 성형한다. 성형한 반죽은 덧가루를 충분히 뿌린 대마천 위에 올린다. 천을 접어 반죽끼리 달라붙지 않고 서로 의지하며 모양을 유지할 수 있도록 담을 만들고 패닝한다. 반죽이 마르지 않도록 비닐이나 대마천을 덮어준다.

(6) 2차 발효

약 27℃ 정도의 상온에서 약 120분 정도 2차 발효시킨다.

✻ **실내온도 :** ℃, **밀가루 온도 :** ℃, **사용한 물 온도 :** ℃

혼합시간	1단	분/ 2단	분/ 3단	분	최종반죽온도		℃
반죽의 특성	끈적함 / 건조하고 단단함 / 잘 늘어남 / 탄성이 강함 / 기타(					)	

● **중요 포인트**

● **실습 원리**

성공요인	실패요인

● **실패요인 분석 및 개선 방향**

● **공정 및 완제품 사진 첨부**

(7) 굽기

굽기 전 스팀이 가능한 데크오븐을 250℃ 정도로 예열시킨다. 반죽을 캔버스나 나무판 위에 올리고 칼을 이용하여 약 4~5회 정도 일정한 간격의 칼집을 내준다. 약간의 스팀을 분사하고 오븐에 넣어 다시 스팀을 충분히 분사하여 20분간 굽는다.

● 대리석 오븐이 없을 경우 실패드를 이용하여 실패드 위에 반죽을 올리고 굽는다.

계량	혼합	1차 발효	분할	중간발효	성형	2차 발효	굽기	냉각
5분	20분	15분	10분	30분	20분	120분	20분	20분
25분		50분		100분(1시간 40분)		240분(4시간)		260분(4시간 20분)

빵드 깡파뉴(Pain de campagne)

프랑스의 전통적인 시골빵으로 배합에 호밀가루가 약간 들어가는 제품이다. 바게트와 함께 프랑스빵을 대표하는 빵이다.

준비	내용
장비	믹서, 발효기, 오븐, 버너
소도구	온도계, 행주, 저울, 그릇, 나무판, 스크레이퍼, 카드, 밀대, 붓, 사인용 칼, 평철판, 스프레드용 오일, 오일행주, 오븐장갑, 타공팬, 랙, 톱칼, 포장지

(1) 빵드 깡파뉴 배합표

번호	비율(%)	재료명	무게(g)
1	100	강력분(T65)	1000
2	10	호밀가루	100
3	1	생이스트	10
4	2	소금	20
5	40	발효반죽	400
6	70	물	700
	223	합계	2,230

(2) 혼합

혼합 정도 : P.A(68℃)
전 재료를 믹싱볼에 넣고 1단으로 약 5분간 혼합하고 2단에서 약 7분간 혼합한다. 반죽온도는 24~25℃로 한다.

(3) 1차 발효

반죽을 둥글리기하고 덧가루 뿌린 나무판 위에 반죽을 올린다. 비닐을 덮어 표면이 마르지 않도록 조치를 취한다. 약 27℃ 정도의 상온에서 90분간 발효한다.

(4) 분할, 둥글리기 및 중간발효

반죽을 440g으로 분할하고 원형으로 둥글리기한다. 덧가루 뿌린 나무판 위에 반죽을 적당한 간격을 놓고 비닐 등으로 덮어준다. 약 20분 정도 중간발효한다.

✳ 완성품

✳ 공정

(5) 성형 및 패닝

원형 반죽을 눌러 가스를 빼주고 절반 정도 접어 붙이고 반대편 반죽의 절반 정도를 접는다. 반죽을 한쪽 방향으로 2회 정도 반복하여 접어 붙이면서 약 25~30cm 정도의 탄력 있고 균형 잡힌 보트모양 또는 고구마모양으로 성형한다.

성형한 반죽은 덧가루를 충분히 뿌린 대마천 위에 올린다. 천을 접어 반죽끼리 달라붙지 않고 서로 의지하며 모양을 유지할 수 있도록 담을 만들고 패닝한다. 반죽이 마르지 않도록 비닐이나 대마천을 덮어준다.

✳ **실내온도 :** ℃, **밀가루 온도 :** ℃, **사용한 물 온도 :** ℃

혼합시간	1단 분/ 2단 분/ 3단 분	최종반죽온도	℃
반죽의 특성	끈적함 / 건조하고 단단함 / 잘 늘어남 / 탄성이 강함 / 기타( )		

● **중요 포인트**

　

● **실습 원리**

　

성공요인	실패요인

● **실패요인 분석 및 개선 방향**

　

● **공정 및 완제품 사진 첨부**

　

(6) 2차 발효

약 27℃ 정도의 상온에서 약 90분 정도 2차 발효시킨다.

(7) 굽기

스팀이 가능한 데크오븐을 220℃ 정도로 예열시킨다. 반죽 위에 체를 이용하여 밀가루를 뿌리고 칼집을 길게 한번 내준다. 약간의 스팀을 분사하고 오븐에 넣어 다시 스팀을 충분히 분사하여 40분간 굽는다.

● 대리석 오븐이 없을 경우 실패드를 이용하여 실패드 위에 반죽을 올리고 굽는다.

계량	혼합	1차 발효	분할	중간발효	성형	2차 발효	굽기	냉각
5분	10분	90분	10분	20분	20분	90분	30분	20분
15분		115분(1시간 55분)		155분(2시간 35분)		275분(4시간 35분)		295분(4시간 55분)

빵 꽁쁠레 (Pain complet)

프랑스식 통밀빵으로 꽁쁠레는 전부라는 뜻을 가지고 있다. 밀을 통째로 갈아서 만든 빵이라는 뜻으로 통밀의 고소함과 식이섬유가 풍부하여 대장활동을 촉진하는 기능성 제품이다.

준비	내용
장비	믹서, 발효기, 오븐, 버너
소도구	온도계, 행주, 저울, 그릇, 나무판, 스크레이퍼, 카드, 밀대, 붓, 사인용 칼, 평철판, 스프레드용 오일, 오일행주, 오븐장갑, 타공팬, 랙, 톱칼, 포장지

(1) 빵 꽁쁠레 배합표

번호	비율(%)	재료명	무게(g)
1	100	통밀가루(T150)	1000
2	2	소금	20
3	2	생이스트	20
4	70	물	700
	174	합계	1,740

(2) 혼합

혼합 정도 : P.A(68℃)

전 재료를 믹싱볼에 넣고 1단으로 약 5분간 혼합하고 2단에서 약 5분간 혼합한다. 반죽온도는 24~25℃로 한다.

(3) 1차 발효

반죽을 둥글리기하고 덧가루 뿌린 나무판 위에 반죽을 올려놓고 비닐을 덮어 표면이 마르지 않도록 조치를 취하고 27℃ 정도의 상온에서 90분간 발효한다.

(4) 분할, 둥글리기 및 중간발효

반죽을 350g으로 분할하고 반죽의 표면이 찢어지지 않도록 조심하면서 둥글리기한다. 덧가루 뿌린 나무판 위에 적당한 간격으로 반죽을 올려놓고 반죽이 마르지 않도록 비닐을 덮어 약 15분 정도 중간발효한다.

✱ 완성품

✱ 공정

(5) 성형 및 패닝

작업대 위에 반죽을 올려 동그란 공모양으로 성형하고 성형된 반죽에 밀가루를 체로 친 다음 칼집을 만들어 모양을 낸다.

(6) 2차 발효

약 27℃ 정도의 밀폐된 공간에서 약 30~45분간 발효한다.

(7) 굽기

스팀 가능한 데크오븐을 220℃ 정도로 예열한다. 약간의 스팀을 분사하고 오븐에 넣어 다시 스팀을 충분

✱ **실내온도 :** ℃, **밀가루 온도 :** ℃, **사용한 물 온도 :** ℃

혼합시간	1단 분/ 2단 분/ 3단 분	최종반죽온도	℃
반죽의 특성	끈적함 / 건조하고 단단함 / 잘 늘어남 / 탄성이 강함 / 기타( )		

• **중요 포인트**

• **실습 원리**

성공요인	실패요인

• **실패요인 분석 및 개선 방향**

• **공정 및 완제품 사진 첨부**

히 분사하여 20분간 굽는다.

계량	혼합	1차 발효	분할	중간발효	성형	2차 발효	굽기	냉각
5분	10분	90분	10분	15분	20분	45분	25분	20분
15분		125분(2시간 05분)		160분(2시간 30분)		230분(3시간 50분)		250분(4시간10분)

빵 오 송(Pain au son)

밀기울이 들어간 빵으로 통밀빵보다 식이섬유소의 함량이 높아 건강에 이로운 빵이다. 일반적으로 크리스마스 시즌에 주로 홍합 등과 같은 어패류와 함께 먹는다.

준비	내용
장비	믹서, 발효기, 오븐, 버너 ·
소도구	온도계, 행주, 저울, 그릇, 나무판, 스크레이퍼, 카드, 밀대, 붓, 사인용 칼, 평철판, 스프레드용 오일, 오일행주, 오븐장갑, 타공팬, 랙, 톱칼, 포장지

(1) 빵 오 송 배합표

번호	비율(%)	재료명	무게(g)
1	100	강력분(T65)	1000
2	20	밀기울(son de blé)	200
3	2.5	소금	25
4	2.5	생이스트	25
5	20	발효반죽	200
6	80	물	800
	225	합계	2,250

(2) 혼합

혼합 정도 : P.A(68℃)
전 재료를 믹싱볼에 넣고 1단으로 약 5분간 혼합하고 2단에서 약 7분간 혼합한다. 반죽온도는 24~25℃로 한다.

(3) 1차 발효

반죽을 둥글리기하고 덧가루 뿌린 나무판 위에 반죽을 올려놓고 비닐을 덮어 표면이 마르지 않도록 조치를 취한다.
약 27℃ 정도의 상온에서 45분간 발효한다.

(4) 분할, 둥글리기 및 중간발효

반죽을 440g으로 분할하고 반죽의 표면이 찢어지지 않도록 조심하면서 둥글리기한다. 덧가루 뿌린 나무판 위에 적당한 간격으로 반죽을 올려놓고 반죽이 마르지 않도록 비닐을 덮어 약 15분 정도 중간발효한다.

✳ 완성품

✳ 공정

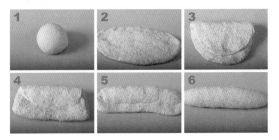

(5) 성형 및 패닝

중간발효가 끝나면 반죽을 고구마 모양으로 성형하고 반죽에 밀기울을 묻힌다. 밀기울이 묻은 반죽의 윗면에 칼집을 약 5~7개 정도 만들어 럭비공 모양을 낸다.

(6) 2차 발효

약 27℃ 정도의 밀폐된 공간에서 60분간 발효한다.

(7) 굽기

스팀 가능한 데크오븐을 220℃ 정도로 예열한다. 약간의 스팀을 분사하고 오븐에 넣어 다시 스팀을 충분히 분사하여 30분간 굽는다.

＊ **실내온도 :**   ℃, **밀가루 온도 :**   ℃, **사용한 물 온도 :**   ℃

혼합시간	1단 분/ 2단 분/ 3단 분	최종반죽온도	℃
반죽의 특성	끈적함 / 건조하고 단단함 / 잘 늘어남 / 탄성이 강함 / 기타( )		

• **중요 포인트**

• **실습 원리**

성공요인	실패요인

• **실패요인 분석 및 개선 방향**

• **공정 및 완제품 사진 첨부**

계량	혼합	1차 발효	분할	중간발효	성형	2차 발효	굽기	냉각
5분	10분	45분	10분	15분	20분	60분	30분	20분
15분		71분(1시간 10분)		105분(1시간 45분)		195분(3시간 15분)		215분(3시간 35분)

빵 드 세이글(Pain de seigle)

전통적인 호밀빵으로 일명 흑빵이라 한다. 거의 대부분 호밀가루로 만들기 때문에 호밀 특유의 향과 맛이 일품이다.

준비	내용
장비	믹서, 발효기, 오븐, 버너
소도구	온도계, 행주, 저울, 그릇, 나무판, 스크레이퍼, 카드, 밀대, 붓, 사인용 칼, 평철판, 스프레드용 오일, 오일행주, 오븐장갑, 타공팬, 랙, 톱칼, 포장지

(1) 빵 드 세이글 배합표

번호	비율(%)	재료명	무게(g)
1	10	강력분(T65)	100
2	90	호밀가루(T170)	900
3	2	소금	20
4	1	생이스트	10
5	80	발효반죽	800
6	70	물	700
	253	합계	2,530

(2) 혼합

혼합 정도 : P.V.L(70℃)

모든 재료를 믹싱볼에 넣고 1단으로 약 15~20분간 반죽한다. 반죽온도는 24~25℃로 한다.

(3) 1차 발효

반죽을 둥글리기하고 덧가루 뿌린 나무판 위에 반죽을 올려놓는다. 비닐을 덮어 표면이 마르지 않도록 조치를 취하고 27℃ 정도의 상온에서 90분간 발효한다.

(4) 분할, 둥글리기 및 중간발효

반죽을 350g으로 분할하고 반죽의 표면이 찢어지지 않도록 조심하면서 둥글리기한다. 덧가루 뿌린 나무판 위에 적당한 간격으로 반죽을 올린다. 반죽이 마르지 않도록 비닐을 덮어 25분간 중간발효한다.

(5) 성형 및 패닝

중간발효가 끝나면 반죽의 가스를 빼면서 동그란 공 모양으로 성형하고 덧가루 뿌린 대마천 위에 올려놓

✽ 완성품

✽ 공정

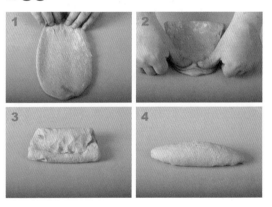

는다.

(6) 2차 발효

27℃ 정도의 상온에서 반죽이 마르지 않도록 60분간 발효한다.

(7) 굽기

스팀 가능한 데크오븐을 220℃ 정도로 예열한다. 약간의 스팀을 분사하고 오븐에 넣어 다시 스팀을 충분히 분사하여 30분간 굽는다.

✱ 실내온도 :   ℃, 밀가루 온도 :   ℃, 사용한 물 온도 :   ℃

혼합시간	1단	분/ 2단	분/ 3단	분	최종반죽온도	℃
반죽의 특성	끈적함 / 건조하고 단단함 / 잘 늘어남 / 탄성이 강함 / 기타(					)

● 중요 포인트

● 실습 원리

성공요인	실패요인

● 실패요인 분석 및 개선 방향

● 공정 및 완제품 사진 첨부

계량	혼합	1차 발효	분할	중간발효	성형	2차 발효	굽기	냉각
5분	20분	90분	10분	25분	20분	60분	30분	20분
25분		125분(2시간 05분)		170분(2시간 50분)		260분(4시간 20분)		280분(4시간 40분)

뺑 드 메떼이 (Pain de méteil)

호밀가루와 밀가루가 50:50으로 절반씩 들어 있어 절반 이라는 뜻의 메테이(Méteil) 빵이다. 배합상에는 밀가루가 20%이지만 발효반죽의 60%는 밀가루이므로 80%의 밀가루와 80%의 호밀가루가 절반씩 들어 있음을 의미한다.

준비	내용
장비	믹서, 발효기, 오븐, 버너
소도구	온도계, 행주, 저울, 그릇, 나무판, 스크레이퍼, 카드, 밀대, 붓, 사인용 칼, 평철판, 스프레드용 오일, 오일행주, 오븐장갑, 타공팬, 랙, 톱칼, 포장지

(1) 뺑 드 메떼이 배합표

번호	비율(%)	재료명	무게(g)
1	20	강력분(T65)	200
2	80	호밀가루(T170)	800
3	2	소금	20
4	3	생이스트	30
5	100	발효반죽	1000
6	70	물	700
	275	합계	2,750

(2) 혼합

혼합 정도 : P.A(68℃)

모든 재료를 믹싱볼에 넣고 1단으로 5분간 혼합하고 2단으로 5분간 반죽한다. 반죽온도는 24~25℃로 한다.

(3) 1차 발효

반죽을 둥글리기하고 나무판 위에 올려놓고 비닐 등을 덮어 표면이 마르지 않도록 주의한다.

약 27℃ 정도의 상온에서 45분간 가스빼기하고 다시 45분간 발효한다.

(4) 분할, 둥글리기 및 중간발효

반죽을 280g으로 분할하고 반죽의 표면이 매끈하게 둥글리기한다. 반죽이 서로 달라붙지 않도록 적당한 간격을 두어 나무판 위에 올려놓고 20분간 중간발효한다.

✼ **완성품**

✼ **공정**

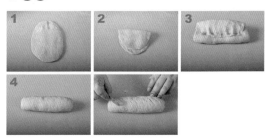

(5) 성형 및 패닝

반죽을 약 15cm 정도의 막대형태로 성형하고 철판에 6개씩 패닝한다.

(6) 2차 발효

온도 27℃, 상대습도 75% 정도의 발효실에서 약 30~45분간 발효한다.

(7) 굽기

스팀오븐을 240℃로 예열한다. 약간의 스팀을 분사하고 오븐에 넣어 다시 스팀을 충분히 분사하여 20분간 굽는다.

✱ **실내온도 :**　　　　℃, **밀가루 온도 :**　　　　℃, **사용한 물 온도 :**　　　℃

혼합시간	1단　　분/ 2단　　분/ 3단　　분	최종반죽온도	℃
반죽의 특성	끈적함 / 건조하고 단단함 / 잘 늘어남 / 탄성이 강함 / 기타(　　　　　　)		

• **중요 포인트**

• **실습 원리**

성공요인	실패요인

• **실패요인 분석 및 개선 방향**

• **공정 및 완제품 사진 첨부**

계량	혼합	1차 발효	분할	중간발효	성형	2차 발효	굽기	냉각
5분	10분	100분	10분	20분	20분	45분	20분	20분
15분		125분(2시간 05분)		165분(2시간 45분)		230분(3시간 50분)		250분(4시간 10분)

빵 오 르방 (Pain au levain)

이스트를 직접 사용하지 않고 빵을 만든다는 의미의 이름을 가진 빵이다. 배합상에는 이스트가 사용되지 않지만 발효반죽에 들어 있는 약간의 효모를 간접적으로 사용한 자연발효빵과는 차별화된 빵이다.

준비	내용
장비	믹서, 발효기, 오븐, 버너
소도구	온도계, 행주, 저울, 그릇, 나무판, 스크레이퍼, 카드, 밀대, 붓, 사인용 칼, 평철판, 스프레드용 오일, 오일행주, 오븐장갑, 타공팬, 랙, 톱칼, 포장지

(1) 빵 오 르방 배합표

번호	비율(%)	재료명	무게(g)
1	80	강력분(T55)	800
2	20	호밀가루(T170)	200
3	2	소금	20
4	180	발효반죽	1800
5	60	물	600
	342	합계	3,420

(2) 혼합

혼합 정도 : S.P(72℃)

모든 재료를 믹싱볼에 넣고 1단으로 5분간 혼합하고 2단으로 3분간 반죽한다. 반죽온도는 24~25℃로 한다.

(3) 1차 발효

반죽을 둥글리기하고 비닐이나 천 등을 덮어 표면이 마르지 않도록 주의하면서 90분간 상온 발효한다.

(4) 분할, 둥글리기 및 중간발효

반죽을 420g으로 분할하고 반죽의 표면이 매끈하게 둥글리기한다. 반죽이 서로 달라붙지 않도록 적당한 간격을 두고 20분간 중간발효한다.

(5) 성형 및 패닝

반죽을 약 25cm 정도의 고구마(보트)형태로 성형하고 그 위에 호밀가루를 뿌린 다음 플라스틱 카드로 반죽의 윗면을 다이아몬드 모양으로 찍어주고 대마

✱ 완성품

✱ 공정

천 위에 뒤집어 놓고 천으로 담을 쌓아 반죽끼리 붙지 않도록 주의한다.

(6) 2차 발효

밀폐된 공간에서 약 1시간 45분~2시간 정도 발효한다.

(7) 굽기

스팀오븐을 240℃로 예열한다. 약간의 스팀을 분사하고 오븐에 넣어 다시 스팀을 충분히 분사한 뒤 30분간 굽는다.

✳ **실내온도 :**   ℃, **밀가루 온도 :**   ℃, **사용한 물 온도 :**   ℃

혼합시간	1단 분/ 2단 분/ 3단 분	최종반죽온도	℃
반죽의 특성	끈적함 / 건조하고 단단함 / 잘 늘어남 / 탄성이 강함 / 기타( )		

• **중요 포인트**

• **실습 원리**

성공요인	실패요인

• **실패요인 분석 및 개선 방향**

• **공정 및 완제품 사진 첨부**

계량	혼합	1차 발효	분할	중간발효	성형	2차 발효	굽기	냉각
5분	8분	90분	10분	20분	20분	120분	30분	20분
13분		113분(1시간 53분)		153분(2시간 33분)		303분(5시간 03분)		323분(5시간 23분)

뺑 드 그뤼오 (Pain de gruau)

고급 상등급의 밀가루를 사용한 빵이라는 뜻이다. 즉 회분도가 가장 낮은 밀가루를 사용하여 만든 빵이다. 부드럽고 쫀득한 맛으로 풍미가 깊은 특징이 있다.

준비	내용
장비	믹서, 발효기, 오븐, 버너
소도구	온도계, 행주, 저울, 그릇, 나무판, 스크레이퍼, 카드, 밀대, 붓, 사인용 칼, 평철판, 스프레드용 오일, 오일행주, 오븐장갑, 타공팬, 랙, 톱칼, 포장지

(1) 뺑 드 그뤼오 배합표

번호	비율(%)	재료명	무게(g)
1	100	강력분(T45)	1000
2	2	소금	20
3	3	생이스트	30
4	2	탈지분유	20
5	1	액상몰트	10
6	62	물	620
	170	합계	1,700

(2) 혼합

혼합 정도 : P.I(58℃)
모든 재료를 믹싱볼에 넣고 1단으로 5분간 혼합하고 2단으로 9분간 반죽한다. 반죽온도는 24~25℃로 한다.

(3) 1차 발효

믹싱이 끝난 반죽을 동그랗게 둥글리기하고 표면이 마르지 않도록 주의하면서 27℃의 상온에 90분 발효한다.

(4) 분할, 둥글리기 및 중간발효

반죽을 90g으로 분할하여 둥글리기하고 20분간 중간발효한다.

(5) 성형 및 패닝

중간발효가 끝난 반죽은 약 12cm 정도의 막대형태로 성형하고 사인용 칼을 이용하여 사선으로 8~10회 정도 칼집을 내준다. 철판에 8개씩 패닝한다.

✳ 완성품

✳ 공정

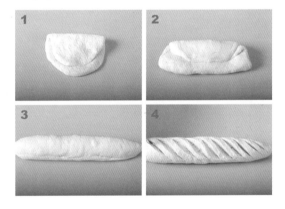

(6) 2차 발효

온도 27℃, 상대습도 75% 정도의 발효실에 약 1시간 45분~2시간 동안 발효한다.

(7) 굽기

스팀오븐을 240℃로 예열한다. 약간의 스팀을 분사하고 오븐에 넣어 다시 스팀을 충분히 분사한 뒤 15분간 굽는다.

✳ **실내온도 :**   ℃, **밀가루 온도 :**   ℃, **사용한 물 온도 :**   ℃

혼합시간	1단　　분/ 2단　　분/ 3단　　분	최종반죽온도	℃
반죽의 특성	끈적함 / 건조하고 단단함 / 잘 늘어남 / 탄성이 강함 / 기타(　　　　　　)		

● **중요 포인트**

● **실습 원리**

성공요인	실패요인

● **실패요인 분석 및 개선 방향**

● **공정 및 완제품 사진 첨부**

계량	혼합	1차 발효	분할	중간발효	성형	2차 발효	굽기	냉각
5분	13분	90분	10분	20분	20분	120분	15분	20분
18분		118분(1시간 58분)		158분(2시간 38분)		293분(4시간 53분)		313분(5시간 13분)

빵 팡테지(Pain fantaisie)

부드러운 저율배합의 고급 과자빵으로 기발한 상상력을 자아내는 빵이다. 대표적으로 Volcan(화산이라는 불어)이라는 화산모양의 빵이다.

준비	내용
장비	믹서, 발효기, 오븐, 버너
소도구	온도계, 행주, 저울, 그릇, 나무판, 스크레이퍼, 카드, 밀대, 붓, 사인용 칼, 평철판, 스프레드용 오일, 오일행주, 오븐장갑, 타공팬, 랙, 톱칼, 포장지, 식용유

(1) 빵 팡테지 배합표

번호	비율(%)	재료명	무게(g)
1	50	강력분(T55)	500
2	50	중력분(T45)	500
3	2	소금	20
4	3	생이스트	30
5	2	탈지분유	20
6	1.5	설탕	15
7	4	버터	40
8	1	액상몰트	10
9	55	물	550
	168.5	합계	1,685

(2) 혼합

혼합 정도 : P.I(52℃)

모든 재료를 믹싱볼에 넣고 1단으로 5분간 혼합하고 2단으로 7분간 반죽한다. 반죽온도는 24~25℃로 한다.

(3) 1차 발효

반죽을 둥글리기하고 비닐이나 천 등을 덮어 표면이 마르지 않도록 주의하면서 2시간 상온 발효한다.

(4) 분할, 둥글리기 및 중간발효

반죽을 65g으로 분할하고 반죽의 표면이 매끈하게 둥글리기한다. 반죽이 서로 달라붙지 않도록 적당한 간격을 두고 20분간 중간발효한다.

✱ 완성품

✱ 공정

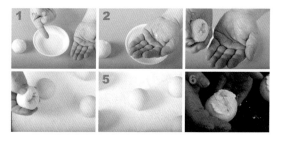

(5) 성형 및 패닝

중간발효 동안 나무판 위에 밀가루를 체로 쳐서 골고루 뿌려준다. 약간의 식용유를 손바닥에 묻히고 반죽을 올려 둥글리기한다. 식용유가 묻은 반죽의 아랫면을 밀가루 뿌려진 나무판 위에 놓는다. 일정한 간격을 두어 발효 시 서로 붙지 않도록 주의하여 패닝한다.

(6) 2차 발효

밀폐된 공간에서 약 75분간 발효한다.

(7) 굽기

반죽을 준비한 철판에 뒤집어 패닝하고 250℃로 예열된 스팀오븐에 스팀 주입 후 20분간 구워준다.

✽ 실내온도 :   ℃, 밀가루 온도 :   ℃, 사용한 물 온도 :   ℃

혼합시간	1단	분/ 2단	분/ 3단	분	최종반죽온도		℃
반죽의 특성	끈적함 / 건조하고 단단함 / 잘 늘어남 / 탄성이 강함 / 기타( )						

• 중요 포인트

• 실습 원리

성공요인	실패요인

• 실패요인 분석 및 개선 방향

• 공정 및 완제품 사진 첨부

계량	혼합	1차 발효	분할	중간발효	성형	2차 발효	굽기	냉각
5분	12분	120분	10분	20분	20분	75분	20분	20분
17분		147분(2시간 27분)		187분(3시간 07분)		282분(4시간 42분)		302분(5시간 02분)

빵 드 미 (Pain de mie)

전통 프랑스식 식빵으로 샌드위치 식빵 틀에 굽는다. 겉은 바게트와 같이 바삭하면서 균열이 가는 제품이다. 반면 빵의 속결은 부드럽고 탄력적인 특징으로 샌드위치 등에 적합한 빵이다.

준비	내용
장비	믹서, 발효기, 오븐, 버너
소도구	온도계, 행주, 저울, 그릇, 나무판, 스크레이퍼, 카드, 밀대, 붓, 사인용 칼, 풀만식빵 틀, 스프레드용 오일, 오일행주, 오븐장갑, 타공팬, 랙, 톱칼, 포장지

(1) 빵 드 미 배합표

번호	비율(%)	재료명	무게(g)
1	50	강력분(T55)	500
2	50	중력분(T45)	500
3	55	물	550
4	8	버터	80
5	3	설탕	30
6	2.5	생이스트	25
7	2	소금	20
8	2	탈지분유	20
9	1	몰트	10
10	20	잣	200
11	20	건포도	200
	213.5	합계	2,135

(2) 혼합

혼합 정도 : P.I(52℃)

버터와 잣, 건포도를 제외한 재료를 믹싱볼에 넣고 1단으로 5분간 혼합하고 클린업단계에서 유지를 투입하여 2단으로 9분간 반죽한다. 잣과 건포도를 넣고 골고루 혼합하여 반죽온도는 24~25℃로 한다.

(3) 1차 발효

반죽을 둥글리기하고 비닐이나 천 등을 덮어 표면이 마르지 않도록 주의하면서 120분간 상온 발효한다.

(4) 분할, 둥글리기 및 중간발효

반죽을 250g으로 분할하고 반죽의 표면이 매끈하게 둥글리기한다. 반죽이 서로 달라붙지 않도록 적당한

✳ 완성품

✳ 공정

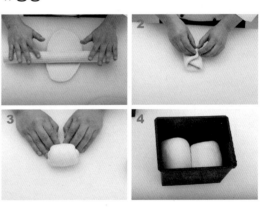

간격을 두고 20분간 중간발효한다.

(5) 성형 및 패닝

중간발효된 반죽을 촘촘하게 둥글리기하고 작은 풀만식빵 틀에 2개씩 넣고 손으로 살짝 눌러준다.

(6) 2차 발효

온도 27℃, 상대습도 75%의 발효실에서 약 1시간 30분 발효한다.

(7) 굽기

220℃로 예열된 스팀오븐에 스팀 주입 후 25분간 구워준다.

✵ 실내온도 : ℃, **밀가루 온도 :** ℃, **사용한 물 온도 :** ℃

혼합시간	1단 분/ 2단 분/ 3단 분	최종반죽온도	℃
반죽의 특성	끈적함 / 건조하고 단단함 / 잘 늘어남 / 탄성이 강함 / 기타(	)	

● 중요 포인트

● 실습 원리

성공요인	실패요인

● 실패요인 분석 및 개선 방향

● 공정 및 완제품 사진 첨부

계량	혼합	1차 발효	분할	중간발효	성형	2차 발효	굽기	냉각
5분	12분	90분	10분	20분	20분	90분	25분	20분
17분		117분(1시간 57분)		157분(2시간 37분)		272분(4시간 32분)		292분(4시간 52분)

뤼스티크 (Rustique)

투박하고 토속적인 유럽 전통모양의 빵으로 특정한 성형 없이 적당한 크기로 잘라 발효하여 구워낸 제품으로 특유의 발효향과 거친 기공을 가진 빵이다.

준비	내용
장비	믹서, 발효기, 오븐, 버너
소도구	온도계, 행주, 저울, 그릇, 나무판, 스크레이퍼, 카드, 밀대, 붓, 사인용 칼, 평철판, 스프레드용 오일, 오일행주, 오븐장갑, 타공팬, 랙, 톱칼, 포장지

(1) 뤼스티크 배합표

번호	비율(%)	재료명	무게(g)
1	100	강력분(T55)	1000
2	2	소금	20
3	2	생이스트	20
4	1	액상몰트	10
5	90	발효반죽	900
6	75	물	750
7	0.5	제빵개량제	5
	270.5	합계	2,705

(2) 혼합

혼합 정도 : S.P(72℃)

믹싱볼에 모든 재료를 넣고 발효반죽이 골고루 섞일 때까지 1단으로 혼합한다.(약 5분)

혼합이 끝나면 2단으로 3분간 반죽한다. 반죽온도는 24~25℃로 한다.

(3) 1차 발효

상온에서 1시간 발효하여 가스빼기를 한다. 반죽을 둥글리기하고 나무판 위에 올려 1시간 발효한다. 분할기가 있는 경우 24분할 디바이더는 7.2kg으로 분할하여 발효한다.

(4) 분할, 둥글리기 및 성형, 패닝

1) 분할기 이용 성형방법

반죽을 분할기에 넣고 반죽을 24개로 분할한 뒤 대마천 위에 올려놓는다.

✳ 완성품

✳ 공정

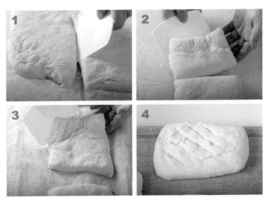

2) 손 분할방법

반죽을 작업대 위에 올리고 적당한 크기로 잘라 대마천 위에 올려놓는다.(대략 300g)

(5) 2차 발효

밀폐된 공간에서 약 45분~60분간 발효한다.

(6) 굽기

스팀오븐을 250℃로 예열하여 스팀 주입 후 25분간 구워준다.

✳ **실내온도 :**   ℃, **밀가루 온도 :**   ℃, **사용한 물 온도 :**   ℃

혼합시간	1단 분/ 2단 분/ 3단 분	최종반죽온도	℃
반죽의 특성	끈적함 / 건조하고 단단함 / 잘 늘어남 / 탄성이 강함 / 기타( )		

• 중요 포인트

• 실습 원리

성공요인	실패요인

• 실패요인 분석 및 개선 방향

• 공정 및 완제품 사진 첨부

계량	혼합	1차 발효	분할	중간발효	성형	2차 발효	굽기	냉각
5분	8분	130분	10분	0분	20분	60분	25분	20분
13분		153분(2시간 33분)		173분(2시간 53분)		258분(4시간 18분)		278분(4시간 38분)

빵 오 레 (Pain au lait)

프랑스식 단과자빵으로 우유로 반죽하거나 분유를 많이 사용하고 설탕과 버터를 많이 사용하여 부드럽고 고소한 빵이다. 여러 가지 동물모양이나 다양한 형태로 만드는 빵이다.

준비	내용
장비	믹서, 발효기, 오븐, 버너
소도구	온도계, 행주, 저울, 그릇, 나무판, 스크레이퍼, 카드, 밀대, 붓, 가위, 사인용 칼, 평철판, 스프레드용 오일, 오일행주, 오븐장갑, 타공팬, 랙, 톱칼, 포장지

(1) 빵 오 레 배합표

번호	비율(%)	재료명	무게(g)
1	100	강력분(T45)	1000
2	2	소금	20
3	3	생이스트	30
4	3	탈지분유	30
5	12	설탕	120
6	12	버터	120
7	20	발효반죽	200
8	53	물	530
	205	합계	2,050

(2) 혼합

혼합 정도 : P.I(48℃)

버터를 제외한 재료를 믹싱볼에 넣고 1단으로 5분간 혼합한다. 클린업단계에서 버터를 넣고 2단으로 9분간 혼합한다. 반죽온도는 24~25℃로 한다.

(3) 1차 발효

반죽을 둥글리기하고 비닐이나 천 등을 덮어 표면이 마르지 않도록 주의하면서 75분간 상온 발효한다.

(4) 분할, 둥글리기 및 중간발효

반죽을 75g으로 분할하고 반죽의 표면이 매끈하게 둥글리기한다. 반죽이 서로 달라붙지 않도록 적당한 간격을 두고 20분간 중간발효한다.

✻ 완성품

✻ 공정

(5) 성형 및 패닝

중간발효된 반죽을 약 12cm 정도의 고구마(보트)모양으로 성형한다. 팬에 10개씩 패닝하고 달걀물을 바른다.

(아이들이 좋아하는 동물모양 또는 장난감모양으로 성형해도 된다.)

(6) 2차 발효

온도 27℃, 상대습도 75%의 발효실에서 약 75분간 발효한다.

(7) 굽기

2차 발효가 끝나면 달걀물을 바르고 가위를 이용하여 반죽의 윗면을 잘라 모양을 내주고 220℃로 예열된 오븐에 15분간 구워준다.

✻ **실내온도 :** ℃, **밀가루 온도 :** ℃, **사용한 물 온도 :** ℃

혼합시간	1단 분/ 2단 분/ 3단 분	최종반죽온도	℃
반죽의 특성	끈적함 / 건조하고 단단함 / 잘 늘어남 / 탄성이 강함 / 기타( )		

● **중요 포인트**

● **실습 원리**

성공요인	실패요인

● **실패요인 분석 및 개선 방향**

● **공정 및 완제품 사진 첨부**

계량	혼합	1차 발효	분할	중간발효	성형	2차 발효	굽기	냉각
7분	13분	75분	10분	20분	20분	75분	15분	20분
20분		105분(1시간 45분)		145분(2시간 25분)		235분(3시간 55분)		255분(4시간 15분)

빵 비엔누아(Pain viennois)

부드러운 빵이라는 뜻으로 얇고 부드러운 버터 바게트빵
이다. 일반 바게트는 단단한 껍질과 탄력적인 속살이 있
는 반면 부드럽고 고소한 특징의 칼집이 많은 비엔나풍의
고급 바게트빵이다.

준비	내용
장비	믹서, 발효기, 오븐, 버너
소도구	온도계, 행주, 저울, 그릇, 나무판, 스크레이퍼, 카드, 밀대, 붓, 사인용 칼, 평철판, 스프레드용 오일, 오일행주, 오븐장갑, 타공팬, 랙, 톱칼, 포장지

(1) 빵 비엔누아 배합표

번호	비율(%)	재료명	무게(g)
1	100	강력분(T55)	1000
2	2	소금	20
3	3	생이스트	30
4	2	탈지분유	20
5	10	설탕	100
6	16	버터	160
7	10	달걀	100
8	20	발효반죽	200
9	44	물	440
	207	합계	2,070

✽ 완성품

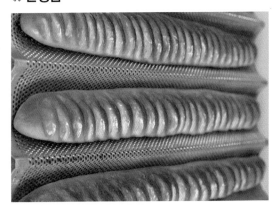

✽ 공정

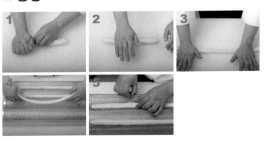

(2) 혼합

혼합 정도 : P.I(52℃)

버터를 제외한 재료를 믹싱볼에 넣고 1단으로 5분
간 혼합하고 2단으로 9분간 혼합한다. 반죽온도는
24~25℃로 한다.

(3) 1차 발효

반죽을 둥글리기하고 비닐이나 천 등을 덮어 표면이
마르지 않도록 주의하면서 60분간 상온 발효한다.

(4) 분할, 둥글리기 및 중간발효

반죽을 160g으로 분할하고 반죽의 표면이 매끈하게
둥글리기한다. 반죽이 서로 달라붙지 않도록 적당한
간격을 두고 20분간 중간발효한다.

(5) 성형 및 패닝

중간발효가 끝나면 반죽을 약 55~60cm 크기의 얇
은 바게트 모양으로 성형한다. 얇은 바게트 몰드 또
는 일반 팬에 패닝하고 달걀물을 바른다. 칼을 이용
하여 약 1cm 간격으로 촘촘히 칼집을 내준다.

(6) 2차 발효

온도 27℃, 상대습도 75%의 발효실에서 약 1시간 15
분간 발효한다.

(7) 굽기

2차 발효가 끝나면 220℃로 예열된 오븐에 20분간
구워준다.

✳ **실내온도 :** ℃, **밀가루 온도 :** ℃, **사용한 물 온도 :** ℃

혼합시간	1단	분/ 2단	분/ 3단	분	최종반죽온도	℃
반죽의 특성	끈적함 / 건조하고 단단함 / 잘 늘어남 / 탄성이 강함 / 기타( )					

● **중요 포인트**

● **실습 원리**

성공요인	실패요인

● **실패요인 분석 및 개선 방향**

● **공정 및 완제품 사진 첨부**

계량	혼합	1차 발효	분할	중간발효	성형	2차 발효	굽기	냉각
8분	12분	60분	10분	20분	20분	75분	20분	20분
20분		90분(1시간 30분)		130분(2시간 10분)		225분(3시간 45분)		245분(4시간 05분)

브리오슈(Brioche)

브리오슈는 프랑스의 고급 빵으로 모양에 따라 이름이 다양하며 발효된 빵이지만 과자로도 분류되는 부드러운 빵이다. 프랑스에서는 빵을 파는 제빵점과 과자를 파는 제과점으로 나뉘는데 모든 곳에서 판매되는 제품이다.

준비	내용
장비	믹서, 발효기, 오븐, 버너
소도구	온도계, 행주, 저울, 그릇, 나무판, 스크레이퍼, 카드, 밀대, 붓, 사인용 칼, 평철판, 스프레드용 오일, 오일행주, 오븐장갑, 타공팬, 랙, 톱칼, 포장지

(1) 브리오슈 배합표

번호	비율(%)	재료명	무게(g)
1	100	강력분(T55)	1000
2	2	소금	20
3	4	생이스트	40
4	15	설탕	150
5	40	버터	400
6	60	달걀	600
	221	합계	2,210

(2) 혼합

혼합 정도 : P.V.L(60℃)

버터를 제외한 모든 재료를 믹싱볼에 넣고 1단으로 5분간 혼합한다. 클린업단계에서 버터를 나누어 넣으면서 2단으로 25분간 혼합하여 반죽형성중기단계로 혼합한다. 반죽온도는 24~25℃로 한다.

(3) 1차 발효

반죽 표면이 마르지 않도록 비닐을 덮어주고 27℃ 정도의 상온에서 2시간 발효하여 가스빼기한 다음 냉장고에서 1시간 30분간 냉장 휴지한다.

(4) 분할, 둥글리기 및 중간발효

반죽을 55g으로 분할하고 반죽의 표면이 매끈하게 둥글리기한다. 반죽이 서로 달라붙지 않도록 적당한 간격을 두고 20분간 중간발효한다.

✻ 완성품

✻ 공정

(5) 성형 및 패닝

중간발효가 완료되면 반죽을 오뚜기 모양으로 성형한다. 브리오슈 틀에 반죽을 넣고 손가락으로 반죽의 몸통 중앙을 눌러가며 반죽머리를 넣어준다. 달걀물을 바른다.(틀에 달걀물이 묻지 않도록 조심한다.)

(6) 2차 발효

온도 27℃, 상대습도 75%의 발효실에서 약 1시간 45분~2시간 발효한다.

(7) 굽기

2차 발효가 끝나면 달걀물을 다시 바르고 220℃로 예열된 오븐에 15분간 구워준다.

✻ **실내온도 :**   ℃, **밀가루 온도 :**   ℃, **사용한 물 온도 :**   ℃

혼합시간	1단 분/ 2단 분/ 3단 분	최종반죽온도	℃
반죽의 특성	끈적함 / 건조하고 단단함 / 잘 늘어남 / 탄성이 강함 / 기타( )		

• **중요 포인트**

• **실습 원리**

성공요인	실패요인

• **실패요인 분석 및 개선 방향**

• **공정 및 완제품 사진 첨부**

계량	혼합	1차 발효	분할	중간발효	성형	2차 발효	굽기	냉각
5분	15분	210분	10분	20분	15분	120분	15분	20분
20분		240분(4시간)		275분(4시간 35분)		410분(6시간 50분)		430분(7시간 10분)

빵 브리오쉐(Pain brioché)

브리오슈에 사용하는 재료를 사용한 식빵이다. 맛이 브리오슈와 비슷하고 부드러운 특징과 식감도 비슷하여 빵 브리오쉐라는 이름을 갖게 되었다.

준비	내용
장비	믹서, 발효기, 오븐, 버너
소도구	온도계, 행주, 저울, 그릇, 나무판, 스크레이퍼, 카드, 밀대, 붓, 사인용 칼, 평철판, 스프레드용 오일, 오일행주, 오븐장갑, 타공팬, 랙, 톱칼, 포장지

(1) 빵 브리오쉐 배합표

번호	비율(%)	재료명	무게(g)
1	100	강력분(T55)	1000
2	2	소금	20
3	3	생이스트	30
4	10	설탕	100
5	15	버터	150
6	10	달걀	100
7	20	발효반죽	200
8	50	물	500
	210	합계	2,100

(2) 혼합

혼합 정도 : P.I(52℃)

버터를 제외한 재료를 믹싱볼에 넣고 1단으로 5분간 혼합한다. 클린업단계에서 버터를 넣어주고 2단으로 9분간 혼합한다. 반죽온도는 24~25℃로 한다.

(3) 1차 발효

반죽을 둥글리기하고 비닐이나 천 등을 덮어 표면이 마르지 않도록 주의하면서 90분간 27℃ 정도의 상온에서 발효한다.

(4) 분할, 둥글리기 및 중간발효

420g으로 분할하고 4등분하거나 한 덩어리로 분할하여 반죽의 표면을 매끈하게 둥글리기한다. 반죽이 서로 달라붙지 않도록 적당한 간격을 두고 20분간 중간발효한다.

✻ **완성품**

✻ **공정**

(5) 성형 및 패닝

1. 중간발효가 완료된 반죽을 둥글리기하면서 가스를 골고루 빼주고 타원형으로 성형한다.
2. 4등분된 반죽은 둥글리기하고 타원형으로 만든다. 높이가 낮은 식빵팬 또는 파운드팬에 패닝하고 달걀물을 바른다.

(6) 2차 발효

온도 27℃, 상대습도 75%의 발효실에서 약 90분간 발효한다.

(7) 굽기

2차 발효가 끝나면 달걀물을 다시 바르고 가위를 이용하여 반죽의 가운데를 자르고 220℃로 예열된 오븐에 25분간 구워준다.

✳ **실내온도 :**　　　　℃, **밀가루 온도 :**　　　　℃, **사용한 물 온도 :**　　　℃

혼합시간	1단　　분/ 2단　　분/ 3단　　분	최종반죽온도	℃
반죽의 특성	끈적함 / 건조하고 단단함 / 잘 늘어남 / 탄성이 강함 / 기타(　　　　　)		

• 중요 포인트

• 실습 원리

성공요인	실패요인

• 실패요인 분석 및 개선 방향

• 공정 및 완제품 사진 첨부

계량	혼합	1차 발효	분할	중간발효	성형	2차 발효	굽기	냉각
7분	8분	90분	10분	20분	20분	120분	30분	20분
15분		115분(1시간 55분)		155분(2시간 35분)		305분(5시간 05분)		325분(5시간 25분)

손가락 빵 (Pain mains de nice)

전통 프랑스식 빵으로 손가락 모양의 빵이다. 겉은 바게트와 같이 바삭하지만 오일을 발라 성형하기 때문에 고소한 맛이 좋은 빵이다.

준비	내용
장비	믹서, 발효기, 오븐, 버너
소도구	온도계, 행주, 저울, 그릇, 나무판, 스크레이퍼, 카드, 밀대, 붓, 사인용 칼, 풀만식빵 틀, 스프레드용 오일, 오일행주, 오븐장갑, 타공팬, 랙, 톱칼, 포장지

(1) 손가락 빵 배합표

번호	비율(%)	재료명	무게(g)
1	100	강력분(T55)	1000
2	2	소금	20
3	40	물	400
4	10	올리브오일	100
5	50	발효반죽	500
6	4	생이스트	40
	206	합계	2,060

(2) 혼합

혼합 정도 : P.I(52℃)
버터를 제외한 재료를 믹싱볼에 넣고 1단으로 5분간 혼합하고 클린업단계에서 유지를 투입하여 2단으로 9분간 반죽한다. 반죽온도는 24~25℃로 한다.

(3) 1차 발효

반죽을 둥글리기하고 비닐이나 천 등을 덮어 표면이 마르지 않도록 주의하면서 20분간 상온 발효한다.

(4) 분할, 둥글리기 및 중간발효

반죽을 250g으로 분할하고 반죽의 표면이 매끈하게 둥글리기한다. 반죽이 서로 달라붙지 않도록 적당한 간격을 두고 20분간 중간발효한다.

(5) 성형 및 패닝

중간발효된 반죽을 밀대로 폭 12cm, 길이 60cm로 밀어편다. 올리브오일을 반죽에 살짝 바르고 반죽의 가운데를 20cm 정도 반으로 자른다. 잘린 안쪽 반죽을 사선으로 말아가면서 손가락 모양으로 성형하고 한쪽 면을 다른 한쪽 면으로 덮어 성형한다.

(6) 2차 발효

온도 27℃, 상대습도 75%의 발효실에서 약 1시간 30분 발효한다.

(7) 굽기

240℃로 예열된 스팀오븐에 스팀 주입 후 25분간 구워준다.

✲ 실내온도 : ℃, 밀가루 온도 : ℃, 사용한 물 온도 : ℃

혼합시간	1단 분/ 2단 분/ 3단 분	최종반죽온도	℃
반죽의 특성	끈적함 / 건조하고 단단함 / 잘 늘어남 / 탄성이 강함 / 기타( )		

• 중요 포인트

• 실습 원리

성공요인	실패요인

• 실패요인 분석 및 개선 방향

• 공정 및 완제품 사진 첨부

계량	혼합	1차 발효	분할	중간발효	성형	2차 발효	굽기	냉각
5분	12분	20분	10분	20분	20분	90분	25분	20분
17분		47분		87분(1시간 27분)		202분(3시간 22분)		222분(3시간 42분)

MEMO

쑥찐빵 (Mugwort steamed bun)

찐빵은 건조열이 아닌 습열(steam)에 의해 구워지는 빵으로 특별한 장치 없이 누구나 손쉽게 만들 수 있는 제품이다. 쑥찐빵은 밀가루에 말린 쑥가루를 넣어 만든 찐빵이다.

준비	내용
장비	믹서, 발효기, 스팀기, 버너
소도구	온도계, 행주, 저울, 그릇, 나무판, 스크레이퍼, 카드, 앙금용 주걱, 나무판, 타공팬, 랙, 장갑, 종이, 포장지

(1) 쑥찐빵 배합비

번호	비율(%)	재료명	중량(g)
1	25.00	강력분	250
2	63.00	중력분	630
3	7.00	쑥가루	70
4	5.00	전분	50
5	48.00	물	480
6	10.00	설탕	100
7	8.00	식용유	80
8	1.50	소금	15
9	1.50	생이스트	15
10	1.00	제빵개량제	10
11	5.00	물엿	50
12	0.50	넛메그	5
13	0.50	베이킹소다	5
	176	합계	1,760

번호	비율(%)	재료명	중량(g)
1	81	고운 앙금	810

(2) 혼합

모든 재료를 믹싱볼에 넣고 저속으로 혼합한다. 반죽이 한 덩어리가 되면 중속으로 혼합하여 27℃의 반죽형성중기단계의 반죽을 만들어준다.

(3) 1차 발효

온도 27℃, 상대습도 75%에서 30분간 1차 발효한다.

(4) 분할, 둥글리기 및 중간발효

65g으로 분할하여, 반죽의 표면을 매끄럽고 동그랗

✽ 완성품

✽ 공정

게 만든 뒤 비닐을 덮어 15분간 중간발효한다.

(5) 성형 및 패닝

반죽을 손으로 납작하게 눌러준 후 고운 앙금 30g을 넣고 밀봉한다. 밀봉 부위에 잘라놓은 종이를 붙이고 구멍 뚫린 타공팬 또는 스팀용 팬에 패닝한다.

(6) 2차 발효

온도 30℃, 상대습도 80%의 발효실에 약 20분간 2차 발효한다.

(7) 굽기

스팀기의 온도 96℃ 정도에 찐빵을 넣고 약 15~20분간 쪄준다. 반죽의 표면이 매끄럽고 광택이 나야 한다.

✴ **실내온도 :** 　　　℃, **밀가루 온도 :** 　　　℃, **사용한 물 온도 :** 　　　℃

혼합시간	1단　　분/ 2단　　분/ 3단　　분	최종반죽온도	℃
반죽의 특성	끈적함 / 건조하고 단단함 / 잘 늘어남 / 탄성이 강함 / 기타(　　　)		

● **중요 포인트**

● **실습 원리**

성공요인	실패요인

● **실패요인 분석 및 개선 방향**

● **공정 및 완제품 사진 첨부**

계량	혼합	1차 발효	분할	중간발효	성형	2차 발효	스팀	냉각
12분	15분	30분	15분	15분	20분	20분	30분	20분
27분		72분(1시간 12분)		107분(1시간 47분)		157분(2시간 37분)		177분(2시간 57분)

찐빵(Plain steamed bun)

찐빵은 특별한 장치나 장비 없이 누구나 손쉽게 만들 수 있는 제품으로 스팀기 또는 찜통에 반죽을 넣고 쪄낸 제품이다. 일반적으로 겨울에 많이 소비한다.

준비	내용
장비	믹서, 발효기, 스팀기, 버너
소도구	온도계, 행주, 저울, 그릇, 나무판, 스크레이퍼, 카드, 앙금용 주걱, 나무판, 타공팬, 랙, 장갑, 종이, 포장지

(1) 찐빵 배합표

번호	비율(%)	재료명	중량(g)
1	70	중력분	700
2	25	강력분	250
3	5	전분	50
4	48	물	480
5	10	설탕	100
6	1.5	소금	15
7	1.5	생이스트	15
8	1	제빵개량제	10
9	4	물엿	40
10	0.5	베이킹소다	5
11	8	식용유	80
	174.5	합계	1,745

번호	비율(%)	재료명	중량(g)
1	81	고운 앙금	810

(2) 혼합

모든 재료를 믹싱볼에 넣고 저속으로 혼합한다. 반죽이 한 덩어리가 되면 중속으로 혼합하여 27℃의 반죽형성중기단계의 반죽을 만들어준다.

(3) 1차 발효

온도 27℃, 상대습도 75%에서 30분간 1차 발효한다.

(4) 분할, 둥글리기 및 중간발효

65g으로 분할하고, 반죽의 표면을 매끄럽고 동그랗게 만든 뒤 비닐을 덮어 15분간 중간발효한다.

✽ 완성품

✽ 공정

(5) 성형 및 패닝

반죽을 손으로 납작하게 눌러준 후 고운 앙금 30g을 넣고 밀봉한다. 밀봉 부위에 잘라놓은 종이를 붙이고 구멍 뚫린 타공팬 또는 스팀용 팬에 패닝한다.

(6) 2차 발효

온도 30℃, 상대습도 80%의 발효실에 약 20분간 2차 발효한다.

(7) 굽기

스팀기의 온도 96℃ 정도에 찐빵을 넣고 약 15~20분간 쪄준다. 반죽의 표면이 매끄럽고 광택이 나야 한다.

✳ **실내온도 :** ℃, **밀가루 온도 :** ℃, **사용한 물 온도 :** ℃

혼합시간	1단	분/ 2단	분/ 3단	분	최종반죽온도		℃
반죽의 특성	끈적함 / 건조하고 단단함 / 잘 늘어남 / 탄성이 강함 / 기타(						)

• **중요 포인트**

• **실습 원리**

성공요인	실패요인

• **실패요인 분석 및 개선 방향**

• **공정 및 완제품 사진 첨부**

계량	혼합	1차 발효	분할	중간발효	성형	2차 발효	스팀	냉각
12분	15분	30분	15분	15분	20분	20분	30분	20분
27분		72분(1시간 12분)		107분(1시간 47분)		157분(2시간 37분)		177분(2시간 57분)

보리찐빵(Barley steamed bun)

찐빵은 건조열이 아닌 습열(steam)에 의해 구워지는 빵으로 특별한 장치 없이 누구나 손쉽게 만들 수 있는 제품이다. 보리찐빵은 밀가루에 보릿가루를 넣어 만든 찐빵이다. 보릿가루 대신 쌀가루를 넣으면 쌀찐빵이 된다.

준비	내용
장비	믹서, 발효기, 스팀기, 버너
소도구	온도계, 행주, 저울, 그릇, 나무판, 스크레이퍼, 카드, 앙금용 주걱, 나무판, 타공팬, 랙, 장갑, 종이, 포장지

(1) 보리찐빵 배합표

번호	비율(%)	재료명	중량(g)
1	75	강력분	750
2	25	보릿가루	250
3	0.5	베이킹소다	5
4	10	흑설탕	100
5	1.5	생이스트	15
6	45	물	450
7	30	유산균발효액	300
8	1.5	소금	15
	188.5	합계	1,885

번호	비율(%)	재료명	중량(g)
1	81	고운 앙금	810

✻ 완성품

✻ 공정

(2) 혼합

모든 재료를 믹싱볼에 넣고 저속으로 혼합한다. 반죽이 한 덩어리가 되면 중속으로 혼합하여 27℃의 반죽형성중기단계의 반죽을 만들어준다.

(3) 1차 발효

온도 27℃, 상대습도 75%에서 30분간 1차 발효한다.

(4) 분할, 둥글리기 및 중간발효

65g으로 분할하고, 반죽의 표면을 매끄럽고 동그랗게 만든 뒤 비닐을 덮어 15분간 중간발효한다.

(5) 성형 및 패닝

반죽을 손으로 납작하게 눌러준 후 고운 앙금 30g을 넣고 밀봉한다. 밀봉 부위에 잘라놓은 종이를 붙이고 구멍 뚫린 타공팬 또는 스팀용 팬에 패닝한다.

(6) 2차 발효

온도 30℃, 상대습도 80%의 발효실에 약 20분간 2차 발효한다.

(7) 굽기

스팀기의 온도 96℃ 정도에 찐빵을 넣고 약 15~20분간 쪄준다. 반죽의 표면이 매끄럽고 광택이 나야 한다.

✻ **실내온도 :**   ℃, **밀가루 온도 :**   ℃, **사용한 물 온도 :**   ℃

혼합시간	1단 분/ 2단 분/ 3단 분	최종반죽온도	℃
반죽의 특성	끈적함 / 건조하고 단단함 / 잘 늘어남 / 탄성이 강함 / 기타( )		

● **중요 포인트**

● **실습 원리**

성공요인	실패요인

● **실패요인 분석 및 개선 방향**

● **공정 및 완제품 사진 첨부**

계량	혼합	1차 발효	분할	중간발효	성형	2차 발효	스팀	냉각
12분	15분	30분	15분	15분	20분	20분	30분	20분
27분		72분(1시간 12분)		107분(1시간 47분)		157분(2시간 37분)		177분(2시간 57분)

만두찐빵(Dumpling steamed bun)

만두찐빵은 채소와 고기 등을 넣어 볶거나 익혀 충전물을 만든 다음 채소 충전물을 넣어 만든 것이다.

준비	내용
장비	믹서, 발효기, 스팀기, 버너
소도구	온도계, 행주, 저울, 그릇, 나무판, 스크레이퍼, 카드, 앙금용 주걱, 나무판, 타공팬, 랙, 장갑, 종이, 포장지

(1) 만두찐빵 배합표

번호	비율(%)	재료명	중량(g)
1	70	중력분	700
2	25	강력분	250
3	5	전분	50
4	48	물	480
5	10	설탕	100
6	1.5	소금	15
7	1.5	생이스트	15
8	1	제빵개량제	10
9	4	물엿	40
10	0.5	베이킹소다	5
11	8	식용유	80
	174.5	합계	1,745

충전물 배합표

번호	비율(%)	재료명	무게(g)
1	50	당면	50
2	50	부추	50
3	100	두부	100
4	100	돼지고기	100
5	100	돼지비계	100
6	50	양파	50
7	20	간장(간 맞춤)	20
8	3	소금	3
9	1	후추	1
	474	합계	474

(2) 혼합

모든 재료를 믹싱볼에 넣고 저속으로 혼합한다. 반죽이 한 덩어리가 되면 중속으로 혼합하여 27℃의 반

✳ 완성품

✳ 공정

죽형성중기단계의 반죽을 만들어준다.

(3) 1차 발효

온도 27℃, 상대습도 75%에서 30분간 1차 발효한다.

(4) 분할, 둥글리기 및 중간발효

65g으로 분할하고, 반죽의 표면을 매끄럽고 동그랗게 만들고 비닐을 덮어 15분간 중간발효한다.

(5) 성형 및 패닝

반죽을 손으로 납작하게 눌러준 후 충전물 30g을 넣고 밀봉한다. 밀봉 부위에 잘라놓은 종이를 붙이고 구멍 뚫린 타공팬 또는 스팀용 팬에 패닝한다. 반죽 위에 물을 조금 묻혀 검은깨 몇 개를 반죽 위에 뿌린다.

✽ **실내온도 :**   ℃, **밀가루 온도 :**   ℃, **사용한 물 온도 :**   ℃

혼합시간	1단	분/ 2단	분/ 3단	분	최종반죽온도		℃
반죽의 특성	끈적함 / 건조하고 단단함 / 잘 늘어남 / 탄성이 강함 / 기타(						)

• **중요 포인트**

• **실습 원리**

성공요인	실패요인

• **실패요인 분석 및 개선 방향**

• **공정 및 완제품 사진 첨부**

(6) 2차 발효

온도 30℃, 상대습도 80%의 발효실에 약 20분간 2차 발효한다.

(7) 굽기

스팀기의 온도 94℃ 정도에 찐빵을 넣고 약 10~15분간 쪄준다. 반죽의 표면이 매끄럽고 광택이 나야 한다.

계량	혼합	1차 발효	분할	중간발효	성형	2차 발효	스팀	냉각
12분	15분	30분	15분	15분	20분	20분	30분	20분
27분		72분(1시간 12분)		107분(1시간 47분)		157분(2시간 37분)		177분(2시간 57분)

MEMO

10-1. 크림류

1. 버터크림

번호	구분	재료명	비율(%)
1	A	설탕	45
2		소금	0.2
3		물	10
4		물엿	2
5	B	달걀흰자	5
6		설탕	3
7	C	마가린	20
8		버터	80
9	D	연유	5
10		드라이진	4
합계			174.2

1) A의 재료를 121℃까지 끓여 설탕청을 만든다.

2) B의 재료로 머랭을 만든다.

3) B의 머랭에 A의 설탕청을 넣어 이탈리안 머랭을 만든다.

4) 3)에 마가린을 넣어 크림화하면서 버터를 조금씩 넣어 크림을 만든다.

5) 완성된 크림에 연유와 드라이 진을 넣고 골고루 혼합한다.

2. 연유크림

번호	비율(%)	재료명
1	75	버터
2	25	버터크림
3	60	연유
4	2	드라이진
	162	합계

1) 연유는 따뜻한 물에 담가 통조림 내의 고형물을 없앤다.

2) 버터를 부드럽게 풀어주고 버터크림을 넣어 저속으로 혼합한다.(오버런이 발생하면 한다.)

3) 연유와 드라이진을 넣고 골고루 혼합한다.

3. 커스터드크림

번호	구분	재료명	비율(%)
1	A	우유	100
2		설탕	50
3	B	달걀노른자	15
4		설탕	27
5	C	전분	4
6		박력분	4
7	D	버터	4
8		드라이진	5
합계			209

1) A의 재료를 끓인다.

2) C의 재료를 체로 친다.

3) B의 재료에 C의 재료를 넣어 혼합한다.

4) 3)에 끓인 A를 조금 넣어 혼합하고 나머지 끓은 A를 혼합한 뒤 다시 끓여준다.

5) 바닥이 타지 않도록 주걱이나 거품기로 저어주면서 크림의 점도가 되직해질 때까지 끓여준다.

6) 끓인 후 D를 넣고 혼합하고 랩 등으로 밀봉한다.

7) 밀봉한 크림을 냉장고에 보관한다.

4. 초콜릿 커스터드크림

번호	구분	재료명	비율(%)
1	A	우유	100
2		설탕	20
3	B	달걀노른자	30
4	C	박력분	3
5		전분	4
6		코코아	3
7	D	초콜릿	8
8		버터	2
합계			170

1) A의 재료를 끓인다.

2) C의 재료를 체로 친다.

3) B에 C의 재료를 넣어 혼합한다.

4) 3)에 끓인 A를 조금 넣어 혼합하고 나머지 A를 넣어 혼합한 뒤 다시 끓여준다.

5) 바닥이 타지 않도록 주걱이나 거품기로 저어주면서 크림의 점도가 되직해질 때까지 끓여준다.

6) 끓인 후 D를 골고루 혼합한 뒤 밀봉한다.

7) 밀봉한 크림을 사용하기 전까지 냉장고에 보관한다.

5. 화이트 후레쉬크림

번호	비율(%)	원재료	무게(g)
1	80	생크림	400
2	20	슈거파우더	100
	100	합계	500

1) 생크림에 슈거파우더를 넣고 골고루 혼합한다.
2) 적당한 되기가 되도록 거품기로 저어준다.

6. 마늘크림

번호	비율(%)	재료명
1	100	마가린
2	25	마요네즈
3	5	다진 마늘
4	0.5	파슬리
	130.5	합계

1) 마가린을 부드럽게 풀어주고 마요네즈를 넣어 골고루 혼합한다.
2) 마가린과 마요네즈가 골고루 섞이면 다진 마늘과 파슬리를 넣어 혼합한다

7. 크림치즈

번호	비율(%)	재료명
1	100	크림치즈
2	7	설탕
	107	합계

1) 크림치즈를 부드럽게 만든 뒤 설탕을 넣어 혼합한다.

메모 및 사진첨부

8. 고구마 크림치즈

번호	비율(%)	재료명
1	100	고구마
2	17	설탕
3	13	버터
4	25	생크림
5	90	크림치즈
	245	합계

1) 크림치즈와 버터, 설탕을 부드럽게 풀어준다.
2) 1)에 생크림을 넣어 혼합하고 고구마를 넣어 골고루
   혼합한다.

메모 및 사진첨부

9. 땅콩버터크림

번호	비율(%)	재료명
1	100	버터
2	30	연유
3	30	슈거파우더
4	18	피넛버터
	178	합계

1) 버터와 피넛버터를 부드럽게 만든다.
2) 1)에 슈거파우더와 연유를 넣고 골고루 혼합한다.
3) 오버런이 높으면 입안에서 후레쉬한 느낌이 상쇄된다.

10. 노바크림

번호	비율(%)	재료명
1	240	커스터드크림
2	100	생크림
3	3	럼주
	343	합계

1) 커스터드크림을 만든다.
2) 생크림의 오버런을 적당히 올려준다.
3) 생크림에 럼주를 넣어주고 커스터드크림과 함께 혼합한다.

11. 초콜릿 소스

번호	비율(%)	재료명
1	9	생크림
2	100	우유
3	3	포도당
4	63	다크초콜릿
	175	합계

1) 생크림과 우유, 포도당을 끓여준다.

2) 다크초콜릿을 잘게 다져 놓는다.

3) 끓는 1)을 다크초콜릿에 넣고 30초간 기다렸다가 골고
   루 혼합한다.

12. 캐러멜크림

번호	비율(%)	재료명
1	100	설탕
2	30	물
3	30	생크림
4	200	우유버터
	360	합계

1) 프라이팬에 설탕을 넣고 캐러멜을 만든다.

2) 캐러멜에 물을 넣고 생크림을 넣어 크림을 만든다.

3) 우유버터를 부드럽게 풀어준 뒤 2)를 넣어준다.

13. 아몬드크림

번호	무게(g)	재료명
1	500	버터
2	150	설탕
3	2	소금
4	350	연유
5	100	아몬드프랄린
	1,102	합계

1) 모든 재료를 휘퍼나 비터를 이용하여 크림을 만든다.

14. 옥수수크림

번호	비율(%)	재료명
1	205	버터
2	115	설탕
3	160	달걀
4	100	옥수수가루
	580	합계

1) 버터와 설탕을 부드럽게 풀어준다.
2) 달걀을 조금씩 넣어 크림화한다.
3) 옥수수가루를 넣고 골고루 혼합한다.

10-2. 토핑 및 필링

1. 화이트 케이크 토핑

번호	비율(%)	재료명	무게(g)
1	200	달걀흰자	80
2	100	중력분	40
3	600	설탕	240
	900	합계	360.0

1) 거품기를 이용하여 달걀흰자의 멍울을 제거한다.
2) 설탕을 넣어 거품을 올린다.
3) 젖은 피크상태에서 체 친 중력분을 혼합한다.
4) 짤주머니 또는 스패츌러를 이용하여 반죽 위에 토핑한다.

2. 커피크림 토핑

번호	비율(%)	재료명	무게(g)
1	80	버터	80
2	85	달걀	85
3	60	설탕	60
4	10	커피향(액상)	10
5	92	박력분	92
6	8	아몬드파우더	8
7	2	소금	2
	337	합계	337

1) 버터, 설탕, 소금을 혼합한 뒤 달걀을 넣으면서 크림화하고 커피향을 혼합한다.
2) 체 친 박력분, 아몬드파우더를 넣고 골고루 혼합하여 크림을 만든다.
3) 짤주머니를 이용하여 반죽 위에 동그랗게 짜준다.
  • 반죽이 오븐에서 흘러내리므로 토핑양을 조절한다.

3. 멜론빵 비스킷(저율배합)

번호	비율(%)	재료명
1	63	버터
2	37	설탕
3	8	달걀
4	1	멜론오일(향)
5	100	박력분
6	0.5	베이킹파우더
7	1	멜론시럽
	210.5	합계

1) 버터, 설탕과 멜론오일을 부드럽게 풀어준다.
2) 박력분과 베이킹파우더를 체로 쳐준다.
3) 1)에 달걀을 조금씩 넣어 크림을 만든다.
4) 3)에 2)를 넣고 골고루 혼합한다.
5) 멜론시럽으로 반죽의 되기를 조절한다.

4. 멥쌀 토핑

번호	비율(%)	재료명
1	100	멥쌀가루
2	20	중력분
3	2	이스트
4	2	설탕
5	2	소금
6	130	물
7	30	마가린
	286	합계

1) 멥쌀가루와 중력분을 체로 친다.
2) 모든 재료를 그릇에 넣고 골고루 혼합한다.
3) 1차 발효실에 반죽을 넣고 1시간 정도 발효한다.
4) 발효된 토핑에 녹인 마가린을 혼합하고 토핑을 반죽
   위에 바른다.

5. 비스킷 토핑

번호	비율(%)	재료명
1	50	물
2	100	버터
3	80	설탕
4	5	소금
5	100	중력분
6	50	달걀
	385	합계

1) 버터, 설탕과 소금을 넣고 부드럽게 만든다.
2) 달걀을 조금씩 넣으면서 크림을 만든다.
3) 중력분을 체로 쳐서 2)에 혼합한다.
4) 물을 넣으면서 반죽의 되기를 맞춰준다.

6. 아몬드 필링

번호	비율(%)	재료명
1	100	버터
2	120	아몬드파우더
3	60	설탕
4	85	달걀
5	15	럼
6	160	커스터드크림
	540	합계

1) 커스터드크림을 만들어 식혀준다.
2) 버터, 설탕, 아몬드파우더를 골고루 혼합한다.
3) 달걀을 조금씩 나누어 넣으면서 크림화한다.
4) 커스터드크림을 3)에 넣어 아몬드크림을 만든다.

7. 아몬드 토핑

번호	비율(%)	재료명
1	100	아몬드분말
2	40	슈거파우더
3	80	달걀
	220	합계

1) 아몬드분말과 슈거파우더를 혼합한다.
2) 달걀을 넣고 혼합하여 반죽 위에 짜준다.

8. 코코넛 필링

번호	비율(%)	재료명
1	120	버터
2	140	설탕
3	60	꿀
4	100	박력분
5	120	코코넛
6	120	달걀
	660	합계

1) 버터, 설탕, 꿀을 넣어 부드럽게 만든다.
2) 박력분을 체로 쳐 놓는다.
3) 달걀을 조금씩 넣으면서 크림을 만든다.
4) 완성된 크림에 박력분과 코코넛을 넣고 반죽 위에 짜
   준다.

9. 아몬드크럼 필링

번호	비율(%)	재료명
1	65	크럼
2	25	설탕
3	35	아몬드분말
4	8	달걀
5	0.5	계핏가루
6	15	건포도
7	15	밤다이스
	163.5	합계

1) 어레미를 이용하여 크럼을 잘게 부숴 놓는다.
2) 설탕, 아몬드파우더와 계핏가루를 크럼과 혼합한다.
3) 달걀을 넣어 골고루 혼합하여 필링을 만든다.
4) 건포도와 밤다이스를 3)에 넣어 골고루 혼합하여 필링으로 사용한다.

10. 빵 토핑용 크림

번호	비율(%)	재료명
1	100	박력분
2	27	식용유
3	1.4	소금
4	20	설탕
5	80	물
	228.4	합계

1) 박력분은 체로 쳐준다.
2) 모든 재료를 골고루 혼합한다.
3) 모양을 내고자 하는 반죽 위에 짜준다.
   - 일반적으로 앙금빵 또는 롤 같은 빵 위에 +모양으로 짤 때 사용한다.

11. 마늘소스(마늘빵용)

번호	비율(%)	재료명
1	100	버터
2	35	설탕
3	28	다진 마늘
4	28	마요네즈
5	16	연유
6	17	생크림
7	6	달걀노른자
8	2	파슬리
	232	합계

1) 버터와 설탕을 혼합하여 부드럽게 만든다.
2) 파슬리를 제외한 모든 재료를 골고루 혼합한다.
3) 소스가 완성되면 파슬리를 넣고 마늘빵 위에 발라
　준다.

12. 러스크용 소스

번호	비율(%)	재료명
1	100	설탕
2	100	버터
3	2	계핏가루
4	40	우유
	242	합계

1) 버터, 설탕, 우유를 끓여준다.
2) 끓인 1)에 계핏가루를 넣어 소스를 완성한다.
3) 팬에 소스를 바른 뒤 러스크용 빵을 패닝하고 빵 위
　에 다시 소스를 발라준다.

13. 아몬드 호두크림

번호	비율(%)	재료명
1	100	버터
2	100	설탕
3	100	달걀
4	90	아몬드분말
5	45	중력분
6	50	호두
	485	합계

1) 버터, 설탕을 부드럽게 만든다.
2) 아몬드분말, 중력분을 체로 쳐준다.
3) 1)에 달걀을 조금씩 넣으면서 크림을 만들어준다.
4) 완성된 크림에 중력분을 넣고 혼합하면서 호두를 넣어 골고루 혼합한다.

14. 호박크림치즈

번호	비율(%)	재료명
1	100	크림치즈
2	100	호박앙금
3	30	호박다이스
4	10	밤다이스
	240	합계

1) 크림치즈와 호박앙금을 부드럽게 혼합한다.
2) 호박다이스와 밤다이스를 넣고 골고루 혼합한다.

15. 찹쌀 필링

번호	비율(%)	재료명
1	100	찹쌀가루
2	20	설탕
3	1	소금
4	80	물
	201	합계

1) 찹쌀가루, 설탕, 소금을 골고루 혼합한다.

2) 끓는 물을 1)에 넣고 찹쌀 필링 반죽을 만든다.

3) 반죽 속에 적당량의 필링을 넣어준다.

메모 믹 사진첨부

참고문헌

김동훈, 식품화학, 탐구당(1990)

김성곤, Dough development에 의한 제빵공정비교, 연구논문집 I. 163(1987)

김성곤, 밀가루의 품질, 미국소맥협회(1986)

김성곤, 조남지, 김영호, 윤성준, 제과제빵과학, (주)비앤씨월드(2009)

송재철, 박현정, 최신식품가공학, 유림문화사(1997)

조남지, Bifidobacterium bifidum을 이용한 밀가루 brew가 반죽의 이화학적 성질 및 빵의 품질에 미치는
　　　　영향. 건국대 박사학위논문(1997)

조남지, 비피도박테리움속을 이용한 빵의 제조방법, 대한민국 특허 제0232418호(1997)

조남지, 윤성준 외 3인, 유지대체조성물 및 이를 이용한 빵, 대한민국 특허 제10-0737823호(2007)

조남지 외 4인, 제과제빵재료학, B&C World(2000)

조남지 외 6인, 제과제빵과학, B&C World(2009)

주현규, 조남지 외 2인, 제과제빵 재료학, 광문각(1994)

허경만, 올리고당, 유한문화사(1992)

Baking science lecture, Kansas: American insitiute of baking(1990)

Bechtel, W.G., Mesiner, D.F., and Bradly, W.B., Cereal Chem, 30:160(1953)

Bechtel. W.G., and Meisner, D.F., Cereal Chem, 31:188(1954)

Bell, D.A., Methylcellulose as structure enhancer in bread baking, Cereal Foods World, 35:10(1990)

Bhattacharya, K.R., and Sowbhagya, S.M., J. Food Sci., 44:797(1979)

Bloksma. A.H., Bakers Digest, 38(2):53(1964)

Bloksma. A.H., Cereal Chem, 52(3, part II):170(1975)

Bread & Cake lab lecture materials, Kansas, USA: AIB(1990)

Bushuk. W., Tsen, C.C., and Hynka, I., Bakers Digest, 42(4):36(1968)

Chuster, G., and Adams, W.F., Advances in Cereal Science and Technology, Vol. IV, St. Paul:
　　　　AACC Inc.(1984)

Claus Shunemann, and Trea, Baking, The art and Scrauce, Canada: Baker Tech. Inc.(1988)

Cooper, E.J., and Reed G., Bakers Digest, 42(6):22(1968)

D'Appolonia, B.L., and Plsesookbunteing, W.P., Cereal Chem, 60(4):239~241(1983)

E. J. Pyler, Baking science TechnologyⅢ, Vol. I, Kansas(1988)

Finny, K.F., Cereal Chem, 61(1):20(1984)

Gilles, K.A., Geddes, W.F., and Smith, F., Cereal Chem, 38:229(1961)

Katz, J.R., and Itallie, T.B.V., VII. Amylopectin and amylose. J. Phys. Chem. A., 155:199(1931)

Kim, S.K., and D'Appolonia, B.L., Cereal Chem, 54:225(1977)

Mega, F.A., Bread staling, CRC Critical Rev. Food Technol., 5:443(1975)

Nam Ji Cho et. al., The method of bread-making with Mulderry leaf powder and the change of amino acid composition in flour brew fermentation by saccharomyces cerevisiae or Bifidobacteria, Food Sci. Biotechnol, Vol. 9(1)(2000)

R. Berolzheimer, Culinary arts instiute encyclopedic cookbook, N.Y: Perigee book(1988)

Radley, J.A., Starch and Its Derivative. Vol. I, New York: John Wiley and Son, Inc.(1954)

Reed, G., and Peppler, H.J., In yeast technology, Westport, CT: AVI Publishing Co., pp. 262~267(1973)

Schoch, T.J., Starches and amylases. Proc. Am. Soc. Brew. Chem, 3:92(1961)

Tanaka, K., Furukawa, K., and Matsumoto, H., Cereal Chem., 44:678(1967)

Wayne Gisslen, Professional Baking, New York: John Wiley & Sons, Inc.(1996)

William, H.K., Bakers Digest, 5(4):52(1977)

Y. Pameranz, ed., Advances in Cereal Science and Technology(1984)

찾아보기(Index)

■ 저자 소개

윤성준
제과기능장
단국대학교 식품학 전공(이학박사)
혜전대학교 제과제빵과 교수

김창남
식품의약품안전청 HACCP실사평가위원
연세대학교 식품생물공학 전공(공학박사)
혜전대학교 제과제빵과 교수

김한식
제과기능장
밀레니엄 힐튼호텔 제과장
혜전대학교 제과제빵과 교수

박정연
제과기능장
(주)굿투비텍 팀장
혜전대학교 겸임교수

유제식
제과기능장
엥겔베르그과자점 대표
혜전대학교 제과제빵과 산중교수

조남지
고려대학교 농화학과
건국대학교 식품발효화학 전공(농학박사)
혜전대학교 제과제빵과 교수

최윤희
제과기능장
식품생명공학석사
GBCI제과제빵커피학원 원장

한명륜
혜전대학교 식품산업연구소장
단국대학교 식품공학과(공학박사)
혜전대학교 제과제빵과 교수

홍종흔
대한민국 제과명장
홍종흔과자점 대표
(사)대한제과협회 회장

저자와의
합의하에
인지첩부
생략

제빵기술사 실무

2011년 3월 10일 초 판 1쇄 발행
2023년 2월 25일 제 3 판 1쇄 발행

지은이 윤성준·김창남·김한식·박정연·유제식
　　　　조남지·최윤희·한명륜·홍종흔
펴낸이 진욱상
펴낸곳 백산출판사
교　정 성인숙
본문디자인 신화정
표지디자인 오정은

등　록 1974년 1월 9일 제406-1974-000001호
주　소 경기도 파주시 회동길 370(백산빌딩 3층)
전　화 02-914-1621(代)
팩　스 031-955-9911
이메일 edit@ibaeksan.kr
홈페이지 www.ibaeksan.kr

ISBN 979-11-6639-315-0 93590
값 33,000원

● 파본은 구입하신 서점에서 교환해 드립니다.
● 저작권법에 의해 보호를 받는 저작물이므로 무단전재와 복제를 금합니다.
　이를 위반시 5년 이하의 징역 또는 5천만원 이하의 벌금에 처하거나 이를 병과할 수 있습니다.